AVA-Handbuch

Bernd Rode · Wolfgang Weller

AVA-Handbuch

Ausschreibung – Vergabe – Abrechnung – Haftung

11. Auflage

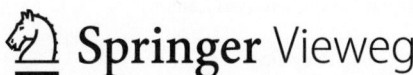

Bernd Rode
Kassel, Deutschland

Wolfgang Weller
Höhr-Grenzhausen, Deutschland

ISBN 978-3-658-48051-6 ISBN 978-3-658-48052-3 (eBook)
https://doi.org/10.1007/978-3-658-48052-3

Die Deutsche Nationalbibliothek verzeichnet diese Publikation in der Deutschen Nationalbibliografie; detaillierte bibliografische Daten sind im Internet über http://dnb.d-nb.de abrufbar.

© Der/die Herausgeber bzw. der/die Autor(en), exklusiv lizenziert an Springer Fachmedien Wiesbaden GmbH, ein Teil von Springer Nature 1994, 2004, 2008, 2011, 2014, 2017, 2020, 2025

Das Werk einschließlich aller seiner Teile ist urheberrechtlich geschützt. Jede Verwertung, die nicht ausdrücklich vom Urheberrechtsgesetz zugelassen ist, bedarf der vorherigen Zustimmung des Verlags. Das gilt insbesondere für Vervielfältigungen, Bearbeitungen, Übersetzungen, Mikroverfilmungen und die Einspeicherung und Verarbeitung in elektronischen Systemen.
Die Wiedergabe von allgemein beschreibenden Bezeichnungen, Marken, Unternehmensnamen etc. in diesem Werk bedeutet nicht, dass diese frei durch jede Person benutzt werden dürfen. Die Berechtigung zur Benutzung unterliegt, auch ohne gesonderten Hinweis hierzu, den Regeln des Markenrechts. Die Rechte des/der jeweiligen Zeicheninhaber*in sind zu beachten.
Der Verlag, die Autor*innen und die Herausgeber*innen gehen davon aus, dass die Angaben und Informationen in diesem Werk zum Zeitpunkt der Veröffentlichung vollständig und korrekt sind. Weder der Verlag noch die Autor*innen oder die Herausgeber*innen übernehmen, ausdrücklich oder implizit, Gewähr für den Inhalt des Werkes, etwaige Fehler oder Äußerungen. Der Verlag bleibt im Hinblick auf geografische Zuordnungen und Gebietsbezeichnungen in veröffentlichten Karten und Institutionsadressen neutral.

Planung/Lektorat: Karina Danulat
Springer Vieweg ist ein Imprint der eingetragenen Gesellschaft Springer Fachmedien Wiesbaden GmbH und ist ein Teil von Springer Nature.
Die Anschrift der Gesellschaft ist: Abraham-Lincoln-Str. 46, 65189 Wiesbaden, Germany

Wenn Sie dieses Produkt entsorgen, geben Sie das Papier bitte zum Recycling.

Vorwort

Die überarbeitete und in Teilen neu gestaltete 11. Auflage des AVA-Handbuches baut auf der aktuellen Fassung der VOB 2019 auf und berücksichtigt nunmehr auch die Neuerungen die bei den Allgemeinen Technischen Vertragsbestimmungen mit dem Ergänzungsband 2023 eingeführt wurden.

Mit der Aufgabe der Autorentätigkeit von Herrn Prof. Dr.-Ing. Antonius Busch, welcher das AVA-Handbuch gemeinsam mit Herrn Universitätsprofessor i. R. Dr.-Ing. Wolfgang Rösel († 18. Februar 2024) bis zur 10. Auflage maßgeblich geprägt hat, nimmt Herr Rechtsanwalt Prof. Dr. jur. Wolfgang Weller mit der 11. Auflage seine Autorentätigkeit auf.

Das von Herrn Universitätsprofessor i. R. Dr.-Ing. Wolfgang Rösel im Jahr 1978 ins Leben gerufene AVA-Handbuch wird in seiner 11. Auflage von Herrn Rechtsanwalt Prof. Dr. jur. Wolfgang Weller und Herrn Dr.-Ing. Bernd Rode fortgeführt.

Durch seine Tätigkeit als Rechtsanwalt und Lehrtätigkeit an der Universität Kassel ist Herr Prof. Dr. jur. Wolfgang Weller ein ausgewiesener Experte im Bereich des Bau- und Architektenrechts.

Die 11. Auflage widmet sich neben den Themenschwerpunkten der Ausschreibung, der Vergabe und der Abrechnung nun auch der Haftung und gibt fachliche Hinweise sowie Anregungen für die Praxis anhand von Beispielen aus der Rechtsprechung.

Das vorliegende AVA-Handbuch soll in der Tradition der vorherigen Auflagen in knapper Schriftform Studierenden, Baupraktikern und auch Bauherrn ein Leitfaden durch die Rechts- und Verfahrensstruktur der Ausschreibung, der Vergabe und der Abrechnung dienen.

Bemüht um eine ständige Verbesserung des AVA-Handbuches sind kritische Hinweise und Vorschläge aufmerksamer Leser und Fachkollegen willkommen.

Wolfgang Weller
Koblenz

Bernd Rode
Kassel

im August 2025

Vorwort zur 1. Auflage

Diese Schrift will ein Leitfaden auf dem Weg der Bauabwicklung aus der Sicht des praktizierenden Architekten sein. Die Kenntnis der Rechtsbeziehungen zwischen ihm, seinen Auftraggebern und den Auftragnehmern benötigt er unbedingt zur Erfüllung seines Auftrags.

Er ist im Rahmen seiner Berufstätigkeit verpflichtet, seinen Bauherrn im Sinne einer Nebenaufgabe auch in rechtlichen Dingen zu beraten, sofern dies der Erfüllung seiner eigentlichen Berufsaufgabe dient und daher mit dieser in einem notwendigen und unmittelbaren Zusammenhang steht.

Diese Verpflichtung bezieht sich also nur auf die Beratung in den hier dargelegten Grundsatzfragen. Dagegen bleibt eine individuelle Rechtsberatung, insbesondere in Zweifelsfällen oder Streitigkeiten, den dafür nach dem Rechtsberatungsgesetz legitimierten Rechtsanwälten vorbehalten. Es ist darauf hinzuweisen, daß die Urteile der Gerichte, insbesondere des Bundesgerichtshofes, für die rechtliche Beurteilung analoger Fälle bedeutsam sind.

In knapper Form vermittelt diese Schrift den Studierenden, den Baupraktikern und den Bauherren eine übersichtliche Darstellung der Vorgänge, die zur Ausschreibung, Vergabe und Abrechnung erforderlich sind. Diese gelten generell für Neubauten in handwerklicher und industrialisierter Methode, Fertighäuser, Altbau-Erneuerungen und größere Reparaturen.

Um den Rahmen und den Zweck dieses „Stichwort"-Leitfadens nicht zu sprengen, finden sich textlich zugeordnete Hinweise auf Gesetze und Bestimmungen am Textrand. Dieser „Wegweiser" durch die Pfade der Rechts- und Verfahrensstruktur kann darum nur einführend auf die vielfältigen Gefahren und Probleme hinweisen und damit deutlich machen, daß es zur Bauabwicklung des Fachmannes und in strittigen Rechtsfragen des Rechtsanwalts bedarf.

Wolfgang Rösel
Kassel
April 1978

Interessenkonflikt Die Autor*innen haben keine für den Inhalt dieses Manuskripts relevanten Interessenkonflikte.

Inhaltsverzeichnis

1	**Rechtliche Grundlagen**	1
1.1	Allgemeine Hinweise auf gesetzliche Regelungen	2
1.1.1	Verfassungsrechtliche Grundlagen	2
1.1.2	Die Rechtsgebiete und ihre Abgrenzung	3
1.1.3	Unions- oder EU-Recht	5
1.2	**Baubeteiligte, Rechtbeziehungen und Aufgaben**	7
1.2.1	Die Beteiligten	7
1.3	**Verträge und Vertragstypen**	8
1.3.1	Dienstvertrag	9
1.3.2	Werkvertrag	9
1.3.3	Architekten- und Ingenieurvertrag	14
1.3.4	Projektsteuerungsvertrag	15
1.3.5	Sicherheits- und Gesundheitsschutzkoordinator	15
1.4	**Vergütungsregelungen**	16
1.4.1	Vergütungsanspruch und Vorauszahlung	16
1.4.2	Abschlagszahlungen	16
1.4.3	Schlusszahlung und -rechnung	17
1.5	**Vergabe- und Vertragsordnung für Bauleistungen (VOB)**	17
1.5.1	Anwendung der VOB	17
1.6	**Öffentlich-rechtliche Vorschriften**	21
2	**Technische Grundlagen**	23
2.1	Die allgemein anerkannten Regeln der Technik	24
2.2	Allgemeine Technische Vertragsbedingungen für Bauleistungen (ATV)	24
2.3	DIN-Normen	25
2.4	Sonstige technische Bestimmungen	26
2.5	Erlasse, Verordnungen	26
2.6	Zulassung neuer Baustoffe, Bauteile, Bauarten	26
2.7	Änderungen technischer Grundlagen	27
3	**Angebotsverfahren**	31
3.1	Zivilrechtlicher Vertragsabschluss	32
3.2	**Vergabeverfahren der öffentlichen Hand**	32
3.2.1	Schwellenwerte	32
3.2.2	Nationale Vergaben unterhalb der Schwellenwerte	33
3.2.3	Europaweite Vergaben oberhalb der Schwellenwerte	34
3.2.4	Vergabe von Architekten- bzw. Planungsverträgen	35
3.3	**Wahl des Vergabeverfahrens**	36
3.4	**Ausschreibungsteilnehmer**	37
3.5	**Vergabekonzept**	37
4	**Vergabe- und Vertragsunterlagen**	41
4.1	**Leistungsbeschreibung, Standardleistungsbuch-Bau – StLB-Bau**	43
4.1.1	Leistungsbeschreibung	43
4.1.2	Standardleistungsbuch-Bau – StLB-Bau Dynamische Baudaten	47

4.2	Vertragsbedingungen	51
4.3	Zusätzliche Technische Vertragsbedingungen	57
5	**Angebot und Vertrag**	**59**
5.1	Fristen	60
5.2	Eröffnungstermin, Öffnung der Angebote	60
5.3	Prüfung mit Wertung der Angebote	61
5.4	Aufklärung des Angebotsinhalts	62
5.5	Wertung der Angebote	63
5.6	Vertrag	65
5.6.1	Angebot	66
5.6.2	Annahme	67
5.6.3	Bindefrist	67
5.6.4	Wirksamkeitsvoraussetzung	67
5.7	Nachträge	70
5.8	Auftragsbestätigung	71
6	**Auftragsabwicklung**	**73**
6.1	Ausführungsunterlagen	74
6.2	Ausführung und Ausführungsfristen	75
6.3	Mahnung wegen Baufristen	77
6.4	Behinderung und Unterbrechung	77
6.5	Kündigung	78
6.6	Vertragsstrafe/Prämie	78
6.7	Abnahme	78
6.8	Insolvenz der ausführenden Firmen	79
6.9	Zahlungsunfähigkeit des Auftraggebers	80
6.10	Streitigkeiten	81
7	**Aufmaß, Abrechnung, Zahlung**	**83**
7.1	Vergütungsformen	84
7.1.1	Einheitspreisvertrag	84
7.1.2	Detailpauschalvertrag	84
7.1.3	Globalpauschalvertrag	84
7.1.4	Stundenlohnvertrag	85
7.1.5	Selbstkostenerstattungsvertrag	85
7.1.6	GMP oder GMK-Vertrag	85
7.1.7	Festpreis	85
7.2	Aufmaß	86
7.3	Abrechnung	90
7.4	Zahlung	92
7.5	Sicherheitsleistung	98
7.6	Lohn-/Materialpreis-Erhöhungen	98
7.7	Abzüge und Einbehalte	99
8	**Haftung und Mängelansprüche**	**101**
8.1	Einführung, Grundsätze und strafrechtliche Verantwortlichkeit	102
8.1.1	Gefährdungsdelikte	103

8.1.2	Erfolgsdelikte	107
8.1.3	Verjährung	107
8.2	**Zivilrechtliche Haftung für Mängel und deren Folgen**	110
8.3	**Mängelansprüche**	113
8.3.1	Mängelrechte	113
8.3.2	Allgemeine Voraussetzungen aller Mängelansprüche	113
8.3.3	Gewährleistungsansprüche	122
8.3.4	Verhältnis der Mängelrechte zueinander	127
8.4	**Verjährungsfrist**	129
8.4.1	Mängelansprüche	130
8.4.2	Verjährungshemmung und -unterbrechung	133
8.5	**Gesamtschuldnerische Haftung**	134
8.5.1	Gesamtschuldnerausgleich	136
8.5.2	Haftungsbegrenzung	140
8.5.3	Schwarzarbeit und Mindestlohn	141
9	**Versicherungen**	149
9.1	**Versicherungen des Bauherrn**	151
9.1.1	Bauleistungsversicherung	151
9.1.2	Bauherren-Haftpflichtversicherung	152
9.1.3	Gebäude-Feuerversicherung	153
9.1.4	Haus- und Grundbesitzer-Haftpflichtversicherung	154
9.2	**Versicherungen des Architekten und des Ingenieurs**	154
9.2.1	Haftpflichtversicherung von Architekten und Bauingenieuren	154
9.2.2	Haftpflichtversicherung von sonstigen Planungsbeteiligten	157
9.3	**Versicherungen des Bauunternehmers**	157
9.3.1	Betriebshaftpflichtversicherung	157
9.3.2	Bauleistungsversicherung	158
9.4	**Projekt- oder allrisk-Versicherung/Erweiterte Bauträgerhaftpflicht**	158
10	**Unternehmensformen und -funktionen**	161
10.1	**Einzelunternehmen**	162
10.2	**Personengesellschaften**	162
10.2.1	Gesellschaft bürgerlichen Rechts – GbR	162
10.2.2	Offene Handelsgesellschaft – OHG	163
10.2.3	Kommanditgesellschaft – KG	163
10.2.4	Gesellschaft mit beschränkter Haftung und Companie, Kommanditgesellschaft – GmbH & Co. KG	164
10.3	**Kapitalgesellschaften**	164
10.3.1	Gesellschaft mit beschränkter Haftung – GmbH	164
10.3.2	Aktiengesellschaft – AG	164
10.3.3	Kommanditgesellschaft auf Aktien – KGaA	165
10.4	**Die Partnerschaftsgesellschaft**	166
10.5	**Unternehmereinsatzformen**	167
11	**AVA im Leistungsbild des Architekten**	171
11.1	**Architektenleistungen**	172
11.2	**Vorbereitung der Vergabe**	173

11.3	Mitwirkung bei der Vergabe	174
11.4	Objektüberwachung (Bauüberwachung)	175
11.5	Objektbetreuung	176
11.6	Arbeitsteilung: Bauplanung/Bauabwicklung	177
12	**Anhang**	181
12.1	Vergabe- und Vertragsordnung für Bauleistungen (VOB/Teil A)	183
12.2	Vergabe- und Vertragsordnung für Bauleistungen (VOB/Teil B)	216
12.3	Vergabe- und Vertragsordnung für Bauleistungen (VOB/Teil C)	238
12.4	Übersicht über die aktuellen Regelungen der VOB 2019 inklusive Ergänzungsband 2023	247
12.5	Übersicht über die Leistungsbereiche des Standardleistungsbuches für das Bauwesen STLB-Bau	249
12.6	Wichtige Paragraphen des BGB und StGB	252
12.6.1	Geschäftsfähigkeit	252
12.6.2	Willenserklärung	253
12.6.3	Vertrag	255
12.6.4	Fristen, Termine	257
12.6.5	Verjährung	258
12.6.6	Rechtsfolgen der Verjährung	261
12.6.7	Sicherheitsleistung	261
12.6.8	Schuldverhältnisse/Verpflichtung zur Leistung	262
12.6.9	Gestaltung rechtsgeschäftlicher Schuldverhältnisse durch Allgemeine Geschäftsbedingungen	266
12.6.10	Vertragsstrafe	278
12.6.11	Gesamtschuldner	279
12.6.12	Dienstvertrag	280
12.6.13	Werkvertrag	281
12.6.14	Bürgschaft	290
12.6.15	Unerlaubte Handlungen	291
12.6.16	StGB	292
	Serviceteil	293
	Glossar	294
	Literaturverzeichnis	299
	Stichwortverzeichnis	301

Rechtliche Grundlagen

Inhaltsverzeichnis

1.1	**Allgemeine Hinweise auf gesetzliche Regelungen**	**– 2**
1.1.1	Verfassungsrechtliche Grundlagen – 2	
1.1.2	Die Rechtsgebiete und ihre Abgrenzung – 3	
1.1.3	Unions- oder EU-Recht – 5	
1.2	**Baubeteiligte, Rechtbeziehungen und Aufgaben**	**– 7**
1.2.1	Die Beteiligten – 7	
1.3	**Verträge und Vertragstypen**	**– 8**
1.3.1	Dienstvertrag – 9	
1.3.2	Werkvertrag – 9	
1.3.3	Architekten- und Ingenieurvertrag – 14	
1.3.4	Projektsteuerungsvertrag – 15	
1.3.5	Sicherheits- und Gesundheitsschutzkoordinator – 15	
1.4	**Vergütungsregelungen**	**– 16**
1.4.1	Vergütungsanspruch und Vorauszahlung – 16	
1.4.2	Abschlagszahlungen – 16	
1.4.3	Schlusszahlung und -rechnung – 17	
1.5	**Vergabe- und Vertragsordnung für Bauleistungen (VOB)**	**– 17**
1.5.1	Anwendung der VOB – 17	
1.6	**Öffentlich-rechtliche Vorschriften**	**– 21**

© Der/die Herausgeber bzw. der/die Autor(en), exklusiv lizenziert an Springer Fachmedien Wiesbaden GmbH, ein Teil von Springer Nature 2025
B. Rode, W. Weller, *AVA-Handbuch*, https://doi.org/10.1007/978-3-658-48052-3_1

1.1 Allgemeine Hinweise auf gesetzliche Regelungen

Diese kleine Handreichung zu juristischen Problemen rund um das Planen und Bauen kann naturgemäß nicht abschließend und vollständig sein. Die Literatur zu den damit einhergehenden Fragestellungen füllt Bibliotheken bzw. Datenspeicher. Selbst der baurechtlich spezialisierte Jurist wird ständig mit neuen Anforderungen konfrontiert und der Gesetzgeber und die Gerichte sorgen für eine ständige Fortentwicklung der rechtlichen Rahmenbedingungen.

Art. 14 GG

Das Bauen in all seiner Komplexität berührt verschiedenste Rechtsgebiete, angefangen mit dem Verfassungsrecht (Art. 14 GG, Eigentumsrecht), dem Strafrecht, dem öffentlichen Recht und – hier hauptsächlich interessierend – dem Zivilrecht.

Hieraus folgt, dass hier nur die Grundlagen gelegt werden können und im Übrigen das Problembewusstsein geschärft werden soll. Die alltäglichen Abläufe werden abgebildet und es soll die Sensibilität dafür geweckt werden, wann es an der Zeit ist, sich rechtlicher Unterstützung zu versichern bzw. dem Auftraggeber/Bauherrn eine entsprechende Empfehlung zu geben.

1.1.1 Verfassungsrechtliche Grundlagen

- **Grundgesetz**

Das Grundgesetz vom 23. Mai 1949, in Kraft seit dem 24. Mai 1949, ist die Verfassung der Bundesrepublik Deutschland und enthält alle Grundentscheidungen zur Organisation des Landes, nämlich Demokratie (Macht des Volkes durch freie Wahlen, Mehrheitsprinzip, Recht der Opposition), Republik (Volkssouveränität als Gegensatz zu Monarchie oder Despotie), Sozialstaat (soziale Gerechtigkeit und Sicherheit als Staatsziel) und Bundesstaat (als Gegensatz zum Zentralstaat). Wesentlich sind die Grundrechte (Art. 1 – 19 GG); Art. 79 III GG als unmittelbar geltendes Recht, die alle Staatsgewalt binden.

Die Staatsorganisation findet ihre Regelung in den Art. 69 ff.; das Gesetzgebungsverfahren in den Art. 70 ff..

Art. 2 Abs. 1 GG

Einen der Eckpfeiler unseres verfassungsrechtlichen Wertesystems bildet die allgemeine Handlungs- oder Verhaltensfreiheit, abgeleitet aus Art. 2 Abs. 1 GG.

Dies bedeutet, dass jeder tun und lassen darf, was er möchte, dass grundsätzlich jede Handlung erlaubt ist – es sei denn, sie ist ausdrücklich verboten oder verletzt Rechte anderer.

Diesen Leitsatz zu beherzigen heißt, dass man bei Planung oder Errichtung eines Bauvorhabens – aber auch sonst im Leben – grundsätzlich nicht nach einer Norm suchen muss, die das beabsichtigte Vorhaben erlaubt. Es ist umgekehrt zu überprüfen, ob das beabsichtigte Tun rechtswirksam untersagt ist. Für ein in diesem Sinne rechtswirksames Verbot bedarf es stets einer formellen gesetzlichen Ermächtigung.

- **Gesetze**

Gesetze sind abstrakt generelle Normen, die menschliches Verhalten regeln. Wesensmerkmal ist die Allgemeingültigkeit im Gegensatz zur Einzelfallregelung. Nicht maßgeblich ist die Bezeichnung als Gesetz.

Gesetze im formellen Sinn sind alle förmlich verfassungsgemäß in dem in Art. 70 ff. GG vorgesehenen Verfahren zustande gekommenen Rechtsnormen (BGB, StGB).
Art. 70 ff. GG

Gesetze im materiellen Sinn sind auch alle auf in formellen Gesetzen enthaltenen Ermächtigungen beruhenden Regelungen wie Rechtsverordnungen (Art. 80 GG) wie die Straßenverkehrsordnung, die Baunutzungsverordnung, die Honorarordnung für Architekten und Ingenieure (HOAI) usw. oder auch kommunale Satzungen.
Art. 80 GG

1.1.2 Die Rechtsgebiete und ihre Abgrenzung

Drei Begriffe sind üblicherweise bekannt:

- **Öffentliches Recht**

Als öffentliches Recht bezeichnet man den Teil der deutschen Rechtsordnung, der das Verhältnis des Bürgers zum Staat sowie das Verhältnis der Staats- und Verwaltungsorgane untereinander, also das hoheitliche Handeln einerseits und die Staatsorganisation andererseits regelt.

Das öffentliche Recht ist gekennzeichnet dadurch, dass der Staat als Träger der Hoheitsgewalt dem Bürger einseitig Rechte und Pflichten auferlegt. Wesen des öffentlichen Rechts ist damit, dass die darin geregelten Normen auf einem Überordnungsverhältnis des Staates gegenüber dem Bürger beruhen.

Aber Achtung: Nicht jede Handlung des Staates ist dem öffentlichen Recht zuzurechnen. Soweit der Staat sich auf der Ebene rechtlicher Gleichberechtigung bewegt, ist sein Handeln dem Privatrecht zuzuordnen. Man spricht hier auch von fiskalischem Handeln. Dies gilt bspw. dann, wenn die öffentliche Hand Grundstücke oder Gebäude von Privaten anmietet oder Büromaterial bzw. überhaupt Lieferungen oder Leistungen, auch Bauleistungen beschafft.

Bei diesen Beschaffungsvorgängen gibt es zwar im Einzelfall besondere Vorschriften für den Bereich der Vergabe, also das Verfahren bis zur Auftragserteilung. Der Vertrag selbst ist aber dem Privatrecht zuzuordnen.

Die Abgrenzung zum Privatrecht ist zum Teil schwierig. Es haben sich verschiedene Theorien entwickelt. Herrschend ist heute die Subjektstheorie. Danach ist das öffentliche Recht ein Sonderrecht, das sich ausschließlich an den Staat oder einen anderen Hoheitsträger wendet, ihn einseitig berechtigt oder verpflichtet. Nur der Staat und nicht ein Privater darf beispielsweise eine Baugenehmigung erteilen. Deshalb sind Baugesetzbuch und Landesbauordnungen öffentliches Recht.

- **Strafrecht**

Das Strafrecht ist ein Teil des öffentlichen Rechts. Seine Anwendung ist aufgrund des Gewaltmonopols des Staates den zuständigen staatlichen Behörden (Staatsanwaltschaft/Strafgerichte) vorbehalten. Nur diese dürfen Strafverfolgungsmaßnahmen einleiten.

- **Zivilrecht/Privatrecht**

Es bleibt dann das Zivilrecht. Es handelt sich hierbei um den auch Privatrecht genannten Teil der Rechtsordnung, in dem – im Unterschied zum öffentlichen Recht – die Rechtsbeziehungen zwischen rechtlich gleichberechtigten Individuen untereinander geregelt sind.

Im Zivilrecht gibt es:
— Allgemeine Rechtsbeziehungen unmittelbar kraft Gesetzes
— Sonderrechtsbeziehungen aus
  – gesetzlichen Schuldverhältnissen (bspw. nach Unfällen mit der Funktion einer geschädigten Person zu einem Ausgleich zu verhelfen; §§ 823 ff. BGB, oder die ungerechtfertigte Bereicherung, §§ 812 ff. BGB)
  – vertraglichen Schuldverhältnissen
  – Solche Rechtsbeziehungen werden von mindestens zwei Parteien individuell begründet und gestaltet und unterliegen neben vorrangig zu berücksichtigenden Vereinbarungen ggf. ergänzenden gesetzlichen Regelungen. (Bsp.: Werkvertrag §§ 631 ff. BGB; Mietvertrag §§ 535 ff. BGB, Dienstvertrag §§ 611 ff. BGB).

Die zivilrechtlichen vertraglichen Schuldverhältnisse bilden mit weitem Abstand die wichtigste Rechtsbeziehung.

Auch die bei der Planung und Abwicklung von Bauten notwendigen rechtlichen Beziehungen zwischen dem Auftraggeber (in der Regel der Bauherr, werkvertraglich der „Besteller") und den an der Planung und Ausführung Beteiligten (Bauunternehmer oder Planer, werkvertraglich der „Unternehmer") sind durch Vertrag zu regeln.

Wesentlichstes zivilrechtliches Gesetz und maßgeblich für das Vertragsrecht ist das Bürgerliche Gesetzbuch (BGB). Es ist das wichtigste und umfassendste Gesetz des deutschen Privatrechts. Das BGB trat am 1. Januar 1900 in Kraft und ist in seinen Grundzügen und seinem Aufbau im Wesentlichen bis heute unverändert geblieben. Gerade das Werkvertragsrecht hat in jüngerer Zeit jedoch eine Reihe von Änderungen erfahren und es sind fortlaufend auch weitere Änderungen im Gespräch. Es ist daher unumgänglich, nicht nur in technischer Hinsicht, sondern auch in rechtlicher Hinsicht immer die Entwicklungen und Änderungen zu verfolgen.

Die gesetzlichen Regelungen des BGB gehen als Ausfluss der bereits angesprochenen allgemeinen Handlungsfreiheit auch von einer allgemeinen Vertragsfreiheit aus. Die Parteien können den Inhalt ihres Vertragsverhältnisses grundsätzlich frei gestalten, sofern sie nicht gegen zwingende rechtliche Vorschriften verstoßen (Gesetzliche Verbote, § 134 BGB oder einzelne zwingende Regelungen).

BGB § 134

Die dispositiven Regelungen des BGB greifen ein, wenn die Parteien keine abweichende Regelung getroffen haben.

Ergänzend zum BGB gelten eine Vielzahl weiterer spezieller Regelungen, in denen besondere Bereiche des bürgerlichen Rechts und prozessuale Fragen geregelt werden.

Dazu gehören u. a.
- das Einführungsgesetz zum Bürgerlichen Gesetzbuch (EGBGB)
- die Grundbuchordnung (GBO)
- das Gesetz über die Zwangsversteigerung und Zwangsverwaltung (ZVG)
- das Gesetz über die Angelegenheiten der freiwilligen Gerichtsbarkeit (FGG)
- das Handelsgesetzbuch (HGB)
- das Gerichtsverfassungsgesetz (GVG)
- die Zivilprozessordnung (ZPO)
- die Insolvenzordnung (InsO)

Die Unterscheidung der Rechtsgebiete ist wesentlich für den Rechtsweg bzw. die Gerichtsbarkeit. Öffentlich-rechtliche Streitigkeiten werden vor den Verwaltungsgerichten, zivilrechtliche Streitigkeiten vor den sog. ordentlichen Gerichten (Amts- und Landgerichte, Oberlandesgerichte und Bundesgerichtshof) entschieden.

1.1.3 Unions- oder EU-Recht

Die EU hat in zahlreichen Bereichen durch Vorgaben an die Mitgliedsstaaten erheblichen Einfluss auf das Bürgerliche Recht, insbesondere das Vertragsrecht genommen. Diese gelten im Ausnahmefall unmittelbar, müssen aber regelmäßig durch nationales Recht in Deutschland umgesetzt werden und werden dann Teil des (deutschen) Zivilrechts.

Ein maßgeblicher Gesichtspunkt des EU-Rechts neben der Waren- und Dienstleistungsfreiheit war und ist der Verbraucherschutz.

Dies führt zu einem hier anzusprechenden wichtigen Begriffspaar bzw. zu einer Abgrenzung, dem auch im baurechtlichen Rechtsverkehr ganz erhebliche Bedeutung zukommt.

Natürliche Personen können nach der gesetzlichen Definition am Rechtsverkehr als Verbraucher oder Unternehmer teilnehmen.

BGB § 13

§ 13 BGB – **Verbraucher** ist jede natürliche Person, die ein Rechtsgeschäft zu Zwecken abschließt, die überwiegend weder ihrer gewerblichen noch ihrer selbständigen beruflichen Tätigkeit zugerechnet werden können.

BGB § 14

§ 14 BGB – (1) **Unternehmer** ist eine natürliche oder juristische Person oder eine rechtsfähige Personengesellschaft, die bei Abschluss eines Rechtsgeschäfts in Ausübung ihrer gewerblichen oder selbständigen beruflichen Tätigkeit handelt.

(2) Eine rechtsfähige Personengesellschaft ist eine Personengesellschaft, die mit der Fähigkeit ausgestattet ist, Rechte zu erwerben und Verbindlichkeiten einzugehen.

Die Zuordnung ist wesentlich für das Eingreifen einer Vielzahl von Verbraucherschutzvorschriften, z. B. zur Einbeziehung oder im Bereich der Kontrolle von Allgemeinen Geschäftsbedingungen oder zum Eingreifen von Widerrufsrechten – auch im Bau- und Architektenrecht.

Jeder im Baubereich Tätige, sei es als Planer oder Unternehmer, muss sich vor Vertragsabschluss eindeutig klar machen, in welcher Rolle sein Gegenüber bei dem beabsichtigten Vertragsabschluss auftritt. Dies kann bei identischen natürlichen Personen und völlig identischen Leistungen unterschiedlich sein: Geht es um das Streichen eines Hauses, so handelt der Besteller als Verbraucher, wenn es sein privates Wohnhaus betrifft und als Unternehmer, wenn es um sein Geschäftshaus geht. Gleiches gilt für den Planungsauftrag für ein solches Gebäude. Handelt eine Person als Verbraucher, so muss der Unternehmer eine ganze Reihe von Sondervorschriften im BGB berücksichtigen.

1.2 Baubeteiligte, Rechtbeziehungen und Aufgaben

1.2.1 Die Beteiligten

1. Bauherr
2. Projektsteuerer
3. Sigeko
4. Architekt
5. Sonderfachleute (Tragwerksplaner, TGA, Bodengutachten, Schall etc.)
6. Bauaufsichtsbehörde
7. Unternehmer/Handwerker
8. Nachbar
9. Dritte (Passanten, Besucher, etc.)

- **Aufgaben**

Nachstehend ein kurzer Überblick über die tatsächliche Aufgabenverteilung und ihre rechtliche Verankerung. Das Verhältnis von Vertragspartnern beim Planen und Bauen ist in ◘ Abb. 1.1 wiedergegeben.

Bauherr
— stellt regelmäßig das Grundstück
— finanziert die Baumaßnahme
— hat die Baugenehmigung und ggf. sonstige öffentlich-rechtlich Bewilligungen wie Wasserrecht, Denkmalschutz etc. (beachte aber Konzentrationswirkung Baugenehmigung) beizustellen
— hat Verkehrssicherungspflichten gegenüber Dritten und Baubeteiligten
— hat sonst. gesetzliche Pflichten (z. B. Nachbarrecht)

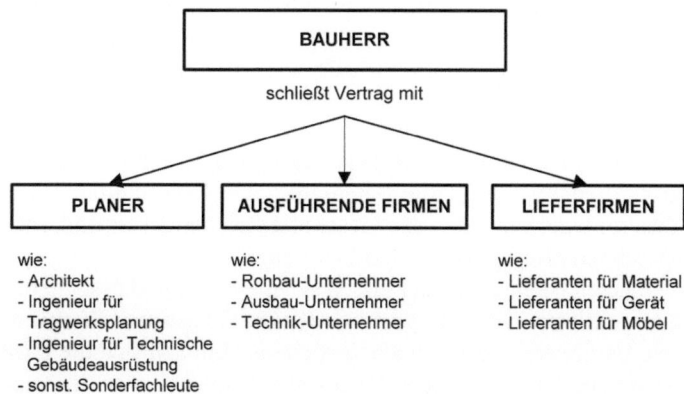

◘ Abb. 1.1 Die Vertragspartner beim Planen und Bauen

Projektsteuerer
- Sachwalter des Bauherrn, Steuerung der Termine, Kosten etc., in der Praxis häufige Vermischung mit Architektenaufgaben

Architekt, Fachplaner u. Unternehmer
- Vertragliche Pflichten (Leitung, Planung, Überwachung, Bauausführung)

1.3 Verträge und Vertragstypen

GG Art. 2 Abs. 1

Aus der verfassungsrechtlich geschützten allgemeinen Handlungsfreiheit (Art. 2 Abs. 1 GG) ergibt sich die Vertragsfreiheit oder Privatautonomie im deutschen Zivilrecht. Dies bedeutet, dass grundsätzlich vertragliche Verpflichtungen sowohl hinsichtlich des Vertragspartners als auch des Vertragsgegenstandes frei eingegangen werden dürfen. Allgemeine Schranken bilden verschiedene Vorschriften des geltenden Rechts, gesetzliche Verbote oder die guten Sitten.

Ausprägungen der Vertragsfreiheit sind Abschlussfreiheit, Partnerwahlfreiheit, Inhaltsfreiheit, Formfreiheit und Aufhebungsfreiheit.

Abschlussfreiheit ist das Recht, frei zu entscheiden, ob man einen Vertrag schließen will oder nicht. Ist diese Freiheit durch Gesetz beschränkt, spricht man von Kontrahierungszwang (lateinisch contrahere; kontrahieren: einen Vertrag schließen). Kontrahierungszwang gilt regelmäßig bei Verträgen zur Daseinsvorsorge, so z. B. für Stromanbieter (diese müssen den Kunden versorgen) oder bei den Fällen der öffentlich-rechtlichen Versorgung mittels des Anschluss- und Benutzungszwangs (Kanalisation, Zuwege o. Ä.).

Die Partnerwahlfreiheit besagt dabei als Teilaspekt der Abschlussfreiheit, dass man sich seinen Vertragspartner frei auswählen kann.

Die Aufhebungsfreiheit ist das Gegenstück zur Abschlussfreiheit. Aus ihr folgt, dass man sich auch wieder von geschlossenen Verträgen lösen kann.

Der Nachteil absoluter Vertragsfreiheit liegt im hierin begründeten Zwang für die Beteiligten, alle Eventualitäten der Zusammenarbeit oder des Geschäftes zu bedenken und entsprechende Regelungen vorzubereiten.

Diesen Nachteil hat der Gesetzgeber erkannt und deshalb für die wichtigsten Vertragstypen wie Kauf-, Dienst- und Werkvertrag umfassende Regelungen vorbereitet. Einigen sich die Parteien über die wesentlichen Vertragsbestandteile, so ist der Vertrag wirksam und das Gesetz hält ergänzende Regelungen bereit.

Die §§ 433 bis 853 BGB regeln das besondere Schuldrecht, also diejenigen Normen des Schuldrechts, die diese einzelnen Arten von Schuldverhältnissen betreffen. Erfasst sind hier, wie bereits oben erwähnt, vertragliche und gesetzliche Schuldverhältnisse.

BGB §§ 433 bis 853

1.3.1 Dienstvertrag

Ein Dienstvertrag liegt vor, wenn die Leistung von Diensten jeder Art gegen eine Vergütung vereinbart ist, § 611 BGB. Es besteht eine Vergütungsverpflichtung, auch wenn diese nach Grund und Höhe nicht ausdrücklich vereinbart ist, wenn die Dienstleistung den Umständen nach nur gegen Vergütung zu erwarten ist, § 612 BGB.

BGB § 611 und § 612

Beim Dienstvertrag besteht bei Mängeln keine Berechtigung oder Verpflichtung zur Nacherfüllung des zum Dienst Verpflichteten. Bei schuldhaften Pflichtverletzungen oder bei Kündigung wird ggf. sofort auf Schadenersatz gehaftet, dies kann den AG oder den AN treffen, § 628 BGB.

BGB § 628

Für Dienstverträge über abhängige Arbeit unter Eingliederung in einen Betrieb, also Arbeitsverträge, gelten neben dem Dienstvertragsrecht auch sonstige Vorschriften des Arbeitsrechts, des Betriebsverfassungsgesetzes, der Reichsversicherungsordnung u. a.

Für die Beendigung und die Kündigung eines Dienstvertrages gelten generelle gesetzliche Regelungen, §§ 620 ff. BGB.

BGB § 620 ff.

Beispiele für Dienstvertrag: Arbeitsvertrag, Musikunterricht etc.

1.3.2 Werkvertrag

Wesensmerkmal des Werkvertrages ist die Verpflichtung zur Herstellung eines Werkes oder die Herbeiführung eines Erfolges, § 631 BGB. Der Besteller ist zur Entrichtung einer Vergütung auch ohne ausdrückliche Vereinbarung verpflichtet, wenn die Leistung nach den Umständen nur gegen Vergütung zu erwarten war, § 632 BGB.

BGB § 631 und § 632

Die Rechte des Bestellers bei Mängeln richten sich nach den §§ 634 ff. BGB.

Bei nicht mangelfreier Erfüllung des Werkvertrages haftet der zur Leistung Verpflichtete ohne Rücksicht auf Verschulden auf Nacherfüllung in Form von Mängelbeseitigung oder Neuherstellung. Nach fruchtlosem Fristablauf kann der Besteller die Mängel im Wege der Ersatzvornahme beseitigen und zuvor Kostenvorschuss verlangen.

Bei Verschulden haftet der Verpflichtete darüber hinaus bei Mängeln oder nicht rechtzeitiger Erfüllung auf Schadensersatz.

- **Werkvertrag über Bauleistungen**

Der Bauvertrag ist der klassische Fall des Werkvertrages. Der Unternehmer schuldet einen Erfolg, nämlich die (mangelfreie) Herstellung des von ihm versprochenen Werkes, nicht nur – in Abgrenzung zum Dienstvertrag – ein Bemühen.

Anders als beim Dienstvertrag haftet der Unternehmer beim Werkvertrag für den Erfolgseintritt auch ohne Verschulden und muss gegebenenfalls ein vor Abnahme zufällig oder durch Dritte zerstörtes Werk auf eigene Kosten neu erstellen (Gefahrtragung).

Am 1. Januar 2018 ist das neue Bauvertragsrecht in Kraft getreten, welches für alle ab diesem Zeitpunkt abgeschlossenen Verträge gilt.

Aus den bisher 24 Paragraphen (§§ 631 – 651 BGB) wurden 42 (§§ 631 – 650v BGB). Hinzugekommen sind auch noch spezielle Regelungen für den Architektenvertrag, auf die noch gesondert eingegangen wird.

Systematisch gelten die bisherigen Vorschriften als allgemeine Regelungen des Werkvertragsrechts weiter. Diese gelten auch in den dann besonders geregelten Vertragstypen, soweit dort nichts Abweichendes bestimmt ist, fort.

Die ◘ Abb. 1.2 zeigt eine Übersicht der neuen gesetzlichen Gliederung:

Ein Bauvertrag zwischen Bauherrn und ausführendem Unternehmer ist stets ein Werkvertrag. Geschuldet wird die fertige mangelfreie Leistung, das Bauwerk, als Erfolg einer Bautätigkeit.

BGB § 650 Abs. 1 und 2

Ein **Bauvertrag** ist ein Vertrag über die Herstellung, Wiederherstellung, die Beseitigung oder den Umbau eines Bauwerkes, einer Außenanlage oder eines Teiles davon. Ein Vertrag über die Instandhaltung einer Bauleistung ist (nur) dann ein Bauvertrag, wenn das Werk für die Konstruktion, den Bestand oder den bestimmungsgemäßen Gebrauch von wesentlicher Bedeutung ist, § 650 Abs. 1 und 2 BGB.

Ist der Werkvertrag Bauvertrag im vorbeschriebenen Sinne, ergeben sich folgende rechtliche Modifikationen:
- Leistungsänderungsrecht des Bestellers und Vergütungsanpassung, §§ 650b und c BGB
- Erleichterter Erlass einer Einstweiligen Verfügung bei Nachtragsstreitigkeiten, § 650d BGB
- Sicherungsansprüche des Unternehmers, §§ 650e und f BGB
- Modifikation der Gefahrtragung durch Zustandsfeststellung, § 650g BGB

1.3 · Verträge und Vertragstypen

- Fälligkeit erst nach prüffähiger Schlussrechnung, §§ 650g Abs. 4 BGB
- Schriftformgebot für die Kündigung, § 650h BGB

Abgrenzung: Nicht jeder Werkvertrag über Bauleistungen ist ein Bauvertrag. Sind nur kleinere Reparaturen Gegenstand des Vertrages, dann liegt „nur" ein Werkvertrag vor. Dies lässt sich zwar dem Gesetzeswortlaut nicht unmittelbar entnehmen. Einen Hinweis findet man lediglich in § 650 Abs. 2 BGB für die Instandhaltung. Die Gesetzesbegründung und ihr folgend die bisherige Kommentarliteratur wollen jedoch bei allen Maßnahmen der Wiederherstellung und des Umbaus eines Bauwerks, einer Außenanlage oder eines Teils davon ein Bauvertrag im Sinne des § 650a BGB nicht annehmen, wenn die Maßnahmen für die Konstruktion, den Bestand oder den bestimmungsgemäßen Gebrauch nicht von wesentlicher Bedeutung sind. Streitig ist die Frage, ob diese Einschränkung auch bei Neubauten gilt.

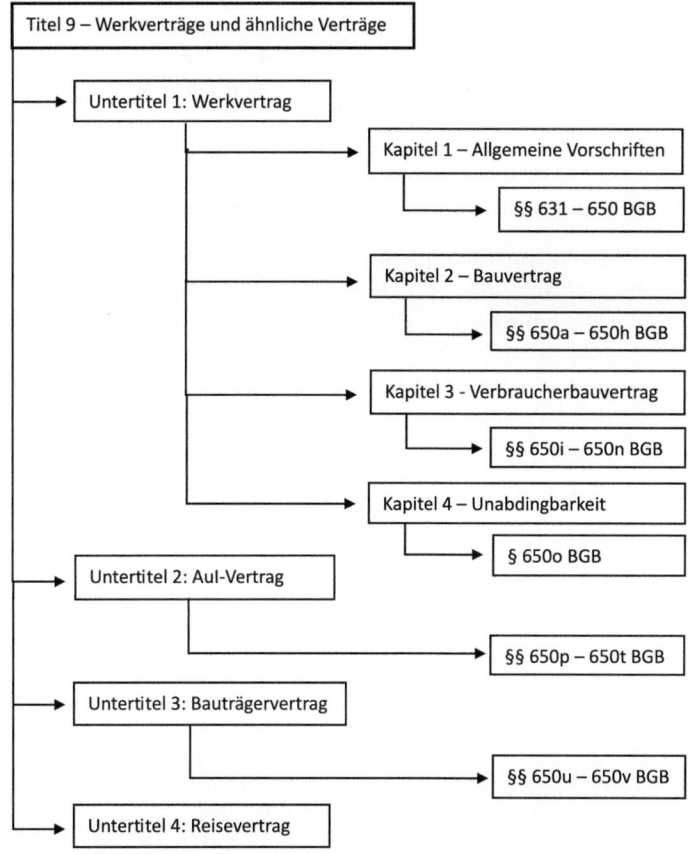

Abb. 1.2 Übersicht Werkverträge und ähnliche Verträge

HOAI § 2 Abs. 8 und 9

BGB § 650i

Instandsetzung und Instandhaltung sind in § 2 Abs. 8 und 9 HOAI gesetzlich definiert.

Die weitere Sonderform des Werkvertrages ist der **Verbraucherbauvertrag**. Dieser Vertragstyp liegt vor, wenn der Besteller Verbraucher (§ 13 BGB) ist und den Bau eines neuen Gebäudes oder erhebliche Umbaumaßnahmen an einem bestehenden Gebäude gegenüber einem Vertragspartner in Auftrag gibt, § 650i BGB.

Nicht jeder Vertrag, an dem ein Verbraucher beteiligt ist, ist Verbraucherbauvertrag. Anwendbar sind die Sonderregeln nur bei der Errichtung eines Gebäudes aus einer Hand, also die schlüsselfertige Errichtung. Die Vergabe von Einzelgewerken, auch im Zuge eines Neubaus, unterfällt dieser Kategorie nach dem eindeutigen Gesetzeswortlaut nicht.

Auch Umbaumaßnahmen müssen diese Erheblichkeitsschwelle überschreiten, also – so die Gesetzesbegründung – „nur noch die Fassade erhalten" und aus einer Hand erfolgen. Die Einzelvergabe auch bei Radikalumbauten unterfällt nicht dem Regelungsbereich, da keiner der beauftragten Einzelunternehmer die gesamte Umbaumaßnahme schuldet.

Hier ist die Rechtsprechung zu beobachten.

Es gibt Tendenzen, im Sinne des Verbraucherschutzes den Anwendungsbereich über den Wortlaut hinaus auszuweiten:

Verbraucherbauvertrag auch bei Einzelgewerkvergabe!

Ein Verbraucherbauvertrag liegt auch bei gewerkeweiser Vergabe vor, wenn die Beauftragung zeitgleich oder in engem zeitlichem Zusammenhang mit der Erstellung eines neuen Gebäudes erfolgt, die Erstellung eines neuen Gebäudes für den Unternehmer ersichtlich ist und die Gewerke zum Bau des neuen Gebäudes selbst beitragen (Anschluss an OLG Hamm, IBR 2021, 351; entgegen KG, IBR 2022, 128).

OLG Zweibrücken, Urteil vom 29.03.2022 – 5 U 52/21 (die Entscheidung wurde aufgehoben)

BGB §§ 650a, 650f Abs. 1, 6, § 650i Abs. 1

(IBR 2022, 347)

Aushub der Baugrube für privaten Bauherrn ist Verbraucherbauvertrag!

Ein Verbraucherbauvertrag liegt auch dann vor, wenn der Verbraucher das Bauvorhaben in mehrere Bauverträge aufspaltet, die er mit mehreren Unternehmern isoliert abschließt.

LG München I, Urteil vom 28.10.2021 – 5 O 2441/21

BGB §§ 355, 356e, 648, 650i

(IBR 2022, 183)

- **Ganz anders:**

  Vergabe von Rohbauarbeiten als Einzelgewerk ist kein Verbraucherbauvertrag!

  „Bau eines neuen Gebäudes" ist eng auszulegen. Es liegt kein Verbrauchervertrag i. S. v. § 650i BGB vor, wenn allein Rohbauarbeiten als Einzelgewerk vergeben werden.

  OLG München, Urteil vom 09.06.2022 – 20 U 8299/21 Bau

  BGB §§ 650f, 650i

  (IBR 2022, 457)

  Kein Verbraucherbauvertrag bei sukzessiver Beauftragung mehrerer Einzelgewerke!

  Bei der Beurteilung, ob es sich um einen Verbraucherbauvertrag i. S. v. § 650i Abs. 1 Fall 1 BGB handelt, kommt es nicht auf die Gesamtheit aller dem Unternehmer sukzessive im Verlauf der Bauarbeiten erteilten selbstständigen Aufträge an.

  BGH, Urteil vom 26.10.2023 – ▶ VII ZR 25/23

  BGB §§ 650a, 650f Abs. 1 Satz 4, § 650f Abs. 6 Satz 1 Nr. 2, § 650i Abs. 1, § 650o Satz 2

  (IBR 2024, 69)

Ist der Werkvertrag „Verbraucherbauvertrag", ergeben sich folgende rechtliche Besonderheiten zum Bauvertrag:
- Vertrag muss in **Textform** abgeschlossen werden
- Informationspflicht durch Baubeschreibung, § 650j BGB
- Widerrufsrecht, § 650 Abs. 1 BGB
- Begrenzung von Abschlagszahlungen und der Möglichkeiten zur Vereinbarung von Erfüllungssicherheiten zu Gunsten des Unternehmers, § 650m BGB
- Kein Anspruch auf Bauhandwerkersicherung gegen den Verbraucher, § 650f Abs. 6 S. 1 BGB
- Pflicht zur Herausgabe von Unterlagen zur Nachweisführung gegenüber Behörden, § 650n BGB

Damit entsteht eine Dreistufigkeit der Werkvertragstypen über Bauleistungen:
- Werkvertrag über Konstruktion oder Gebrauch unwesentlicher Bauleistungen
- Bauvertrag über wesentliche Bauleistungen
- Verbraucherbauvertrag über „schlüsselfertige" Bauleistungen

Kapitel 4 der Neuregelungen zum Werkvertragsrecht erklärt bestimmte Regeln für unabdingbar. Dies gilt für die Regelungen zu Gunsten des Verbrauchers mit Ausnahme der Regelungen über Abschlagszahlungen und Erfüllungssicherheiten, § 650m BGB, die nur AGB-fest ausgestaltet sind, § 309 Nr. 15 BGB. In Individualvereinbarungen kann also abgewichen werden.

BGB § 640 Abs. 2 S. 2

Außerhalb des Verbraucherbauvertrages ist § 640 Abs. 2 S. 2 BGB zwingend ausgestaltet, d. h. der Verbraucher muss zwingend ohne Möglichkeit durch abweichende vertragliche Regelungen, auf die Folgen des Fristablaufes im Rahmen einer Abnahmeaufforderung hingewiesen werden.

1.3.3 Architekten- und Ingenieurvertrag

Die rechtliche Einordnung des Architekten- und Ingenieurvertrages war jahrzehntelang streitig.

Schuldet der Architekt nur eine Tätigkeit, ein Wirken, oder schuldet er einen Erfolg, die Herstellung eines Werkes?

Von der Rechtsform hängt ab, wie die Haftung, die Gefahrtragung, die Vergütung und ihre Sicherung, Verjährung und Kündigungsmöglichkeiten gestaltet sind oder gestaltet werden können.

Die Einordnung bereitet deshalb Probleme, weil einzelne Teilleistungen des Architekten nur Beratungen darstellen (dienstvertragliche Elemente). Im Vordergrund steht jedoch immer die Verpflichtung des Architekten, einen realisierbaren und genehmigungsfähigen Plan zu erstellen und – je nach Auftragsumfang – dafür Sorge zu tragen, dass das Bauwerk plangerecht und mangelfrei zur Vollendung kommt.

BGB § 631 ff

Damit ist nach inzwischen einhelliger Meinung in Literatur und Rechtsprechung bei der Beauftragung der Vollarchitektur (LP 1–9), aber auch bei einzelnen Leistungen, von einem Werkvertrag im Sinne der §§ 631 ff BGB auszugehen.

Mittlerweile ist dies auch durch den Gesetzgeber klargestellt. Im Zuge der Umsetzung der Verbrauchsgüterkaufrichtlinie ist seit dem 1. Januar 2018 das neue Bauvertragsrecht in Kraft getreten, welches für alle ab diesem Zeitpunkt abgeschlossenen Verträge gilt.

BGB §§ 650p bis 650t

Hinzugekommen sind auch spezielle Regelungen für den Architektenvertrag, nämlich die §§ 650p–650t BGB.

Der Architekt schuldet also einen Erfolg, nämlich eine mangelfreie Planung als Voraussetzung für das „Entstehenlassen" eines mangelfreien Bauwerkes.

Nur wenn im Einzelfall bzw. bei Einzelleistungen keine erfolgsbezogene Tätigkeit, sondern nur „ein Wirken" geschuldet wird, kann ein Dienstvertrag anzunehmen sein (Bsp.: nur wirtschaftliche Beratung, nur Tätigkeit als verantwortlicher Bauleiter nach LBauO (str.)).

Wichtig ist die Einordnung z. B. für die Frage nach Mängel- oder Gewährleistungsrechten bzw. auch für Sicherungsrechte nach §§ 650e und 650f BGB (§§ 648 u. 648a BGB a. F.).

Die Vergütung der vertraglich geschuldeten Leistungen der Architekten und Ingenieure regelt sich, wenn die Parteien nicht eine abweichende Vereinbarung in Textform geschlossen haben, bei Verträgen, die nach dem 01.01.2021 abgeschlossen wurden, nach der HOAI.

Nach „altem Recht" bis 2021 war die HOAI mit ihren Mindest- und Höchstsätzen verbindlich.

1.3.4 Projektsteuerungsvertrag

Projektsteuerungsleistungen sind je nach Ausgestaltung des Vertrages den Bestimmungen des Dienst- oder des Werkvertrages zugrunde zu legen. Die Rechtsprechung des BGH tendiert z. Zt. dazu, den Projektsteuerungsvertrag als „Geschäftsbesorgungsvertrag mit dienstvertraglichem Charakter", auf den das Dienstvertragsrecht Anwendung findet, anzunehmen (BGH 7. Zivilsenat Urteil vom 26.01.1995 VII. Z 49/94; Urteil vom 09.01.1997 VII. ZR 48/96). Es kann aber auch ein Werkvertrag vorliegen, wenn eine komplette Steuerung eines Bauvorhabens und der zugrundeliegenden Planung geschuldet ist (BGH BauR 2007, 724).

Inhaltlich umfasst ist die Übertragung von Bauherrenaufgaben, theoretisch aber auch von Leistungen, die der Architekt und der Fachplaner, insbesondere nach Ausweitung der Grundleistungen durch die HOAI 2013 und 2021 bereits im Rahmen der Objektüberwachung schuldet.

Kernbereich: Koordinierung und Überwachung aller Projektbeteiligten, er übernimmt beratend oder handelnd die Wahrung der Qualitäts-, Termin- und Kostensicherung für den Auftraggeber.

Das Honorar ist, wenn nur Projektsteuerung beauftragt wird, frei verhandelbar.

Es gibt eine vom AHO herausgegebenen Text zum Projektsteuerungsvertrag, welcher Leistungsbilder und Vergütungsvorschläge beinhaltet. Dieser Text kann wertvolle Anregungen zur Vertragsgestaltung beisteuern, er hat jedoch anders als die HOAI keinen Gesetzescharakter und gilt nur bei entsprechender Vereinbarung.

1.3.5 Sicherheits- und Gesundheitsschutzkoordinator

Die Rechtsgrundlage ist die „Baustellensicherheitsrichtlinie" der EU, umgesetzt in der Baustellenverordnung vom 10.06.1998 in Verbindung mit § 19 Arbeitsschutzgesetz.

Baustellen mit voraussichtlicher Dauer von mehr als 30 Tagen mit durchschnittlich mehr als 20 Beschäftigten gleichzeitig oder Volumen von mehr als 500 Personentagen müssen entsprechend besetzt werden.

Der „SiGeKo" ist vom Bauherrn zu stellen.

1.4 Vergütungsregelungen

BGB §§ 612 und 632

Sowohl für den Dienstvertrag als auch für den Werkvertrag ist die vertragliche Regelung maßgebend. Ist eine Vergütung nicht ausdrücklich vereinbart, so ist der Vertrag gleichwohl wirksam und eine Vergütung geschuldet, wenn die Dienstleistung oder die Herstellung des Werkes den Umständen nach nur gegen eine Vergütung zu erwarten ist, §§ 612, 632 BGB.

1.4.1 Vergütungsanspruch und Vorauszahlung

Beim Werkvertrag ist grundsätzlich der Unternehmer vorleistungspflichtig. Er muss zunächst das geschuldete Werk oder zumindest Teile davon erstellen, bevor er eine Vergütung beanspruchen kann.

Von diesem gesetzlichen Leitbild kann in individuellen Vereinbarungen abgewichen werden, es können also Vorauszahlungen vereinbart werden.

In AGB sind Regelungen zu ungesicherten Vorauszahlungen an den Verwender regelmäßig unwirksam. Denkbar, insbesondere im Unternehmergeschäft, sind Vorauszahlungen gegen Sicherheiten.

VOB/B § 16 Abs. 2

Eine entsprechende Regelung enthält auch § 16 Abs. 2 VOB/B.

1.4.2 Abschlagszahlungen

Das Werkvertragsrecht sah ursprünglich keine Abschlagszahlungen vor. Der Vergütungsanspruch des Unternehmers wurde erst nach Abnahme fällig.

BGB § 623a

Dies wurde mit Einführung des zwischenzeitlich mehrfach modifizierten § 632a BGB geändert. Der Unternehmer hat danach kraft Gesetzes einen Anspruch auf Abschlagszahlungen für nachgewiesene Teilleistungen. Bei Mängeln der Teilleistung kann der Besteller die Zahlung nicht völlig verweigern, sondern ist wie nach der Abnahme auf ein Zurückbehaltungsrecht bspw. in Höhe des doppelten Betrages der Mangelbeseitigungskosten beschränkt.

Wichtig ist, dass im Verbrauchergeschäft mit der ersten Abschlagsrechnung eine Sicherheit in Höhe von 5 % der Vertragssumme – nicht etwa der ersten Abschlagsrechnung – zu stellen ist. Statt eine Vertragserfüllungsbürgschaft zu stellen, kann der Unternehmer den Verbraucher auffordern, den entsprechenden Betrag einzubehalten.

Die Regelung kann individualvertraglich, nicht aber in AGB geändert werden (gesetzliches Leitbild!).

§ 16 Abs. 1 VOB/B sah schon immer Abschlagszahlungen vor. Der wesentliche Unterschied zwischen den beiden Regelungen lag darin, dass die VOB/B nie einen völligen Ausschluss des Anspruches im Falle des Vorliegens wesentlicher Mängel kannte. Dieser Unterschied ist durch die Neufassung des BGB seit 2018 entfallen.

VOB/B § 16 Abs. 1

1.4.3 Schlusszahlung und -rechnung

Fälligkeitsvoraussetzung ist immer die Abnahme bzw. eine Abnahmefiktion.

Eine „prüffähige" Schlussrechnung verlangte früher nur die VOB/B bzw. die HOAI. Der Einwand fehlender Prüffähigkeit musste jedoch nach Rechtsprechung des BGH innerhalb von zwei Monaten erhoben – und begründet – werden und war ansonsten verwirkt. Diese Frist wurde dann in Anlehnung an entsprechende gesetzliche Regelungen auf 30 Tage reduziert.

Für Verträge ab dem 1. Januar 2018 ist auch bei einem Bauvertrag nach BGB die Überlassung einer prüffähigen Schlussrechnung Fälligkeitsvoraussetzung, § 650g Abs. 4 BGB. Hier ist jetzt die 30-tägige Rügefrist gesetzlich normiert.

BGB § 650g Abs. 4

Bindungswirkung in dem Sinne, dass Nachforderungen ausgeschlossen wären, kommt einer Schlussrechnung grundsätzlich nicht zu. Besonderheiten gibt es auch hier beim Architektenvertrag. Wenn der Auftraggeber auf die Richtigkeit der Rechnung vertraut hat, darauf vertrauen durfte und sich wirtschaftlich auf diesen Rechnungsbetrag eingestellt hat, soll der Architekt nicht mehr zur Nachforderung berechtigt sein.

1.5 Vergabe- und Vertragsordnung für Bauleistungen (VOB)

1.5.1 Anwendung der VOB

Die Vergabe- und Vertragsordnung (früher Verdingungsordnung) für Bauleistungen ist historisch aus der Überlegung entstanden, in Ergänzung zum Werkvertragsrecht des BGB einen gerechteren Ausgleich zwischen den Interessen von Anbietern und Nachfragern von Bauleistungen zu schaffen. Es sollte auch die Erteilung der Aufträge nach gleichen Grundsätzen sichergestellt werden.

Die VOB besteht aus drei Teilen:

Teil A – Allgemeine Bestimmungen über die Vergabe von Bauleistungen

Teil B – Allgemeine Vertragsbedingungen für die Ausführung von Bauleistungen

Teil C – Allgemeine Technische Vertragsbedingungen für Bauleistungen

Die Inhalte des Teil C sind relevant als „allgemein anerkannte Regeln der Technik" bei der Prüfung etwaiger Mangelhaftigkeit. Diese technischen Regeln sind zu beachten, unabhängig davon, ob die übrigen Teile der VOB auf das Vertragsverhältnis Anwendung finden. Es handelt sich hierbei um „üblicherweise stillschweigend zugesicherte Beschaffenheiten", deren Existenz bzw. Einhaltung der Besteller mangels abweichender Vereinbarung erwarten darf (BGH, BauR 2009, 1288; BGH, IBR 2011, 399).

Teil A ist verpflichtend nur für haushaltsrechtlich gebundene Auftraggeber (GemO) oder öffentliche Auftraggeber im Sinne des europäischen Vergaberechts.

Für sonstige Anbieter entfaltet dieser Teil nur Rechtswirkungen, wenn der Auftraggeber sich selbst zur Einhaltung dieser Vorgaben verpflichtet hat. Hiervon ist aus verschiedensten Gründen dringend abzuraten (u. a. Nachverhandlungsverbot, Zuschlagsverpflichtung und Aufhebungsverbot). Gleichwohl besteht diese Verpflichtung gelegentlich aus sonstigen Gründen, z. B. als Auflage eines Fördermittelgebers und ist dann natürlich unbedingt und uneingeschränkt zu beachten.

Teil B enthält den vertragsrechtlichen Teil.

Dieser Teil ist auf den konkreten Vertrag nur anwendbar, wenn die Parteien dies bei Vertragsabschluss so geregelt haben. Die VOB/B ist weder Gesetz noch Rechtsverordnung, sondern reines Vertragsrecht in Form vorformulierter Allgemeiner Geschäftsbedingungen (nachzulesen bspw. in BGH NJW 1999, 3261). Falls die VOB dem Vertrag nicht zugrunde gelegt wird, so gilt uneingeschränkt das BGB.

Damit gelten ganz allgemeine Einbeziehungsvoraussetzungen:
- Unternehmer, im Bausektor tätig: unmissverständlicher Hinweis genügt
- Sonstige Unternehmer, jedenfalls bei Verbraucher: Möglichkeit, sich in geeigneter Weise Kenntnis vom Inhalt zu verschaffen (in der Regel Textaushändigung)

Ausnahme: Vertretung durch Architekt, hier reicht ein Hinweis.

> Beispiel: OLG Nürnberg, Urteil vom 27.11.2013 – 6 U 2521/09; BGH, Beschluss vom 10.09.2015 – VII ZR 347/13 (Nichtzulassungsbeschwerde zurückgewiesen);
>
> Wie wird die VOB/B Vertragsbestandteil?
>
> Handelt der Auftraggeber als „Privatmann", der die Auftragsverhandlungen nicht mit der Unterstützung eines Architekten führt, genügt der Hinweis auf die Geltung der VOB/B im Angebot des Auftragnehmers nicht, um sie in den Vertrag einzubeziehen.

(IBR 2015, 649)

Falls eine Einbeziehung erfolgt ist, stellt sich die Frage nach der Inhaltskontrolle:
- Wer ist Verwender?

Falls beide die VOB/B wollen, liegt kein einseitiges „Stellen" im Sinne von § 305 I BGB vor. Es findet dann keine Inhaltskontrolle statt.
- Vertragspartner Unternehmer: Mit von den Festlegungen der VOB/Teil B abweichenden Formulierungen, z. B. in den Besonderen und Zusätzlichen Vertragsbedingungen, sollte extrem vorsichtig umgegangen werden. Jede Änderung führt dazu, dass die Privilegierung der VOB/B im Rahmen der AGB-Kontrolle entfällt. § 310 Abs. 1 BGB entzieht die VOB/B der Inhaltskontrolle im Unternehmergeschäft, wenn diese „in der jeweils zum Vertragsabschluss geltenden Fassung ohne inhaltliche Abweichung insgesamt einbezogen ist".

Wird hier abgeändert, fallen eine Vielzahl von VOB/B Regelungen der AGB-Kontrolle zu Lasten des Verwenders zum Opfer.
- Vertragspartner Verbraucher: keine Privilegierung, (zunächst BGH, BauR 2008, 1603, dann gesetzliche Regelung in § 310 Abs. 1 S. 3 BGB, eingefügt durch Forderungssicherungsgesetz zum 01.01.2009), also selbst im Falle wirksamer Einbeziehung findet immer eine Inhaltskontrolle statt. (Zur Unwirksamkeit einzelner Klauseln im Falle AGB-rechtlicher Kontrolle vgl. Werner/Pastor, Der Bauprozess, 18. Auflage, Rdnr. 1209 ff.).

Da die VOB/B rechtlich die Qualität von Allgemeinen Geschäftsbedingungen hat, ist ein grobes Wissen über das Wesen Allgemeiner Geschäftsbedingungen unumgänglich:
- für eine Vielzahl von Verträgen vorformuliert
- AGB's können nach den §§ 305–310 BGB unwirksam sein

- es gibt spezielle und allgemeine Klauselverbote (Bsp: Unangemessene Benachteiligung einer Partei)
- die AGB's sind stets einer Inhaltskontrolle zugänglich
- bei unwirksamen oder nicht einbezogenen AGB's treten an die Stelle der unwirksamen Klauseln die gesetzlichen Vorschriften (§ 306 BGB), im Übrigen bleibt der Vertrag wirksam.

Diese Grundsätze gelten auch für sonstige, eigene Bau-AGB der Parteien.

Beispiele für Vor- und Nachteile der VOB/B:

Vorteile Bauherr:
- Änderungs- und Erweiterungsbefugnis, § 1 III, IV (mittlerweile gegenstandslos, da seit der Baurechtsreform für Verträge ab dem 01.01.2018 auch Bestandteil des Werkvertragsrechtes des BGB)
- Neue Verjährungsfrist durch schriftliche Mängelrüge, § 13 V 1. S. 2 VOB/B

Vorteile Unternehmer:
- Frist für Mängelansprüche, 4 statt 5 Jahre
- Gefahrtragungsregel bei zufälligem Untergang, § 7
- Auftragsentzug nur nach schriftlicher Ankündigung in Schriftform, § 8

Allgemein wird nach Auffassung des Verfassers die Frage der Einbeziehung der VOB/B erheblich überbewertet. Die Rechtsprechung wendet viele ohne jeden Zweifel sinnvolle Abwicklungsregeln der VOB/B auch auf reine BGB-Verträge an, weil es sich um vertragliche Nebenpflichten handele, die keiner besonderen Vereinbarung bedürften (Bsp.: Pflicht zur Bedenkenanmeldung, vgl. BGH BauR 2008, 344).

Darüber hinaus sind durch die Änderungen der VOB/B in den Jahren 2006, 2009 und 2016 die Unterschiede deutlich geringer geworden. Die Reform des Werkvertragsrechtes 2018 hat zu einer weiteren Angleichung geführt. Wichtig im Rahmen der Vertragsgestaltung und -abwicklung ist nur, klar zu wissen, in welcher Materie man sich bewegt und darüber hinaus bei mehrstufigen Vertragsverhältnissen (Bauherr – Generalunternehmer – Nachunternehmer – Nachunternehmer 2) an der jeweiligen Schnittstelle ein Auseinanderfallen der Regelungen zu vermeiden. Vereinbart der Generalunternehmer mit dem Bauherrn einen reinen BGB-Werkvertrag und beauftragt er seine Nachunternehmer unter Einbeziehung der VOB/B, so fehlt ihm bspw. ein Jahr im Bereich der Fristen der Mängelansprüche, in dem er keinen Rückgriff mehr nehmen kann.

1.6 Öffentlich-rechtliche Vorschriften

Für die Abwicklung von Bauvorhaben sind neben den allgemeinen zivilrechtlichen natürlich auch die öffentlich-rechtlichen Vorschriften relevant. Die entsprechenden Gesetze des Bundes (z. B. Baugesetzbuch BauGB, Baunutzungsverordnung BauNVO), der Länder (Bauordnungen) und schließlich der Gemeinden (Flächennutzungspläne, Bebauungspläne, sonstige Satzungen) regeln die im öffentlich-rechtlichen Interesse liegenden Einzelheiten der Bauplanung und Baudurchführung, sowie der Verantwortlichkeit der an der Planung und am Bauen Beteiligten. Auch diese Materie wird in diesem Werk nicht behandelt, bedarf aber natürlich der intensiven Beachtung im Rahmen der Planung und Durchführung.

Technische Grundlagen

Inhaltsverzeichnis

2.1 Die allgemein anerkannten Regeln der Technik – 24

2.2 Allgemeine Technische Vertragsbedingungen für Bauleistungen (ATV) – 24

2.3 DIN-Normen – 25

2.4 Sonstige technische Bestimmungen – 26

2.5 Erlasse, Verordnungen – 26

2.6 Zulassung neuer Baustoffe, Bauteile, Bauarten – 26

2.7 Änderungen technischer Grundlagen – 27

© Der/die Herausgeber bzw. der/die Autor(en), exklusiv lizenziert an Springer Fachmedien Wiesbaden GmbH, ein Teil von Springer Nature 2025
B. Rode, W. Weller, *AVA-Handbuch*, https://doi.org/10.1007/978-3-658-48052-3_2

2.1 Die allgemein anerkannten Regeln der Technik

StGB § 319

Der Begriff allgemein anerkannte Regeln der Technik stammt aus dem Sprachgebrauch der Juristen und ist ausdrücklich erwähnt im Tatbestand der Baugefährdung des Strafgesetzbuches. Während es früher „die allgemein anerkannten Regeln der Baukunst" hieß, hat sich später die Bezeichnung „die allgemein anerkannten Regeln der Technik" durchgesetzt. Sie findet sich als Hinweis auch in der VOB/B.

VOB/B § 4 Abs. 2 Nr. 1
BGB § 633

Die allgemein anerkannten Regeln der Technik werden im BGB nicht ausdrücklich erwähnt, sie werden aber über den § 633 BGB bei der Bestimmung von Sach- und Rechtsmängeln von der ständigen Rechtsprechung einbezogen.

BGB § 242

Diese allgemein anerkannten Regeln der Technik gelten im Hinblick auf die technische Seite der Vertragserfüllung als Verkehrssitte. Sie stellen die Summe der im Bauwesen gemachten wissenschaftlichen und technischen Erfahrungen derjenigen Personen dar, welche die Bautätigkeit ausüben. Wissenschaftliche oder sonstige Ausführungen in der Fachliteratur genügen allein nicht, sie müssen vielmehr in der Praxis erprobt, als richtig anerkannt und bewährt sein. (Vgl. Bolz/Jurgeleit ibr-online-Kommentar VOB/B, § 4 VOB/B Rn. 131 ff.)

2.2 Allgemeine Technische Vertragsbedingungen für Bauleistungen (ATV)

VOB/B § 1

Die Allgemeinen Technischen Vertragsbedingungen für Bauleistungen (ATV) sind als Teil C Bestandteil der Vergabe- und Vertragsordnung für Bauleistungen (VOB). Es handelt sich um DIN-Normen, die im Sinne der allgemein anerkannten Regeln der Technik gelten.

Die ATV können durch Zusätzliche Technische Vertragsbedingungen ergänzt werden, die als Bestandteil der Vergabe- und Vertragsunterlagen zu formulieren sind.

DIN 18299

Die für alle ATV geltenden gleichartigen Regelungen sind in den Allgemeinen Regelungen für Bauarbeiten jeder Art, DIN 18299, zusammengefasst. Sie werden durch die jeweiligen leistungsspezifischen ATV ergänzt, welche im Falle eines Widerspruchs zur DIN 18299 diesen vorgehen.

Die grundsätzliche Gliederung des Inhalts der ATV lautet:
1. Hinweise für das Aufstellen der Leistungsbeschreibung:

VOB/A § 7

Die Hinweise bieten einen Katalog von Kriterien, die bei der Formulierung der Leistungsbeschreibung nach Lage des Einzelfalles besonders anzugeben sind. Diese Hinweise werden nicht Vertragsbestandteil. Sie stellen einen für die Kalkulation der

Angebotspreise wesentlichen Einflussfaktor dar. Es sollen alle für die beschriebenen Arbeiten maßgebenden Objekt-, Produktions-, Umwelt-, Material-, Maß-, Preis-, Abrechnungs- und Risikobedingungen u. dergl. definiert werden. Diese Informationen sind auch unter Beachtung von VOB/A § 7 zu formulieren.

1. Geltungsbereich:
   Hier wird u. a. festgelegt, für welche Arbeiten die betreffende DIN gilt bzw. nicht gilt. Es sind Hinweise auf andere, ebenfalls für die Arbeiten geltenden Bestimmungen aufgeführt.
2. Stoffe, Bauteile:
   Hier findet man in der Regel Angaben und DIN-Normen zu den gebräuchlichsten genormten Stoffen und Bauteilen.
3. Ausführung:
   Hier wird u. a. definiert, welche sonstigen Bestimmungen (DIN) für die Ausführung gelten, wie mit dem Baustoff und den Bauteilen umzugehen ist, wie die Verarbeitung zu erfolgen hat und welche besonderen Bedingungen zu beachten sind.
4. Nebenleistungen, Besondere Leistungen:
   In dem Unterabschnitt 4.1. wird bestimmt, welche Leistungen als Nebenleistungen Bestandteil einer Hauptleistung sind und deshalb auch ohne Erwähnung in der Leistungsbeschreibung zur vertraglichen Leistung gehören, also mit dem vereinbarten Preis abgegolten sind. Dies gilt in Zusammenhang mit Teil VOB/B. VOB/B § 2 Abs. 1
VOB/A § 7
   Der Unterabschnitt 4.2. führt solche Leistungen auf, die als Besondere Leistungen nicht Nebenleistungen gemäß Abschnitt 4.1 sind. Diese Besonderen Leistungen sind nicht Bestandteil einer Hauptleistung und deshalb nicht mit dem Preis für die Hauptleistung abgegolten. Sie bedingen einen eigenen Ansatz in der Leistungsbeschreibung und eine eigene Vergütung.
5. Abrechnung:
   Der Abschnitt regelt, wie das Aufmaß zu nehmen ist, wobei häufig verschiedene Möglichkeiten angeboten werden. Bereits bei der Aufstellung der Mengenverrechnung und bei der Formulierung der Leistungsbeschreibungen für die Ausschreibung ist nach den ATV-Festlegungen zu verfahren.

2.3 DIN-Normen

Die Vorläufer der heutigen DIN-Normen sind die früheren Werknormen. 1917 entstand der Normalienausschuss für den deutschen Maschinenbau, aus dem der Deutsche Normenausschuss (DNA) hervorging. Heute arbeitet der Fachnormenausschuss Bauwesen (FN Bau) im DIN, Deutsches Institut für Normung e. V., an der Entwicklung und Anpassung der Normen an den

Stand der Technik. Die Normblätter tragen das Ausgabedatum der endgültigen Norm. Sie gelten jeweils in der zum Zeitpunkt der Ausführung der Arbeiten gültigen Fassung. Veränderungen im Deutschen Normenwerk werden laufend in den „DIN-Mitteilungen" angezeigt.

2.4 Sonstige technische Bestimmungen

Als technische Bestimmungen zählen auch die speziellen Festlegungen von Fachverbänden wie:

AGI – Arbeitsgemeinschaft Industriebau e. V.
DAfStb – Deutscher Ausschuss für Stahlbeton
ETB – Arbeitsgruppe für einheitliche technische Bestimmungen
VDE – Verband der Elektrotechnik, Elektronik, Informationstechnik
RAL – Deutsches Institut für Gütesicherung und Kennzeichnung e. V.

Die für Erzeugnisgruppen, nicht für Firmen geschaffenen Gütezeichen bieten für die vorgeschriebene Güte eines Erzeugnisses Gewähr. Die technischen Gütebedingungen, von Fachleuten gemeinsam erarbeitet, sind die Grundlage für die Güteüberwachung. Sie gelten als Ergänzung der DIN-Normen. Dazu kommen die handwerklichen Vorschriften, wie z. B. die Richtlinien des Zentralverbandes des Deutschen Dachdeckerhandwerks.

Eine weitere Gruppe bilden spezielle Vorschriften, die in der Regel nicht für alle Bauten bzw. Auftraggeber gelten. Dazu zählen z. B. im Bereich der Bahn AG die Anweisungen für Abdichtungen von Ingenieurbauwerken – AIB.

2.5 Erlasse, Verordnungen

Die Bundes- und Landesbehörden veröffentlichen in ihren Verkündigungsblättern Erlasse bzw. Verordnungen, die besagen, wie im Rahmen gesetzlicher Bestimmungen die Durchführung allgemein gehaltener Vorschriften vorzunehmen ist. Auch die Einführung neuer Verfahren wird auf diesem Weg geregelt.

2.6 Zulassung neuer Baustoffe, Bauteile, Bauarten

Gemäß den Bestimmungen über die allgemeine bauaufsichtliche Zulassung neuer Baustoffe und Bauarten werden auf Antrag und nach positiver Prüfung einzelne neue Baustoffe, neue Bauteile sowie neue Bauarten allgemein zugelassen.

Den einzelnen Bauaufsichtsbehörden bleibt es dennoch unbenommen, im Einzelfall weitere Auflagen zu machen oder die Verwendung einer allgemein zugelassenen Bauart auszuschließen. Über die allgemeine bauaufsichtliche Zulassung neuer Baustoffe und Bauarten für die Landesgebiete entscheiden die obersten Bauaufsichtsbehörden nach den Festlegungen der Bauordnungen.

- **Technische Baubestimmungen**

▶ www.dibt.de

Die Landesbauordnungen schreiben vor, dass die von den obersten Bauaufsichtsbehörden der Länder durch öffentliche Bekanntmachung eingeführten technischen Regeln zu beachten sind. Das Deutsche Institut für Bautechnik (DIBt) hat die Aufgabe, die technischen Regeln für Bauprodukte und Bauarten festzulegen.

Im Zuge der Novellierung der Musterbauordnung im Jahr 2016 wurden die technischen Regeln für die Planung, Bemessung und Ausführung von Bauwerken und für Bauprodukte in einem Dokument, der sogenannten Muster-Verwaltungsvorschrift Technische Baubestimmungen (MVV TB), zusammengeführt.

Die Muster-Verwaltungsvorschrift Technische Baubestimmungen umfasst die Teile A bis D.

Die Teile A und B der Muster-Verwaltungsvorschrift enthalten Vorschriften für die Planung, Bemessung und Ausführung von Bauwerken.

Der Teil C enthält die Regelungen für die Verwendung von Bauprodukten, die nicht die CE-Kennzeichnung nach Bauproduktenverordnung (Verordnung (EU) Nr. 305/2011) tragen. Ebenso sind in diesem Teil Festlegungen zu Bauprodukten und Bauarten enthalten, für die ein allgemeines bauaufsichtliches Prüfzeugnis vorgesehen ist.

Der Teil D informiert über Bauprodukte, für die kein bauaufsichtlicher Verwendbarkeitsnachweis erforderlich ist und regelt freiwillige Herstellerangaben in Bezug auf wesentliche Merkmale harmonisierter Bauprodukte, die nicht von der CE-Kennzeichnung der zugrundeliegenden technischen Spezifikation erfasst sind.

2.7 Änderungen technischer Grundlagen

Sofern der Gesetzgeber neue Gesetze erlässt, welche eine bestimmte und sich auf die Bautechnik auswirkende Zielsetzung beinhalten, werden diese in der Regel von Durchführungsverordnungen und evtl. Änderungen im Normenwerk ergänzt.

Dazu dieses Beispiel:

- **Wärmeschutz**

a) Gesetze:
Mit dem Ziel bis zum Jahr 2045 die Nutzung von fossilen Energieträgern bei der Wärmeversorgung von Gebäuden zu beenden, wurde das Gebäudeenergiegesetz – GEG (Gesetz zur Einsparung von Energie und zur Nutzung Erneuerbarer Energien zur Wärme- und Kälteerzeugung in Gebäuden) am 1. November 2020 eingeführt. Damit wurden das bislang gültige und anzuwendende Energieeinsparungsgesetz (EnEG), das Erneuerbare-Energien-Wärmegesetz (EEWärmeG) und die Energieeinsparverordnung (EnEV) in dem Gebäudeenergiegesetz zusammengeführt.

b) Normen:

DIN 4108 Beiblatt 2
Wärmeschutz und Energie-Einsparung in Gebäuden Beiblatt 2:
Wärmebrücken – Planungs- und Ausführungsbeispiele
Ausgabe 2019-06

DIN 4108-2
Wärmeschutz und Energie-Einsparung in Gebäuden – Teil 2: Mindestanforderungen an den Wärmeschutz
Ausgabe 2013-02

DIN 4108-3
Wärmeschutz und Energie-Einsparung in Gebäuden – Teil 3: Klimabedingter Feuchteschutz – Anforderungen, Berechnungsverfahren und Hinweise für Planung und Ausführung
Ausgabe 2024-03

DIN 4108-4
Wärmeschutz und Energie-Einsparung in Gebäuden – Teil 4: Wärme- und feuchteschutztechnische Bemessungswerte
Ausgabe 2020-11

DIN 4108-7
Wärmeschutz und Energie-Einsparung in Gebäuden – Teil 7: Luftdichtheit von Gebäuden – Anforderungen, Planungs- und Ausführungsempfehlungen sowie -beispiele
Ausgabe 2024-11

DIN V 4108-10
Wärmeschutz und Energie-Einsparung in Gebäuden – Teil 10: Anwendungsbezogene Anforderungen an Wärmedämmstoffe
Ausgabe 2021-11

DIN V 4108-11
Wärmeschutz und Energie-Einsparung in Gebäuden – Teil 11: Mindestanforderungen an die Dauerhaftigkeit von Klebeverbindungen mit Klebebändern und Klebemassen zur Herstellung von luftdichten Schichten
Ausgabe 2018-11

Angebotsverfahren

Inhaltsverzeichnis

3.1 Zivilrechtlicher Vertragsabschluss – 32

3.2 Vergabeverfahren der öffentlichen Hand – 32
3.2.1 Schwellenwerte – 32
3.2.2 Nationale Vergaben unterhalb der Schwellenwerte – 33
3.2.3 Europaweite Vergaben oberhalb der Schwellenwerte – 34
3.2.4 Vergabe von Architekten- bzw. Planungsverträgen – 35

3.3 Wahl des Vergabeverfahrens – 36

3.4 Ausschreibungsteilnehmer – 37

3.5 Vergabekonzept – 37

© Der/die Herausgeber bzw. der/die Autor(en), exklusiv lizenziert an Springer Fachmedien Wiesbaden GmbH, ein Teil von Springer Nature 2025
B. Rode, W. Weller, *AVA-Handbuch*, https://doi.org/10.1007/978-3-658-48052-3_3

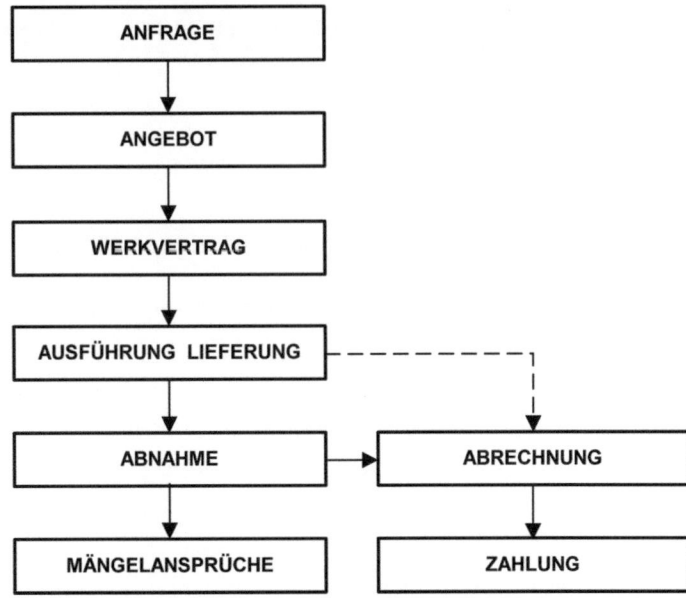

◘ Abb. 3.1   Schema für die Vergabe und Abwicklung

3.1 Zivilrechtlicher Vertragsabschluss

BGB § 145 ff.

Ein Vertrag kommt durch Annahme eines Angebots zustande.

Um vergleichbare Angebote zu bekommen und über die Annahme entscheiden zu können muss der Bauherr/Auftraggeber potentielle Bieter zur Abgabe eines Preises für eine von ihm möglichst vollständig beschriebene Bauleistung auffordern.

Man bezeichnet dieses Verfahren zur Erlangung von Angeboten als Ausschreibung. Die ◘ Abb. 3.1 zeigt ein Schema für den Ausschreibungs-, Vergabe- und Abrechnungsprozeß.

3.2 Vergabeverfahren der öffentlichen Hand

Die Vergabeverfahren nach der VOB/A oder GWB/VOB/A (EU) werden in ihren Details hier nicht behandelt, sondern nur kurz im Überblick dargestellt.

Die Verpflichtung zur Anwendung des Vergaberechts folgt national aus dem Haushaltsrecht und – oberhalb der Schwellenwerte (siehe unten) – aus den Regelungen des GWB.

3.2.1 Schwellenwerte

Die Schwellenwerte für öffentliche Aufträge sind in der EU-Verordnung (EU) Nr. 2019/1828 festgelegt, die regelmäßig aktualisiert wird. Die Schwellenwerte dienen als Grundlage, um

3.2 · Vergabeverfahren der öffentlichen Hand

zu entscheiden, ob eine EU-weite Ausschreibung erforderlich ist oder ob die Vergabe im nationalen Rahmen erfolgen kann.

Nachstehend die aktuell geltenden Schwellenwerte (Stand 2024) für die verschiedenen Auftragstypen:

- **Bauaufträge**
- Schwellenwert 5.538.000€ (netto)
- Geregelt in: EU-Verordnung Nr 2014/24 Art. 4 in der jeweils geltenden Fassung und in Deutschland in der VOB/A EU (§ 1 EU VOB/A Abs. 2 S. 1)

- **Liefer- und Dienstleistungsaufträge**
- Schwellenwert 143.000 € (netto) für Aufträge zentraler Behörden (z. B. Ministerien, Bundesbehörden)
- 221.000 € (netto) für Sektorenauftraggeber (z. B. Energie-, Wasser-, Verkehrssektoren) und sog. subzentrale Auftraggeber (z. B. Kommunen, Länder)
- Geregelt in: EU-Verordnung Nr. 2014/24 Art. 4 in der jeweils geltenden Fassung und in Deutschland in der UVgO (§ 1 Abs. 1) und der VgV
- Dienstleistungsaufträge für soziale und andere besondere Dienstleistungen
- Schwellenwert: 750.000 € (netto)
- Geregelt in: EU-Verordnung Nr. 2014/24 Art. 4 in der jeweils geltenden Fassung und in der VgV (Vergabeverordnung), die in Deutschland die Rahmenbedingungen festlegt
- Die EU-Schwellenwerte beziehen sich auf den geschätzten Gesamtauftragswert (exklusive Mehrwertsteuer) und gelten für alle öffentlichen Auftraggeber in der EU.

3.2.2 Nationale Vergaben unterhalb der Schwellenwerte

Die VOB/A (Vergabe- und Vertragsordnung für Bauleistungen, Teil A) regelt die Vergabeverfahren für öffentliche Bauaufträge in Deutschland und unterscheidet dabei mehrere Verfahren: — **Öffentliche Ausschreibung** *VOB/A § 3*
Verfahren, bei dem die Ausschreibung allgemein veröffentlicht wird, sodass alle interessierten Unternehmen Angebote einreichen können.
— **Beschränkte Ausschreibung mit Teilnahmewettbewerb**
Teilnehmende Unternehmen werden in einem vorgeschalteten Verfahren ausgewählt und anschließend zur Angebotsabgabe aufgefordert.
— **Verhandlungsverfahren**
Verfahren, bei dem nach einer Angebotsabgabe die Konditionen mit den ausgewählten Bietern verhandelt werden können.

— **Freihändige Vergabe (Direktvergabe)**
Direkte Beauftragung ohne förmliches Vergabeverfahren. In Ausnahmefällen anwendbar, z. B. bei sehr geringen Auftragswerten oder in dringenden Fällen.

Auch unterhalb der Schwellenwerte müssen Auftraggeber sicherstellen, dass das Vergabeverfahren fair, transparent und wirtschaftlich ist. Es dürfen keine willkürlichen oder diskriminierenden Entscheidungen getroffen werden.

Die wesentlichen Schritte und Entscheidungen müssen dokumentiert werden, insbesondere die Begründung der Wahl des Verfahrens.

Insgesamt ermöglicht das Unterschwellenvergaberecht mehr Flexibilität und vereinfacht die Vergabe, dennoch gelten auch hier die Grundsätze des Wettbewerbs und der Transparenz. Die konkrete Wahl des Verfahrens richtet sich nach dem Umfang und den Besonderheiten des Projekts und den jeweiligen Vorgaben der Bundesländer oder kommunalen Richtlinien.

3.2.3 Europaweite Vergaben oberhalb der Schwellenwerte

VOB/A EU § 3

Für Bauaufträge, die den EU-Schwellenwert überschreiten, gelten die Vorschriften des GWB und der VOB/A EU (2. Abschnitt der VOB/A). Diese orientieren sich an den EU-Richtlinien und beinhalten spezifische Verfahren, die Transparenz und Wettbewerb im EU-Binnenmarkt sicherstellen sollen. Man unterscheidet folgende Vergabeverfahren:

- **Offenes Verfahren, § 3 Nr. 1 EU VOB/A**
Alle interessierten Unternehmen können ein Angebot abgeben. Es ist das Standardverfahren für EU-weite Vergaben, wenn es keine Rechtfertigung für ein anderes Verfahren gibt.

- **Nichtoffenes Verfahren mit Teilnahmewettbewerb, § 3 Nr. 2 EU VOB/A**
In einem vorgeschalteten Teilnahmewettbewerb wird eine begrenzte Anzahl geeigneter Bieter ausgewählt, die ein Angebot abgeben dürfen.

- **Verhandlungsverfahren mit oder ohne Teilnahmewettbewerb, § 3 Nr. 3 EU VOB/A**
Vergabe mit Verhandlungsmöglichkeiten über die Angebote. Der Auftraggeber kann entscheiden, ob ein Teilnahmewettbewerb vorgeschaltet wird.

- **Wettbewerblicher Dialog, § 3 Nr. 4 EU VOB/A**
Der Auftraggeber tritt in einen Dialog mit ausgewählten Bietern, um gemeinsam Lösungen für komplexe Projekte zu entwickeln, bevor Angebote abgegeben werden.

- **Innovationspartnerschaft, § 3 Nr. 5 EU VOB/A**
Verfahren, bei dem in Partnerschaft mit dem Auftragnehmer neue, innovative Lösungen entwickelt werden sollen. (Zu den Verfahrensarten auch Ziekow/Völlink, Vergaberecht, 5. Aufl., § 14 Rn. 4 ff.)

3.2.4 Vergabe von Architekten- bzw. Planungsverträgen

Für die Vergabe von Architekten- und Ingenieurleistungen gelten grundsätzlich die allgemeinen Regelungen des 4. Teils des Gesetzes gegen Wettbewerbsbeschränkungen (GWB) und die Vergabeverordnungen (z. B. VgV). *GWB/VgV*

Es sind allerdings bestimmte Besonderheiten zu beachten, mit denen sich der 6. Abschnitt der VgV, §§ 73 ff., befasst. Diese Vorschriften gelten ergänzend zu der VgV.

Architekten- und Ingenieurleistungen sind im Vergaberecht als Liefer- und Dienstleistungsverträge einzuordnen, sodass die entsprechenden Schwellenwerte zu beachten sind.

Grundsätzlich werden die Leistungen im Verhandlungsverfahren mit Teilnahmewettbewerb nach § 17 VgV oder im wettbewerblichen Dialog nach § 18 VgV vergeben, § 74 VgV. Das Verhandlungsverfahren hat den Vorteil, dass Planungsleistungen in enger Zusammenarbeit und unter Beachtung spezifischer Qualifikationen entwickelt werden können. Der wettbewerbliche Dialog ist möglich, falls eine klare Lösung nicht von Beginn an festgelegt werden kann.

Auch unterhalb der EU-Schwellenwerte gibt es für die Vergabe von Architektenleistungen in Deutschland spezifische Vorschriften. Diese sind vor allem in der Unterschwellenvergabeordnung (UVgO) geregelt.

Gemäß § 50 UVgO sind öffentliche Aufträge über Leistungen, die im Rahmen einer freiberuflichen Tätigkeit angeboten werden, auch grundsätzlich im Wettbewerb zu vergeben. *UVgO § 50*

Nachstehend die wichtigsten Regelungen und Grundsätze für die Vergabe von Architektenleistungen unterhalb der Schwellenwerte:

- **Freihändige Vergabe**
Für Architektenleistungen kann oft die freihändige Vergabe (auch „Verhandlungsvergabe" genannt) angewendet werden,

insbesondere bei kleineren und spezifischen Planungsaufträgen. Dann erfolgt die Vergabe ohne ein förmliches Verfahren auf der Grundlage eines Angebots.

Im Regelfall unterhalb bestimmter Auftragswertgrenzen; genaue Vorgaben können sich je nach Bundesland und kommunalen Regelungen unterscheiden.

Der Auftraggeber kann ausgewählte Architekturbüros zur Angebotsabgabe und zu Verhandlungen einladen, ohne eine öffentliche Bekanntmachung durchführen zu müssen.

- **Beschränkte Ausschreibung**

Hierunter versteht man die Aufforderung zur Abgabe eines Angebots an eine beschränkte Anzahl ausgewählter Büros. Eine beschränkte Ausschreibung ohne Teilnahmewettbewerb kann durchgeführt werden, wenn die Art und der Umfang des Projekts dies rechtfertigen.

Diese Option kommt infrage, wenn besondere Qualifikationen erforderlich sind oder das Projekt eine überschaubare Anzahl qualifizierter Büros benötigt. In einigen Bundesländern gibt es feste Wertgrenzen.

Hier besteht der Vorteil einer effizienteren Abwicklung im Vergleich zur offenen Ausschreibung.

- **Direktauftrag für Kleinstaufträge**

Beschreibung: Für sehr kleine (Planungs-) Aufträge kann eine direkte Beauftragung ohne ein förmliches Verfahren erfolgen.

Anwendung: Dies ist nur bis zu einem voraussichtlichen Auftragswert von 1000 € netto möglich, § 14 UVgO.

- **Planungswettbewerbe (auch unterhalb der EU-Schwellenwerte)**

Beschreibung: Planungswettbewerbe können auch unterhalb der Schwellenwerte als Auswahlverfahren für Architektenleistungen durchgeführt werden. Sie sind in der Vergabeverordnung (VgV) und in der RPW (Richtlinie für Planungswettbewerbe) geregelt.

Mit der Durchführung eines Planungswettbewerbes soll eine qualitativ hochwertige Planungsleistung durch einen Wettbewerb der Entwürfe sichergestellt werden.

3.3 Wahl des Vergabeverfahrens

Auch wenn es gerade für den Berufsanfänger aufgrund der Vielzahl von Formularen und Handreichungen verlockend erscheinen mag, muss hier nochmals in aller Deutlichkeit darauf hingewiesen werden, dass die Regelungen des öffentlichen Vergaberechts nur dann angewendet werden sollten, wenn dies gesetzlich oder durch andere zu beachtende Regelungen (Fördermittelvorgaben!!) verbindlich angeordnet wird.

Die Vergabe eines Bau- oder Planungsvertrages ohne Beteiligung der öffentlichen Hand nach den Spielregeln des Vergaberechts ist rechtlich zwar möglich. Der private Auftraggeber kann sich im Rahmen einer Ausschreibung selbst zur Einhaltung der Vorgaben verpflichten. Dies geschieht beispielsweise dadurch, dass Leistungsverzeichnisse versandt werden mit dem Hinweis auf ein Vergabeverfahren der VOB/A. Erweckt der Bauherr den Eindruck, er halte sich an diese Regelungen, dann dürfen die Unternehmer auch darauf vertrauen.

Die Folgen sind fatal: Die Aufträge dürfen und müssen dann nach den Spielregeln des öffentlichen Vergaberechts vergeben werden. Dies bedeutet, dass der Auftraggeber nicht mehr frei über die Auftragserteilung entscheiden kann, eine Aufhebung des Verfahrens ist nur unter bestimmten Voraussetzungen möglich. Dies bedeutet weiter, dass Nachverhandlungen untersagt sind. Dies bedeutet schließlich, dass der Auftrag an den günstigsten Bieter zu vergeben ist und dass andere, durchaus legitime Interessen des (privaten) Bauherrn nicht berücksichtigt werden dürfen.

Kurz gesagt: Die „freiwillige" Anwendung des öffentlichen Vergaberechts ist mit erheblichen Nachteilen für den Bauherrn verbunden. Der mit LP 6 und 7 beauftragte Architekt muss diese Nachteile kennen. Er darf dem Bauherrn diesen Weg nicht empfehlen und muss den Bauherrn, wenn dieser entsprechende Wünsche äußert, umfassend aufklären und warnen.

3.4 Ausschreibungsteilnehmer

Welche Unternehmer zur Abgabe eines Angebotes aufgefordert werden, entscheidet im privaten Bereich allein der Bauherr.

Für Ausschreibungen der öffentlichen Hand gelten die Festlegungen der Vergabe- und Vertragsordnung, § 6 VOB/A bzw. § 6 EU VOB/A. VOB/A § 6

Nach der Entscheidung, welcher Unternehmer für die Ausführung der einzelnen Leistungen in Betracht kommen, werden diese ggf. im Rahmen einer Voranfrage gebeten, ob Interesse an dem Auftrag besteht und ob sie bereit sind, ein Angebot zu unterbreiten (Voranfrage zur Ausschreibung). Dabei sind Aussagen über Art und Umfang sowie den Zeitraum der Arbeiten bereits jetzt anzugeben.

3.5 Vergabekonzept

Die Bauleistung soll so vergeben werden, dass eine ordnungsgemäße Ausführung und eine zweifelsfreie umfassende Haftung für Mängelansprüche erreicht wird.

- **Einzelvergabe:**
Bauleistungen sollen einzeln ausgeschrieben und an einzelne Unternehmer vergeben werden.

- **Vergabe an Generalunternehmer:**
Auftragnehmer für alle oder mehrere Gewerke soll ein oder mehrere Generalunternehmer sein.

- **Vergabe an Generalübernehmer:**
Auftragnehmer für alle Gewerke einschließlich der Planungsleistungen soll ein Unternehmer sein.

Umfangreiche Bauaufträge können in kleinere Auftragseinheiten aufgeteilt werden (sog. Lose). Dabei ist zwischen Teillosen (nach Menge) und Fachlosen (nach Fachgebiet) zu unterscheiden.

> ▶ **Beispiel:**
> Rohbau mit Herstellung einer wasserdichten Baugrube sowie einer wasserdichten Wanne im Erdreich. Die Baugrubenverbauarbeiten sowie die Abdichtungsarbeiten gegen drückendes Wasser (DIN 18336) werden im Regelfall von Spezialunternehmen ausgeführt.
> Hier könnten also Fachlose gebildet werden.
> Wegen der fachtechnischen Bedingungen der Ausführung, der Ansprüche an den Untergrund, wegen des sachgemäßen Schutzes der vollendeten Abdichtung und der sich aus diesen Zusammenhängen ergebenden Koordinationsaufgaben für die Abwicklung der Arbeiten, scheint es sinnvoll den Rohbauunternehmer den Stahlbeton- und Wasserhaltungsarbeiten auch mit den Erdarbeiten und vor allem den Abdichtungsarbeiten gegen drückendes Wasser zu beauftragen.
> Dies spricht für ein Gesamtlos.
> Der Unternehmer wird diese Arbeiten dann möglicherweise nicht mit seinem eigenen Betrieb ausführen, sondern sie an ein erfahrenes Fachunternehmen in eigenem Namen und für eigene Rechnung (Nachunternehmer) weitervergeben. ◀

Vor Erstellung der Vergabe- und Vertragsunterlagen sollte bzw. muss der Bauherr oder sein Architekt also festlegen, ob die Bauleistungen einzeln ausgeschrieben und an einzelne Unternehmer vergeben werden sollen oder ob als Auftragnehmer für alle oder mehrere Gewerke ein oder mehrere Generalunternehmer vorzusehen sind. Die Entscheidung für die eine oder andere Art der Vergabe kann man theoretisch auch evtl. erst dann treffen, wenn sowohl einzelne Bauleistungen als auch die Gesamtleistung ausgeschrieben wurden und die Angebote vor-

3.5 · Vergabekonzept

liegen. Es müssen dann die Angebotsunterlagen entsprechend aufgebaut oder Nachverhandlungen mit den Bietern/Unternehmern geführt werden.

Die Vergabe von Bauleistungen verschiedener Art und größeren Umfangs an einen Generalunternehmer bietet natürlich organisatorische und rechtliche Vorteile, da die Koordination dem GU übertragen wird und der Bauherr nur einen Ansprechpartner in rechtlicher Hinsicht hat. Andererseits bringt das Konzept Kostennachteile jedenfalls dann, wenn der Unternehmer nicht alle Leistungen im eigenen Betrieb erbringen kann und Subunternehmer einbinden muss. Da er diese koordinieren und für deren Leistungen rechtlich einstehen muss, wird er einen Generalunternehmerzuschlag kalkulieren, der die Baukosten erheblich nach oben bringen kann.

Hier müssen Vor- und Nachteile mit dem Bauherrn abgewogen und dann eine gemeinsame Entscheidung getroffen werden.

Vergabe- und Vertragsunterlagen

Inhaltsverzeichnis

4.1 Leistungsbeschreibung, Standardleistungsbuch-Bau – StLB-Bau – 43
4.1.1 Leistungsbeschreibung – 43
4.1.2 Standardleistungsbuch-Bau – StLB-Bau Dynamische Baudaten – 47

4.2 Vertragsbedingungen – 51

4.3 Zusätzliche Technische Vertragsbedingungen – 57

© Der/die Herausgeber bzw. der/die Autor(en), exklusiv lizenziert an Springer Fachmedien Wiesbaden GmbH, ein Teil von Springer Nature 2025
B. Rode, W. Weller, *AVA-Handbuch*, https://doi.org/10.1007/978-3-658-48052-3_4

Wie im vorstehenden Kapitel beschrieben, kommt der Ausschreibung eine in ihrer Bedeutung gar nicht zu unterschätzende Funktion für einen geordneten Vertrags- und Bauablauf zu. Eine gute Ausschreibung der gewünschten Leistung und/oder Lieferung bedeutet, den oder die Bieter über die technischen, qualitativen, quantitativen und rechtlichen Bedingungen zu informieren. Diese Informationen müssen umfassend und eindeutig sein.

In den Vergabe- und Vertragsunterlagen wird die Basis für das später einzugehende Vertragsverhältnis begründet. Die sorgfältige Analyse der für den Einzelfall maßgebenden technischen und rechtlichen Umstände muss ihren Niederschlag in den Vertragsbedingungen und im Leistungsverzeichnis finden.

VOB/B § 1

Die Vergabe- und Vertragsunterlagen kann man, soweit erforderlich, in folgende Teile gliedern, wobei Widersprüche zu vermeiden sind bzw. durch einen Verweis auf eine Reihenfolge zu regeln sind:

Bezeichnung		Inhalt
a)	die Leistungsbeschreibung	technisch
b)	die Besonderen Vertragsbedingungen	rechtlich
c)	etwaige Zusätzliche Vertragsbedingungen	rechtlich
d)	etwaige Zusätzliche Technische Vertragsbedingungen	technisch
e)	die Allgemeinen Technischen Vertragsbedingungen für Bauleistungen (ATV = VOB/C)	technisch
f)	die Allgemeinen Vertragsbedingungen für die Ausführung von Bauleistungen (VOB/B)	rechtlich

Ein Verweis auf allgemein anerkannte Regeln der Technik wie z. B. die Allgemeinen Technischen Vertragsbedingungen für Bauleistungen (ATV = VOB/C) ist unschädlich, aber eigentlich auch entbehrlich, da diese Regelwerke bei Anwendung der VOB/B ausdrücklich in Bezug genommen sind, nach der Rechtsprechung des Bundesgerichtshofes aber ohnehin bei allen Werkverträgen als vom Bauunternehmer stillschweigend zugesichert gelten, wenn nicht ausdrücklich etwas anderes vereinbart ist.

Die Bestimmungen über den Werkvertrag (§§ 631 ff BGB) gelten natürlich immer ergänzend, ohne dass es eines besonderen Hinweises bedürfte. Die ◘ Abb. 4.1 zeigt wie auf Basis von Vergabe- und Vertragsunterlagen eine Angebotserstellung und deren Annahme erfolgt.

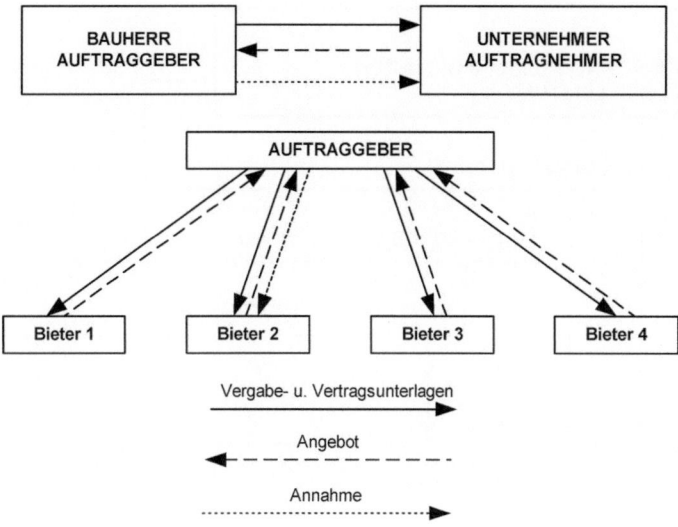

Abb. 4.1 Angebot und Auftrag

4.1 Leistungsbeschreibung, Standardleistungsbuch-Bau – StLB-Bau

4.1.1 Leistungsbeschreibung

Die Leistungsbeschreibung ist das Kernstück der Ausschreibung. Durch diese konkretisiert der Auftraggeber den Auftragsgegenstand nach Art, Umfang, Ort und Zeit.   VOB/A § 7

Dem Bieter dient die Leistungsbeschreibung als Kalkulationsgrundlage für die Erstellung der Angebote. (Vgl. Ingenstau/Korbion, 22. Aufl., VOB Teile A und B Kommentar; § 7 VOB/A – Leistungsbeschreibung; Rn. 1 ff.)

Es gibt zwei Arten von Leistungsbeschreibungen, denen jeweils eine allgemeine Beschreibung der Baumaßnahme voranzustellen ist:
1. Leistungsbeschreibung mit Leistungsverzeichnis
2. Leistungsbeschreibung mit Leistungsprogramm.

Das Leistungsverzeichnis dient der eindeutigen Definition der in der Leistungsbeschreibung geforderten Leistungen und definiert die auszuführenden Mengen je Leistungseinheit. Die ◘ Abb. 4.2 zeigt beispielhaft ein Informationsschema einer Leistungsbeschreibung. Maßgebend für die Formulierungen in den Leistungsbeschreibungen sind die in den ATV enthaltenen Festlegungen. Allgemein gültige technische Aussagen, die für mehrere Positionen zutreffen, können den Einzelbeschreibungen als sog. Vorbemerkungen vorangestellt werden. Dieses Vorgehen   VOB/C

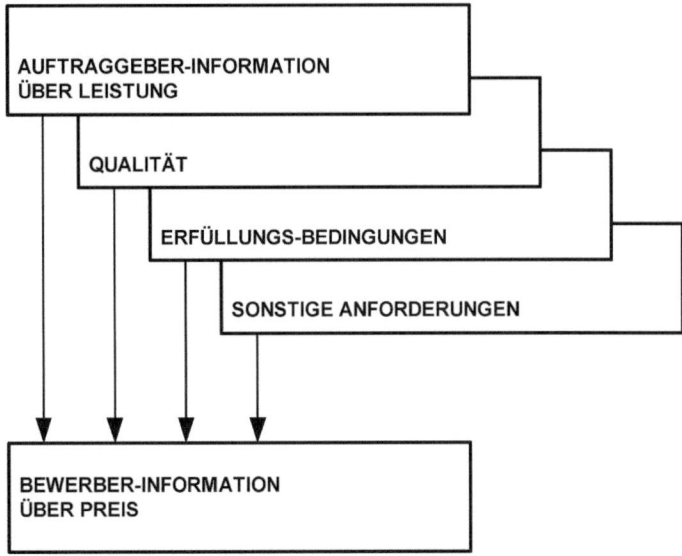

 Abb. 4.2   Informationsschema bei der Ausschreibung

erspart Wiederholungen und verkürzt die Texte der Leistungsbeschreibung. Um diese Vorbemerkungen jedoch besonders hinsichtlich der Vergütung eindeutig zu fassen, sollten sie auf diese Einleitung abgestimmt sein, die jeweils den ersten Satz bildet:

„Nebenleistungen ergeben sich aus den Bestimmungen des Vertrages. Hierzu gehören u. a. auch, soweit sie nachstehend aufgeführt sind:"

Und dazu als Beispiel für eine Bestimmung zu DIN 18330 Mauerarbeiten:

„Bei Sichtmauerwerk im Rauminnern sind die Fugen 15 mm tief auszukratzen."

Dies besagt:
a) Das Auskratzen der Fugen hat bei allen Sichtmauerwerksflächen im Inneren von Räumen zu erfolgen.
b) Einer weiteren Erwähnung in den entsprechenden Positionen des Leistungsverzeichnisses, in denen das Sichtmauerwerk technisch und qualitativ beschrieben ist, bedarf es nicht.
c) Es handelt sich um eine Nebenleistung, die mit dem Preis für die einschlägige Position abgegolten ist. Also ist bei der Kalkulation des Einheitspreises (EP) die Leistung „Auskratzen der Fugen" einzurechnen.

Sofern es sich bei einer in den Vorbemerkungen enthaltenen Aussage nicht um eine Nebenleistung, sondern um eine Ausführungsanweisung handelt, ergibt sich keine Auswirkung auf den Preis. Beispiel dafür: „Alle 11,5 cm dicken Sichtmauerwerkwände sind als Läuferverband um ¼ Stein versetzt, vertikal steigend auszuführen."

4.1 • Leistungsbeschreibung, Standardleistungsbuch-Bau – StLB-Bau

Generell sollen Leistungsbeschreibungen untergliedert sein, so dass sich überschaubare Abschnitte eines Leistungsverzeichnisses ergeben.

Beispiel A: Rohbauarbeiten		
Titel 1	Baustelleneinrichtung (a)	–
Titel 2	Erdarbeiten	DIN 18300
Titel 3	Verbauarbeiten	DIN 18303
Titel 4	Wasserhaltungsarbeiten	DIN 18305
Titel 5	Entwässerungskanalarbeiten	DIN 18306
Titel 6	Mauerarbeiten	DIN 18330
Titel 7	Stahlbetonarbeiten (b)	DIN 18331
Titel 8	Betonstahlarbeiten (b)	DIN 18331
Titel 9	Stahlbauarbeiten (c)	DIN 18335
Titel 10	Abdichtungsarbeiten	DIN 18336
Titel 11	Verschiedene Arbeiten (d)	–
Titel 12	Stundenlohnarbeiten (e)	–

Erläuterungen zu dieser Gliederung:
a) Nur bei größeren Bauten ist es sinnvoll, die Baustelleneinrichtung als eigenen Teil (Titel) des LV zu behandeln. Bei kleineren Bauten, wie Ein- und Zweifamilienhäusern, entfällt dieser Titel; die Kosten der Baustelleneinrichtung werden in die EP eingerechnet.
b) Die Trennung der Stahlbeton- und Betonstahl-Arbeiten ist nicht erforderlich, wird aber bei großen Stahlbeton-Massivbauten häufig angewandt, um die Kostenrelation dieser Arbeiten besser überschauen zu können.
c) Stahlbauarbeiten sollten nur dann nicht als eigene Leistung unter Stahlbaufirmen ausgeschrieben werden, wenn es sich im Vergleich zu den Stahlbetonarbeiten um relativ geringfügige Arbeiten handelt. In der Regel muss ein normales Bauunternehmen für die Durchführung dieser Stahlbauarbeiten einen anderen Unternehmer als Nach- bzw. Subunternehmer einsetzen.
d) Unter verschiedene Arbeiten sollen alle die Arbeiten erfasst werden, die den anderen Titeln nicht zugeordnet werden können.
e) Stundenlohnarbeiten ergeben sich erfahrungsgemäß bei jedem Bauvorhaben. Man versteht darunter Arbeiten, die im Rahmen der Leistungsbeschreibung einzelner Positionen nicht erfassbar waren oder nicht ausgeschrieben wurden, und die im Zuge der allgemeinen Ausführung der Arbeiten erforderlich werden. In diesem Titel sind neben den Stundenlohnsätzen

VOB/B § 15
VOB/B § 2 (10)

auch die im Zusammenhang damit zu verrechnenden Material- und Gerätepreise auszuschreiben. Falls sich dennoch im Lauf der Vertragserfüllung die Notwendigkeit ergeben sollte, nicht angebotene Leistungen im Bereich der Stundenlohnarbeiten auszuführen, gilt für die dann erforderliche Preisbildung die Festlegung **VOB/B** § 15, § 2 (10), sofern nichts anderes vorgesehen wird.

Beispiel B: Schlosserarbeiten	
Titel 1	Brandschutztüren
Titel 2	Stahltürzargen für Holztüren
Titel 3	Geländer, Handläufe, Umwehrungen
Titel 4	Gitterroste, Abdeckungen
Titel 5	Kellerfenster
Titel 6	Stundenlohnarbeiten

Erläuterung:

Hier kann die Gliederung der DIN 18360 Metallbauarbeiten (Ziffer 3.2 und 3.3) sinngemäß zugrunde gelegt werden.

Die kleinste Einheit einer Leistungsbeschreibung bezeichnet man als Position. Hier erfolgt die Definition der geforderten Leistungen nach Art, Qualität, Menge und Dimension. Dafür hat der Bieter seinen Preis anzubieten. Die ◘ Abb. 4.3 zeigt den schematischen Aufbau einer Leistungsbeschreibung.

Zulage zu einer Position ist ein qualitativer und quantitativer Zusatz zu einer bereits an anderer Stelle beschriebenen Leistung. Der dafür anzubietende Preis wird einzeln berechnet, die Leistung beim Aufmaß der Grundposition zunächst übermessen.

Behält man sich außerdem eine andere Art oder Qualität der Leistung als die zuvor beschriebene vor, so wird diese in einer Alternativ-Position definiert. Es ist dafür nur der Einzelpreis (EP) anzubieten oder die voraussichtliche Menge auszuschreiben. Im Fall der Ausführung der Alternativ-Position tritt der hier angebotene Preis an die Stelle des Preises der Erstposition.

Will man für eine Leistung, welche vielleicht erforderlich werden kann, den Preis erfragen, so verwendet man die Eventualposition (Bedarfsposition). Sie wird ohne Mengenangabe nur mit dem Einheitspreis ausgewiesen oder mit der voraussichtlichen Menge ausgeschrieben.

Alle Grundpositionen, Zulagen-, Alternativ- und Eventualpositionen sind durch Ordnungszahlen zu kennzeichnen.

Leistungsprogramme stellen die Ausnahme dar.

Dabei handelt es sich um von der Vergabestelle bereitgestellte Programme, die der Bieter zur Erarbeitung seines Ange-

4.1 · Leistungsbeschreibung, Standardleistungsbuch-Bau – StLB-Bau

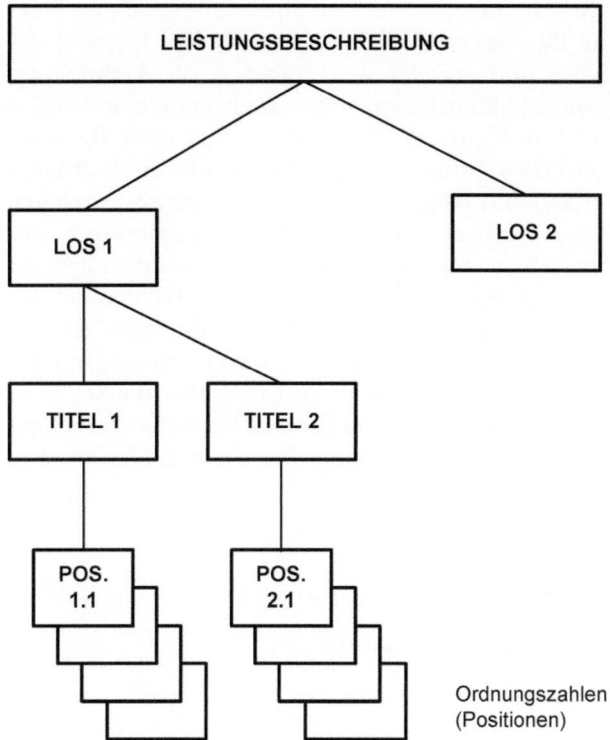

◘ Abb. 4.3 Gliederung in der Leistungsbeschreibung

bots nutzen kann. Der Wettbewerb erstreckt sich hier auch auf die technisch, wirtschaftlich und gestalterisch beste Lösung.

Diese Art der Ausschreibung ist nur in besonderen Fällen anzuwenden, da sie vom Wettbewerber einen sehr hohen Aufwand zur Angebotsbearbeitung verlangt.

Die Erstellung eines Leistungsprogramms erfordert auf Seiten des Ausschreibenden den hochqualifizierten Fachmann, wenn nicht Unsicherheiten in der Preisbildung sowie in der Qualität zu nicht vergleichbaren Angeboten führen sollen. (Vgl. Ingenstau/Korbion, 22. Aufl., VOB Teile A und B Kommentar; § 7c VOB/A – Leistungsbeschreibung mit Leistungsprogramm; Rn. 2 ff.)

4.1.2 Standardleistungsbuch-Bau – StLB-Bau Dynamische Baudaten

Die Formulierung der Beschreibung der einzelnen Leistungen sollte nach dem Standardleistungsbuch-Bau – StLB-Bau erfolgen, um ein einheitliches Verständnis zu gewährleisten.

Das StLB-Bau wird vom Gemeinsamen Ausschuss Elektronik im Bauwesen (GAEB) aufgestellt, dem Vertreter der öffentlichen und privaten Auftraggeber, der Architekten, der Ingenieure und der Bauwirtschaft angehören, in Verbindung mit dem Deutschen Verdingungsausschuss für Bauleistungen (DVA) und vom Deutschen Institut für Normung e. V. (DIN) herausgegeben. Die nach Leistungsbereichen gegliederten StLB enthalten Standardbeschreibungen, das sind vorgegebene Texte für Allgemeine Bestimmungen zur Leistungsbeschreibung und für Zusätzliche Technische Vorschriften, sowie Standardleistungsbeschreibungen, das sind vorgegebene Texte zur Beschreibung von Leistungen oder Teilleistungen; sie enthalten die Angaben über Bauart, Bauteil, Baustoff und Dimension für den Herstellungsvorgang und die Qualität einer Leistung. Ein Beispiel hierfür ist in ◘ Tab. 4.1 gezeigt.

◘ **Tab. 4.1** Auszug aus Leistungsverzeichnis (Leistungsdefinition)

Ord-nungs-zahl	Leistungsdefinition nach			
	Art	Qualität	Menge	Dimension
3.10	Mauerwerk der Außenwand	Hohlblocksteine aus Leichtbeton, DIN 18151, 3 K Hbl 2–0,7 20DF–300 MG II Mauerwerksdicke 30 cm	250	m^3
3.11	Türsturz als **Zulage** zu Pos. 3.10	Stahlbeton B 25 0,30 × 0,25 m einschl. Schalung und Bewehrung	15	m
3.12	Alternativ zu Pos. 3.10 Mauerwerk der Außenwand	Kalksandsteine DIN 106 KS12–1,6–15 DF MG II Mauerwerksdicke 30 cm	1/EP*	m^3
3.13	Eventualpos.: Mauerwerk der Außenwand als Sichtmauerwerk	Kalksandsteine DIN 106 KS Vm L 12–1,2–2 DF	1/EP*	m^2

*Anmerkung: Nach Vergabehandbüchern sind Alternativ- und Eventualpositionen mit der voraussichtlichen Menge auszuschreiben

4.1 · Leistungsbeschreibung, Standardleistungsbuch-Bau – StLB-Bau

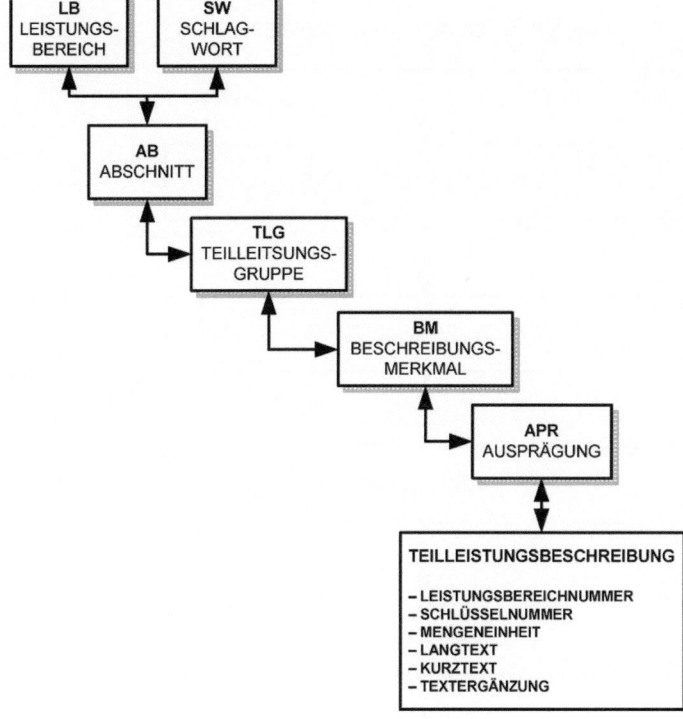

◘ Abb. 4.4 Textspeicher StLB-Bau Dynamische Baudaten

Das Prinzip des StLB-Bau beruht auf der Anwendung von hierarchisch gegliederten Textbausteinen, die zu Standardleistungsbeschreibungen zusammengefügt werden. Den Aufbau zeigt ◘ Abb. 4.4. Die Anwendung des StLB kann sowohl manuell als auch mit elektronischen Datenverarbeitungsanlagen erfolgen. Die Textbausteine des StLB-Bau lassen, soweit nötig, Ergänzungen zu. Besondere Beschreibungen, die im StLB nicht enthalten sind, können frei formuliert werden. Über Aufbau und Anwendung des StLB unterrichten die Schriften des GAEB.

Das StLB-Bau ist als eine der Grundlagen für die integrierte Datenverarbeitung im Bauwesen, welche die Auftraggeber- und die Auftragnehmerseite umfasst, vorgesehen, u. a. mit dem Ziel, Erfahrungswerte zu speichern und bei zukünftigen Bauvorhaben nutzbar zu machen. Mittlerweile hat das StLB-Bau mit den „Dynamischen Baudaten" fusioniert. Seitdem wird das StLB-Bau nur noch in elektronischer Form aktualisiert und gepflegt. Die Erstellung eines Leistungsverzeichnisses mit Hilfe des Standardleistungsbuches ist in schematischer Form in ◘ Abb. 4.5 wiedergegeben. Die einzelnen Arbeitsschritte nach VOB sind in ◘ Abb. 4.6 festgehalten.

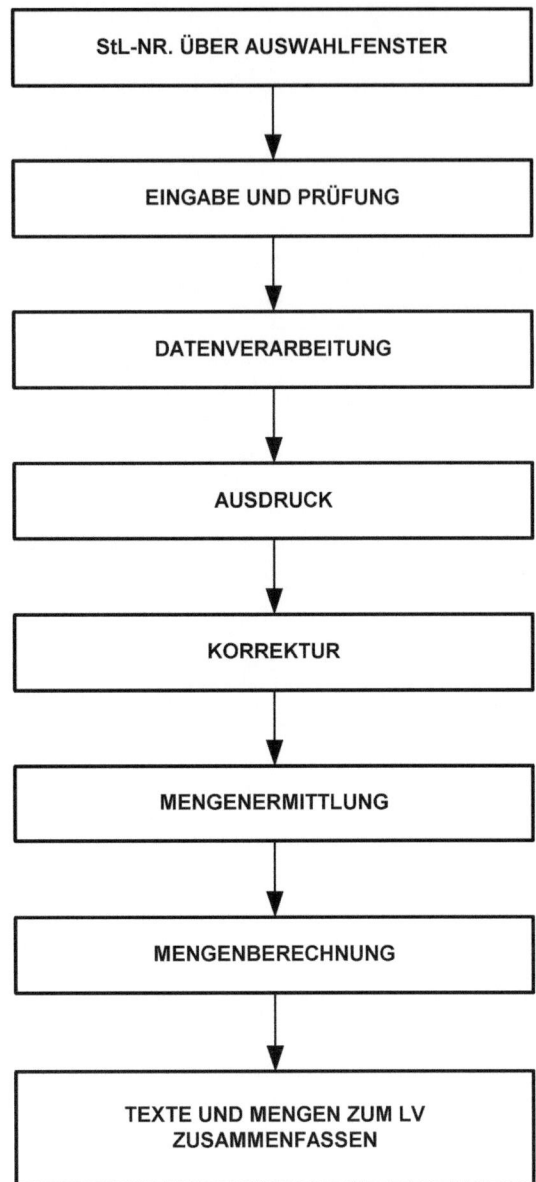

Abb. 4.5 LV-Bearbeitung mit Standardleistungsbuch-Bau

4.2 · Vertragsbedingungen

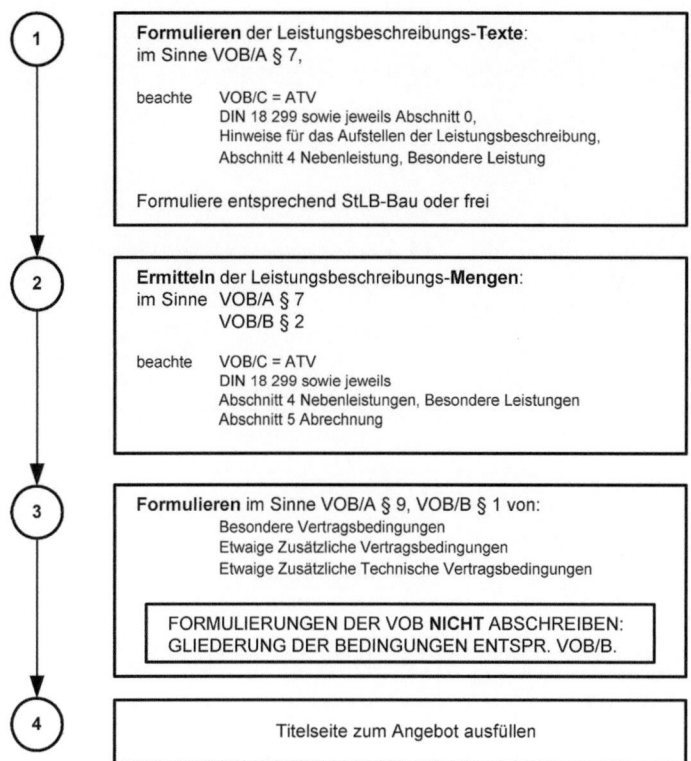

Abb. 4.6 Arbeitsweise beim Erstellen einer Ausschreibung

4.2 Vertragsbedingungen

Die Formulierung von Besonderen und Zusätzlichen Vertragsbedingungen, abweichend oder ergänzend zur VOB/B, erfordert eine intensive Kenntnis der gesamten Rechtsmaterie einschließlich der aktuellen Rechtsprechung, insbesondere des Bundesgerichtshofs.

VOB/A § 8a

Dies ist keine Architektenaufgabe. Dem Architekten ist diese Tätigkeit nach den Regelungen des Rechtsdienstleistungsgesetzes sogar ausdrücklich verboten. Die Übernahme dieser Verpflichtung im Vertrag führt wegen des Verstoßes gegen dieses Verbot zu einer Unwirksamkeit des Architektenvertrages.

Der Architekt muss also den Bauherrn darauf verweisen, rechtlich relevante Vertragsbedingungen durch einen in diesen Dingen sachverständigen Rechtsanwalt beisteuern zu lassen.

Um eine Idee dazu zu bekommen, welche vertraglichen Regelungen für den konkreten Auftrag noch notwendig oder sinnvoll sein könnten, ist ein Abgleich gegen die VOB/B sinnvoll. Eine Paragraphenübersicht ist in ◘ Abb. 4.7 zu finden. Es muss an

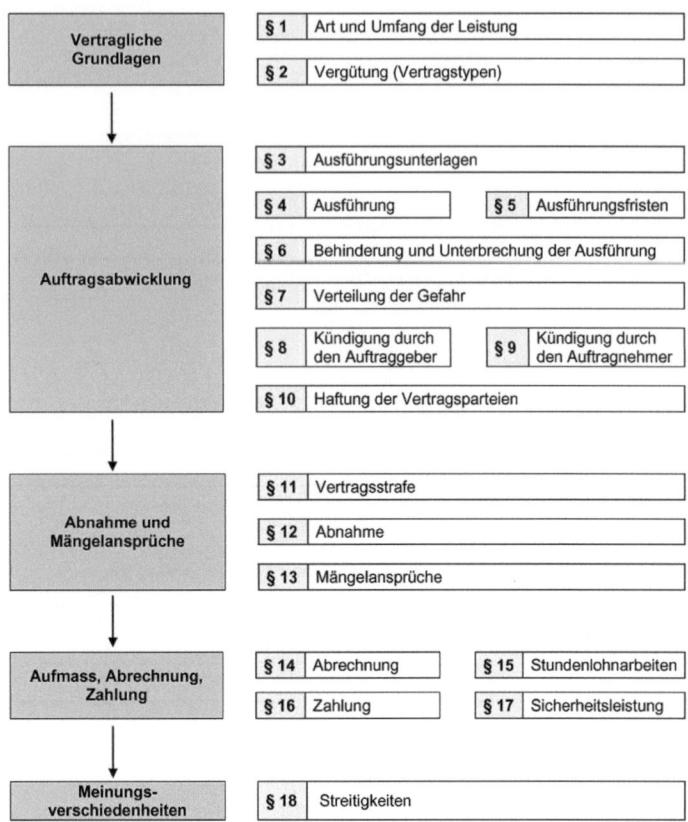

◘ Abb. 4.7 VOB/B Paragrafenübersicht

dieser Stelle jedoch nochmals in aller Deutlichkeit darauf hingewiesen werden, dass die VOB/B nur allgemeine Geschäftsbedingungen darstellen, die Geltung also, wenn gewollt, ausdrücklich schon in den Ausschreibungsunterlagen verlangt werden muss.

Es muss weiter vor Abänderungen der VOB/B gewarnt werden, da diese gem. § 310 BGB zwingend zu einer Inhaltskontrolle zu Lasten des Verwenders führt.

Wenn also die VOB/B Vertragsbestandteil werden soll, erst recht aber, wenn Änderungen gewünscht werden, muss Rechtsrat zur Wirksamkeit der vorgesehenen Regelungen eingeholt werden.

Unter rechtlichen Aspekten ist schließlich an dieser Stelle zur Vervollständigung noch darauf hinzuweisen, dass Zusätzliche Vertragsbedingungen nur dann nach den Vorschriften der §§ 305 BGB zu beurteilen sind, wenn sie für eine Vielzahl von Verträgen vorformulierte Vertragsbedingungen darstellen, die der Auftraggeber den Auftragnehmern bei Abschluss des Vertrages stellt. Allgemeine Geschäftsbedingungen liegen jedoch dann nicht vor, wenn diese Vertragungsbedingungen zwischen den Vertragsparteien im Einzelnen ausgehandelt sind. Dieses individuelle Aushandeln ist im Einzelfall jedoch durchaus

4.2 · Vertragsbedingungen

schwierig und muss sorgfältig dokumentiert und im Streitfall nachgewiesen werden (vgl. Kimmich/Bach; VOB für Bauleiter 7. Aufl., Rn. 124 ff.). Ein Verhandeln setzt immer voraus, dass die Diskussion ergebnisoffen begonnen und dann mit Einflussmöglichkeiten für beide Seiten geführt wurde.

In den Zusätzlichen Vertragsbedingungen oder in den Besonderen Vertragsbedingungen können, soweit erforderlich, beispielsweise folgende Punkte geregelt werden:

- **a) Vergütung** VOB/B § 2
Zum Beispiel:
1. ob die vereinbarten Einheits- oder Pauschalpreise über die gesamte Bauzeit als Festpreise garantiert werden,
2. ob Gleitklauseln vereinbart werden,
3. ob die Leistungen und Lieferungen, wenn sie vom Auftraggeber beigestellt werden, auch das Abladen sowie den Transport zur Einbaustelle beinhalten,
4. ob eine Vergütung bei Schlechtwetterlage erfolgt,

usw.

- **b) Ausführungsunterlagen** VOB/B § 3
Zum Beispiel:
1. was unter rechtzeitiger Übergabe der für die Ausführung notwendigen Unterlagen zu verstehen ist,
2. welche Unterlagen der Auftragnehmer selbst zu beschaffen hat,
3. in welcher Anzahl der Auftraggeber dem Auftragnehmer die notwendigen Lichtpausen und die sonstigen für die Ausführung erforderlichen Unterlagen unentgeltlich zur Verfügung stellt,

usw.

- **c) Ausführung** VOB/B § 4
Zum Beispiel:
1. ob und in welchem Umfang der Auftragnehmer Bautagesberichte zu führen hat und welcher Inhalt verlangt wird,
2. ob der Auftragnehmer den Bauleiter als fachkundige Aufsicht im Sinne der jeweiligen Landesbauordnung für sein Gewerk zu stellen hat,
3. wie zu verfahren ist, wenn der Auftragnehmer Bedenken irgendwelcher Art gegen die vorgesehene Art der Ausführung, bauseits gelieferte Werkstoffe oder die Vorarbeiten anderer Unternehmer hat,
4. ob beliebige Nachunternehmer eingesetzt werden dürfen oder ob dies von der Zustimmung des Auftraggebers abhängig gemacht wird,

usw.

VOB/B § 5

- **d) Ausführungsfristen**
  Zum Beispiel:
  1. ob vom Auftragnehmer auf Verlangen des Auftraggebers vor Arbeitsbeginn ein Bauzeitenplan der Einzelleistungen aufzustellen und dem Auftraggeber zur Genehmigung vorzulegen ist,
  2. ob die in den Vergabe- und Vertragsunterlagen genannten bzw. bei der Auftragsverhandlung vereinbarten Fristen Vertragsbestandteil werden,

usw.

VOB/B § 6

- **e) Behinderung und Unterbrechung der Ausführung**
  Zum Beispiel:
  was unter Witterungseinflüssen während der Ausführungszeit, mit denen bei Abgabe des Angebots normalerweise gerechnet werden muss, zu verstehen ist (z. B. das sog. Normalwetter, das vom zuständigen Wetteramt festgestellte letzte 25 jährige Mittel).

VOB/B § 7

- **f) Verteilung der Gefahr**
  Zum Beispiel:
  Ob diese VOB-Regelung Vertragsbestandteil werden soll.

VOB/B § 8

- **g) Kündigung durch den Auftraggeber**
  Zum Beispiel:
  1. ob sich der Auftraggeber die außerordentliche Kündigung des Vertrags auch aus Gründen vorbehält, die in der VOB nicht aufgeführt sind,
  2. ob der Auftraggeber Schadensersatz wegen Nichterfüllung verlangen will, sofern die Kündigung auf einem vom Auftragnehmer zu vertretendem Umstand beruht,

usw.

VOB/B § 9

- **h) Kündigung durch den Auftragnehmer**
  Zum Beispiel:
  Ob für die Kündigungsmöglichkeit weitere Bedingungen vorzuschreiben sind.

VOB/B § 10

- **i) Haftung der Vertragsparteien**
  Zum Beispiel:
  1. ob sich der Auftragnehmer zu verpflichten hat, den Auftraggeber von allen Ansprüchen Dritter freizustellen, die durch das Verhalten des Auftragnehmers oder seiner Erfüllungs- oder Verrichtungshilfen ausgelöst und gegen den Auftraggeber geltend gemacht werden,

4.2 · Vertragsbedingungen

2. ob der Auftragnehmer den Ausschluss des § 4 Nr. 5, 6b AHB mit ausreichend hoher Versicherungssumme im Rahmen seiner gesetzlichen Haftpflicht mitzuversichern hat,
3. ob der Auftraggeber den Abschluss einer Bauleistungsversicherung beabsichtigt und wie die Prämienaufteilung zu regeln ist,

usw.

- **j) Vertragsstrafe** VOB/B § 11

Zum Beispiel:
1. ob und in welcher Höhe eine Vertragsstrafe vorgesehen ist, wie sie berechnet werden soll und in welcher Höhe sie begrenzt wird,
2. ob sich der Auftraggeber vorbehält, eine Vertragsstrafe bis zur Fälligkeit der Abschlusszahlung geltend zu machen, auch wenn diese bei der Abnahme nicht vorbehalten wurde,

usw.

- **k) Abnahme** VOB/B § 12

Zum Beispiel:
1. ob stets eine förmliche Abnahme stattfinden soll,
2. wie zu verfahren ist, wenn der Auftraggeber die Abnahme wegen wesentlicher Mängel verweigert,
3. ob Sachverständige bei der Abnahme herangezogen werden,

usw.

- **l) Mängelansprüche** VOB/B § 13

Zum Beispiel:
1. ob die Verjährungsfrist wegen Mängeln an Bauwerken fünf Jahre nach der Abnahme betragen soll,
2. ob besondere Regelungen für den Beginn der Verjährungsfrist bei genehmigungspflichtigen, technischen Anlagen vereinbart werden (z. B. frühestens mit dem Tag der Genehmigung und Zulassung zum Betrieb),
3. ob Besonderheiten der Betriebszustände von Anlagen mehrere Abnahmen erfordern (z. B. Klimaanlage bei Winter- und Sommerbetrieb),
4. ob Leistungsmessungen gefordert werden und wer die Kosten dafür trägt,
5. wie eventuell in besonderen Fällen die Mängelbeseitigung vorzunehmen ist,

usw.

VOB/B § 14

- **m) Abrechnung**
Zum Beispiel:
1. ob ein Leistungsvertrag, ein Stundenlohnvertrag oder ein Selbstkostenerstattungsvertrag vorgesehen ist,
2. in wie vielen Ausfertigungen die Rechnung zu stellen sind,
3. ob die Abrechnung manuell oder mit EDV zu erfolgen hat,
4. ob besondere Fristen für die Abrechnung zu berücksichtigen sind,
5. ob Sonderregelungen zu den Aufmaßvorschriften der ATV getroffen werden,
6. ob eine Pauschalsumme gebildet werden soll und wie der Zahlungsplan zu regeln ist,
7. wann frühestens beim Auftraggeber die Schlussrechnung eingereicht werden kann (z. B. erst nach der förmlichen Abnahme)

usw.

VOB/B § 15

- **n) Stundenlohnarbeiten**
Zum Beispiel:
1. ob bei Stundenlohnarbeiten in jedem Fall Aufsichtspersonen gefordert und gesondert vergütet werden oder in die Preise einzurechnen sind,
2. ob Fristen für die Abrechnung der Stundenlohnarbeiten gesetzt werden,
3. ob für die Abrechnung der Stundenlohnarbeiten besondere Formulare zu verwenden sind oder besondere Form gewahrt werden soll,
4. welche Lohnnebenkosten (Auslösungen, Trennungs-, Wege-, Unterkunftsgelder, Reisekosten, Wochenendheimfahrten u. dgl.) in die anzubietenden Stundenlohnsätze einzurechnen sind,

usw.

VOB/B § 16

- **o) Zahlung**
Zum Beispiel:
1. unter welchen Bedingungen Vorauszahlungen geleistet werden (z. B. nur gegen ausreichende Sicherheit durch unbefristete, selbstschuldnerische Bankbürgschaft unter Verzicht auf die Einrede der Anfechtung und Vorausklage),
2. bis zu welcher Höhe Abschlagszahlungen auf erbrachte und vom Auftraggeber anerkannte Leistungen gewährt werden,
3. ob die in VOB/B, § 16 vorgesehenen Zahlungsfristen eingehalten werden können oder welche besonderen Regelungen hier zu treffen sind,

4. ob Rückzahlungsklauseln z. B. bis zum Ende der abschließenden Prüfung durch eine Revisionsinstanz des Auftraggebers vorbehalten bleiben,
5. ob die in der VOB/B, § 16 vorgesehene Frist für die Schlusszahlung nach Prüfung und Feststellung der vom Auftragnehmer vorgelegten Schlussrechnung eingehalten werden kann, bzw. welche besonderen Fristen hier festgelegt werden,

usw.

- **p) Sicherheitsleistung** VOB/B § 17

Zum Beispiel:
1. in welcher Höhe eine Sicherheitsleistung für die Dauer der Frist für die Mängelansprüche eingehalten wird,
2. unter welchen Bedingungen die Sicherheitsleistung dennoch ausgezahlt werden kann (z. B. gegen Bürgschaft),
3. ob sich der Auftraggeber vorbehält, einen vom Auftragnehmer vorgeschlagenen Bürgen evtl. abzulehnen,

usw.

- **q) Streitigkeiten** VOB/B § 18

Zum Beispiel:
1. ob eine Schiedsgerichtsvereinbarung getroffen werden soll (z. B. nach der Schiedsgerichtsordnung für das Bauwesen),
2. ob alle eventuellen Streitfragen im ordentlichen Rechtsweg entschieden werden sollen.

Die Vielzahl der hier aufgeführten Punkte belegt die Bedeutung der Zusätzlichen Vertragsbedingungen bzw. der Besonderen Vertragsbedingungen. Bei jedem Bauvorhaben ist stets eine Reihe projektspezifischer Regelungen zu bedenken, die in den Vergabe- und Vertragsunterlagen definiert werden müssen.

4.3 Zusätzliche Technische Vertragsbedingungen

Die zusätzlichen technischen Vertragsbedingungen, § 8a VOB/A, ergänzen die ATV und sind den Anforderungen des Einzelfalls entsprechend anzupassen. VOB/A § 8a

Beispielsweise können gültige DIN-Normen angepasst werden, falls sie den Erfordernissen nicht genügen (dazu zählen besonders Forderungen an die Genauigkeit und Maßhaltigkeit, wenn sie sonst nach DIN zulässigen Bautoleranzen zu groß sind, wie es beim Montagebau zutreffen kann).

Angebot und Vertrag

Inhaltsverzeichnis

5.1   Fristen – 60

5.2   Eröffnungstermin, Öffnung der Angebote – 60

5.3   Prüfung mit Wertung der Angebote – 61

5.4   Aufklärung des Angebotsinhalts – 62

5.5   Wertung der Angebote – 63

5.6   Vertrag – 65
5.6.1 Angebot – 66
5.6.2 Annahme – 67
5.6.3 Bindefrist – 67
5.6.4 Wirksamkeitsvoraussetzung – 67

5.7   Nachträge – 70

5.8   Auftragsbestätigung – 71

© Der/die Herausgeber bzw. der/die Autor(en), exklusiv lizenziert an Springer Fachmedien Wiesbaden GmbH, ein Teil von Springer Nature 2025
B. Rode, W. Weller, *AVA-Handbuch*, https://doi.org/10.1007/978-3-658-48052-3_5

Die Versendung der Vergabe- und Vertragsunterlagen ist rechtlich eine invitatio ad offerendum (Latein: Einladung zur Abgabe eines Angebots). Dies bedeutet, dass es sich dabei eben noch nicht um ein bindendes Vertragsangebot handelt. Der Bauherr fordert vielmehr die potentiellen Interessenten ihrerseits zur Abgabe eines Angebots auf. Sie können dies tun, müssen aber dieser Aufforderung nicht nachkommen.

Diese Versendung der Vertragsunterlagen sollte Regelungen dazu enthalten, wie der weitere Prozess der Auftragsvergabe ablaufen soll.

Das öffentliche Vergaberecht enthält dazu Vorgaben, die nachstehend dargestellt und mit den Anforderungen oder Möglichkeiten eines „privaten" Ausschreibungsverfahrens verglichen werden.

5.1 Fristen

VOB/A § 10

Im Zuge eines der möglichen Angebotsverfahren werden die Angebote von den Wettbewerbsteilnehmern erstellt bzw. mit ihren Preisen versehen. Die Angebotsfrist ist die Zeitspanne, in der die Angebote von den Wettbewerbsteilnehmern bearbeitet werden. Sie soll ausreichend bemessen sein und selbst bei kleinen Bauleistungen 10 Kalendertage nicht unterschreiten. Schließlich ist die Binde- bzw. Zuschlagsfrist zu bestimmen.

Auch der private Bauherr sollte in seinen Ausschreibungsunterlagen festlegen, bis wann Angebote erwartet werden und welche Bindefrist der Anbieter eingehen muss. Anders als der öffentliche Auftraggeber darf der Private aber natürlich auch später eingehende Angebote berücksichtigen.

5.2 Eröffnungstermin, Öffnung der Angebote

VOB/A § 14

Bei öffentlichen Auftraggebern findet nach Beendigung der Angebotsfrist ein Eröffnungstermin statt, in dem die Angebotsendpreise in Gegenwart der evtl. anwesenden Bieter verlesen werden, nachdem die Angebote den bis dahin ungeöffneten Umschlägen entnommen wurden.

Dieses formale Verfahren muss und sollte der private Auftraggeber nicht einhalten. Im Gegenteil, er wird Wert darauf legen, die Angebotsergebnisse vertraulich zu halten, um Nachverhandlungen führen zu können.

5.3 Prüfung mit Wertung der Angebote

Die eingegangenen Angebote sind in mannigfacher Hinsicht zu prüfen. Es ist ratsam, die Ergebnisse der Prüfungen schriftlich niederzulegen. Man sollte ein Protokoll der Angebotsprüfung erstellen, das sich auf folgende Punkte erstrecken kann:

VOB/A § 13
VOB/A § 16

Für private wie öffentliche Auftraggeber gilt: Die eingegangenen Angebote sind in jedem Fall gründlich zu prüfen. Die Prüfungsergebnisse sind schriftlich niederzulegen.

Aus dem Protokoll der Angebotsprüfung sollten sich folgende Punkte leicht und übersichtlich entnehmen lassen:

Formal – Vollständigkeit aller geforderten Angaben und Unterlagen, Muster, Nebenangebot, Begleitbrief …

Rechtlich – Rechtsverbindliche Unterschrift(en), Einschränkungen hinsichtlich der Vertragsbedingungen …

Technisch – Alternativen zur ausgeschriebenen Leistung, Vorbehalte gegenüber der ausgeschriebenen Leistung …

Preislich – Angemessenheit der Preise, rechnerische Richtigkeit …

Der öffentliche Auftraggeber muss berücksichtigen, ob die vorgelegten Angebote in ihrem Inhalt den formalen Festlegungen der Allgemeinen Vergabebestimmungen entsprechen. Für besondere Mitteilungen wie Änderungsvorschläge oder Nebenangebote müssen besondere und deutlich gekennzeichnete Anlagen verwendet werden (vgl. Ziekow/Völlink, Vergaberecht 5. Aufl.; VgV § 57 Rn. 48, § 16 VOB/A; Rn. 16). Angebote, die den formalen Bestimmungen nicht entsprechen, brauchen nicht geprüft zu werden. Die rechnerische Prüfung stellt fest, ob die rechnerischen Operationen richtig sind. Fehler sind kenntlich zu machen, §§ 13, 16 VOB/A.

Auch hier ist der private Auftraggeber viel freier. Er kann auf angefragte Informationen verzichten oder diese bei einem oder allen Bietern nachfordern.

Es empfiehlt sich, die Einheits- und Gesamtpreise aller Bieter vergleichend in einem Preisspiegel gegenüberzustellen. Dieses wird heute regelmäßig EDV-gestützt geschehen. Die Preise für gleiche Leistungen sind bezüglich ihrer Relation untereinander zu kennzeichnen. Aus einem derartigen Preisspiegel kann man sehr schnell ein Urteil über die Angemessenheit der Preise und (bei Privaten) mögliche Ansatzpunkte für Nachverhandlungen gewinnen. Die ◘ Abb. 5.1 zeigt ein Beispiel für den Aufbau einer Titelseite eines Angebotes.

	Ende der Zuschlagsfrist: TT.MM.JJJJ
ANGEBOT	über **FASSADEN-VERKLEIDUNGEN**
	VERWALTUNGSGEBÄUDE IN FRANKFURT/Main
Bauherr:	Carolus GmbH & Co. KG Schmitterstr. 102 60489 Frankfurt/M.
Baustelle:	Kurzius-Anlage 8-12 60933 Frankfurt/M.
Planung:	Ing.-Büro C. Möbius Reichenbachstr. 17 60489 Frankfurt/M. Tel.: 069/70007
Bauüberwachung:	Bau-Real GmbH & Co. KG Pfungstädter Str. 81 64297 Darmstadt Tel.: 06151/57475
Angebotsabgabe:	am TT.MM.JJJJ in Darmstadt, Pfungstädter Str. 81 in verschlossenem Umschlag. verspätet eingehende Angebote können nicht berücksichtigt werden.
Angebotssumme:	netto................ EUR .... EUR ... MWST............. EUR .... EUR .... EUR .... EUR (v. Bieter einzusetzen) (geprüfte Summe)

(Stempel des Bieters)

◻ **Abb. 5.1** Titelseite eines Angebotes

5.4 Aufklärung des Angebotsinhalts

VOB/A § 15

Im Bereich öffentlicher Ausschreibungen sind Verhandlungen mit den Bietern über Preise, wozu auch Zahlungsplanvereinbarungen, Skonti, Nachlässe, Bürgschaften, Zahlungsziele und dgl. behandelt werden, grundsätzlich unzulässig.

„Verhandlungen, besonders über Änderung der Angebote oder Preise, sind unstatthaft, außer, wenn sie bei Nebenangeboten oder Angeboten aufgrund eines Leistungsprogramms nötig sind, um unumgängliche technische Änderungen geringen

Umfangs und daraus sich ergebende Änderungen der Preise zu vereinbaren."

Im privaten Bereich sind diese dagegen durchaus üblich mit dem Ziel, einen möglichst günstigen Preis zu erzielen und/oder den eigentlich präferierten Vertragspartner zu gewinnen.

Technische Vorgespräche, § 15 Abs. 1 Nr. 1 VOB/A, sind auch im Bereich öffentlicher Vergaben statthaft. Diese haben lediglich die Aufgabe, alle aus den Angebotsunterlagen erkennbaren Fragen bezüglich der technischen und wirtschaftlichen Leistungsfähigkeit, hinsichtlich etwaiger Änderungsvorschläge, Vorbehalte gegenüber der geplanten Art der Durchführung, der evtl. Unangemessenheit einzelner Angebotspreise und dgl., jedoch nicht die evtl. Änderung der Preise zu behandeln. Es wird auf diese Weise weitgehend sichergestellt, dass – und das gilt besonders bei Leistungsbeschreibungen mit Leistungsprogrammen – die Vergleichbarkeit bzw. Gleichwertigkeit der Angebote in technischer und rechtlicher Hinsicht gegeben ist.

„Bei Ausschreibungen darf der Auftraggeber nach Öffnung der Angebote bis zur Zuschlagserteilung von einem Bieter nur Aufklärung verlangen, um sich über seine Eignung, insbesondere seine technische und wirtschaftliche Leistungsfähigkeit, das Angebot selbst, etwaige Nebenangebote, die geplante Art der Durchführung, etwaige Ursprungsorte oder Bezugsquellen von Stoffen oder Bauteilen und über die Angemessenheit der Preise, wenn nötig durch Einsicht in die vorzulegenden Preisermittlungen (Kalkulationen), zu unterrichten."

Über die Verhandlungen werden zweckmäßig während ihrer Dauer handschriftliche Protokolle gefertigt, die am Schluss der Gespräche durchgesehen und von den Parteien sofort unterschrieben werden. Die Protokolle können im Auftragsfall zum Vertragsbestandteil gemacht werden.

5.5 Wertung der Angebote

Im öffentlichen Bereich können bzw. müssen Angebote, insbesondere unvollständige oder von der Aufforderung abweichende Angebote, von der Wertung ausgeschlossen werden.

Bei der Wertung der Angebote kommt es im Übrigen immer bzw. vor allem darauf an, dass diejenigen Bieter ausgewählt werden, die für die Erfüllung der einzugehenden vertraglichen Verpflichtungen die notwendige Sicherheit bieten. Dazu gehört, dass sie die erforderliche Fachkunde, Leistungsfähigkeit und Zuverlässigkeit besitzen und über ausreichende technische und wirtschaftliche Mittel verfügen. Der niedrigste Angebotspreis allein ist nicht entscheidend. In ◘ Abb. 5.2 ist der Aufbau eines möglichen Angebotsvergleichs in Form eines Preisspiegels gezeigt.

Projekt:	AH-2007-01	Seniorenstift "Am alten Markt"				
LV:	0.012	Rohbauarbeiten			Währung:	EUR
		*** Preisspiegel: Alle Positionsarten ***				

	B-Nr.: 1 Rosenthal ..	B-Nr.: 2 Einsturz ..	B-Nr.: 3 Neuner Her..	LV-Preis	Mittelpreis
1.1.10. Außenwand MD 30cm HLzB SFK 12 RDK 1,6 28,142 m3 *** Grundposition 1.0, bezuschlagt					
Einheitspreis	186,50	188,13	<u>175,60</u>	196,03	183,41
Gesamtbetrag	5.248,48	5.294,35	<u>4.941,74</u>	5.516,68	5.161,52
Prozent/Rang	106,2/ 2	107,1/ 3	<u>100,0/ 1</u>	111,6	104,5
1.1.20. Außenwand MD 30cm HLzC SFK 12 RDK 1,4 9,206 m3 *** Wahlposition 1.1					
Einheitspreis	<u>231,80</u>	240,11	240,50	232,47	237,47
Gesamtbetrag	<u>(2.133,95)</u>	(2.210,45)	(2.214,04)	(2.140,12)	(2.186,15)
Prozent/Rang	<u>100,0/ 1</u>	103,6/ 2	103,8/ 3	100,3	102,5
1.1.30. Zuschlag für Naturbimsmauerwerk HBL 6/II *** Z.-Pos., Bedarfsposition ohne GB					
Zuschlagssatz	3,50	<u>3,15</u>	4,00	3,40	0,00
Zuschlagssumme	5.248,48	<u>5.294,35</u>	4.941,74	5.516,68	0,00
Gesamtbetrag	(183,70)	<u>(166,77)</u>	(197,67)	(187,57)	(0,00)
Prozent/Rang	110,2/ 2	<u>100,0/ 1</u>	118,5/ 3	112,5	
1.1.40. Schlitz herstellen Mauerwerk B 5-10cm T 5-10cm 1,219 m					
Einheitspreis	<u>10,02</u>	11,33	12,80	10,41	11,38
Gesamtbetrag	<u>12,21</u>	13,81	15,60	12,69	13,87
Prozent/Rang	<u>100,0/ 1</u>	113,1/ 2	127,8/ 3	103,9	113,6
1.1.50. Kernbohrung Wand Durchmesser 250-300mm T 25-30cm 1,000St					
Einheitspreis	81,22	<u>79,44</u>	82,34	80,83	81,00
Gesamtbetrag	81,22	<u>79,44</u>	82,34	80,83	81,00
Prozent/Rang	102,2/ 2	<u>100,0/ 1</u>	103,7/ 3	101,8	102,0
1.1.60. Schlitz schließen MG II a Mauerziegel B 5-10cm T 5-10cm 1,534m					
Einheitspreis	16,22	14,55	<u>13,78</u>	15,49	14,85
Gesamtbetrag	24,88	22,32	<u>21,14</u>	23,76	22,78
Prozent/Rang	117,7/ 3	105,6/ 2	<u>100,0/ 1</u>	112,4	107,8
1.1. Mauerarbeiten					
Summe	5.366,79	5.409,92	<u>5.060,82</u>	5.633,96	0,00
Prozent/Rang	106,1/ 2	106,9/ 3	<u>100,0/ 1</u>	111,3	
1.2.10. Ortbeton Einzelfundament Stahlbeton C16/20 20,000 m3 *** Grundposition 2.0					
Einheitspreis	123,89	128,38	<u>120,49</u>	123,12	124,25
Gesamtbetrag	2.477,80	2.567,60	<u>2.409,80</u>	2.462,40	2.485,07
Prozent/Rang	102,8/ 2	106,6/ 3	<u>100,0/ 1</u>	102,2	103,1
1.2.20. Ortbeton Einzelfundament Stahlbeton C20/25 20,000 m3 *** Wahlposition 2.1					
Einheitspreis	131,66	138,50	<u>128,40</u>	130,98	132,85
Gesamtbetrag	(2.633,20)	(2.770,00)	<u>(2.568,00)</u>	(2.619,60)	(2.657,07)
Prozent/Rang	102,5/ 2	107,9/ 3	<u>100,0/ 1</u>	102,0	103,5

◘ **Abb. 5.2** Angebotsvergleich (Preisspiegel)

			B-Nr.: 1 Rosenthal ..	B-Nr.: 2 Einsturz ..	B-Nr.: 3 Neuner Her..	LV-Preis	Mittelpreis
1.2.30.		Ortbeton Einzelfundament Stahlbeton C25/30 *** Wahlposition 2.2			20,000	m3	
Einheitspreis Gesamtbetrag Prozent/Rang			138,23 (2.764,60) 103,5/ 2	145,60 (2.912,00) 109,0/ 3	*133,56* *(2.671,20)* *100,0/ 1*	137,53 (2.750,60) 103,0	139,13 (2.782,60) 104,2
1.2.		Beton- und Stahlbetonarbeiten					
Summe Prozent/Rang			2.477,80 102,8/ 2	2.567,60 106,6/ 3	*2.409,80* *100,0/ 1*	2.462,40 102,2	0,00
1.		Rohbauarbeiten					
Summe Prozent/Rang			7.844,59 105,0/ 2	7.977,52 106,8/ 3	*7.470,62* *100,0/ 1*	8.096,36 108,4	0,00
LV		Rohbauarbeiten					
Summe MwSt. in % MwSt.-Betrag Bruttosumme Prozent/Rang			7.844,59 19,00 1.490,47 9.335,06 105,0/ 2	7.977,52 19,00 1.515,73 9.493,25 106,8/ 3	*7.470,62* *19,00* *1.419,42* *8.890,04* *100,0/ 1*	8.096,36 19,00 1.538,31 9.634,67 108,4	0,00 0,00 0,00 0,00 0,00

Legende:

MS-Sans-Serif, 8Pt = Billigster Bieter
Courier New, 8Pt= Teuerster Bieter
MS-Sans-Serif, fett = **Gruppenstufen-Summen**
MS-Sans-Serif, kursiv = Nicht einberechnete Werte

◘ **Abb. 5.2** (Fortsetzung)

Auch eine öffentliche Ausschreibung kann aufgehoben werden, wenn kein den Bedingungen entsprechendes Angebot eingegangen ist, sich wesentliche Änderungen der Grundlagen oder sonstige schwerwiegende Gründe ergeben haben, § 17 VOB/A.

VOB/A § 17

Für den privaten Bauherrn gibt es ohnehin keine Zuschlagsverpflichtung.

5.6 Vertrag

Der Vertrag kommt bei privaten wie öffentlichen Auftraggebern schließlich durch die Annahme des Angebots eines Bieters zustande, §§ 145 ff. BGB.

BGB §§ 145 ff.

Einer schriftlichen Beurkundung im Sinne einer Formvorschrift als Wirksamkeitsvoraussetzung bedarf es nicht. Diese ist aber aus Nachweisgründen stets sinnvoll und empfehlenswert.

VOB/A § 20

Vom Auftragsschreiben sollten mindestens zwei Ausfertigungen erstellt werden, damit je eine die beiden Vertragsparteien (Bauherr = Auftraggeber sowie Bauunternehmer = Auftragnehmer) nach Unterzeichnung ein Exemplar erhalten. Das Auftragsschreiben kann kurzgefasst werden um mit einem Verweis bzw. einer Einbeziehung der Regelungen aus den Vergabe- und Vertragsunterlagen bzw. den Protokollen der Verhandlungen zu arbeiten. So sieht es auch § 20 VOB/A für öffentliche Auftraggeber vor.

Zum besseren Verständnis sollen nachstehend nochmals einige Einzelfragen rund um den Vertragsabschluss dargestellt werden:

Ein Vertrag ist:
- eine Einigung
- von mindestens zwei Parteien,
- von denen jede eine Willenserklärung abgibt.

Warum schließen wir Verträge?

Durch die Einigung wird das wechselseitige soziale Verhalten koordiniert und geregelt. Ein entscheidendes Wesensmerkmal ist die auf Freiwilligkeit beruhende aber gleichwohl bindende, gegenseitige und erforderlichenfalls mit staatlicher Hilfe durchsetzbare Selbstverpflichtung.

Durch den Vertrag versprechen sich die Parteien wechselseitig, etwas Bestimmtes zu tun oder zu unterlassen (und damit eine von der anderen Partei gewünschte Leistung zu erbringen). Dadurch wird die Zukunft für die Parteien berechenbar und planbar. Verträge sind elementarer und unverzichtbarer Bestandteil einer arbeitsteiligen Gesellschaft.

Das Angebot, aber auch die Annahme sind empfangsbedürftige Willenserklärungen, d. h. sie werden erst mit Zugang wirksam. Zugang bedeutet, dass die Erklärung in den Machtbereich des Empfängers gelangt ist und er die Möglichkeit der Kenntnisnahme hat. Diese Voraussetzungen sind bspw. erfüllt, wenn die Erklärung im verschlossenen Briefumschlag entgegengenommen oder auch nur in den Hausbriefkasten eingelegt wird.

5.6.1 Angebot

BGB §§ 145 ff.

Notwendiger Inhalt: alle zum jeweiligen Vertragstyp erforderlichen Angaben müssen enthalten sein (= alle wesentlichen Vertragsbestandteile), das wäre bei dem Kaufvertrag Kaufgegenstand u. Kaufpreis, beim Mietvertrag Mietgegenstand und Mietzins, beim Dienstvertrag die Dienstleistung, beim Werkvertrag die Werkleistung (essentialia negotii).

Fehlen Grundbestandteile und hält das Gesetz keine Auffangvorschriften bereit, ist das Angebot unwirksam.

Im Zuge einer Auftragsvergabe ist also, wie oben dargestellt, die vom Bauherrn vorbereitete Ausschreibung, die der Bieter mit seinen Preisen versieht, das Angebot des Bieters zum Abschluss des Bauvertrages.

5.6.2 Annahme

Grundsatz: Die Annahme eines Angebotes kann nur durch ein vorbehaltloses Ja erfolgen.
Diese Erklärung kann
- ausdrücklich oder
- konkludent, d. h. durch schlüssiges Verhalten,

abgegeben werden.
Dies bedeutet, dass der Bauherr die Ausschreibungsunterlagen nach Rücksendung durch den Bieter nicht mehr ergänzen oder verändern darf, wenn er den Vertrag zustande bringen will. Nachverhandlungen sind als Angebotsmodifikationen festzuhalten und stellen dann das neue bzw. überarbeitete Angebot des Bieters dar.

5.6.3 Bindefrist

Die Annahme muss unverzüglich, unter Anwesenden sofort und unter Abwesenden mit normaler Reaktionszeit erklärt werden. Bei Briefen oder Fax ging und geht die Rechtsprechung hier von 1–2 Tagen aus, bei elektronisch übermittelten Erklärungen dürfte nichts anderes gelten. Bei komplexen und umfangreichen Angeboten mag die Bindefrist länger sein. Besser ist es in diesen Fällen jedoch für beide Seiten, wenn der Anbietende ausdrücklich erklärt, wie lange er sich an sein Angebot gebunden hält.
BGB § 147
BGB § 150

Erfolgt die Annahme verspätet oder mit Modifikationen, so kommt kein Vertrag zustande. Diese „Annahme" wird dann rechtlich zu einem neuen Angebot, dass die andere Partei dann annehmen kann, aber nicht muss.

5.6.4 Wirksamkeitsvoraussetzung

- **1. Rechtsfähigkeit und Geschäftsfähigkeit**

Bieter und Bauherr müssen rechts- und geschäftsfähig sein.
BGB § 1
BGB § 104

- **2. Formvorschriften**

Das deutsche Recht kennt keine grundsätzliche Formvorschrift als Bedingung für die Wirksamkeit von Rechtsgeschäften bzw.
BGB § 311b

Verträgen. Diese können formfrei geschlossen werden, wenn nicht das Gesetz oder eine Parteivereinbarung ausnahmsweise eine besondere Form wie Schriftform oder notarielle Beurkundung z. B. § 311b BGB, vorschreibt.

▪ 3. Stellvertretung, §§ 164 ff BGB

BGB § 164 ff

Das Gesetz kennt gesetzliche oder rechtsgeschäftliche Vertretungsmacht. Gesetzliche Vertreter sind z. B. die Organe von juristischen Personen oder die Eltern minderjähriger Kinder. Die Vertretungsbefugnis ist in diesen Fällen in den jeweiligen Gesetzen ausdrücklich geregelt.

Rechtsgeschäftliche Vertretungsmacht beruht auf einer vom Vertretenen dem Vertreter erteilten Vollmacht.

Besondere Problematik: Formvorschriften für die Vertretung von Kommunen u. Kirchen als Stellvertretungsregeln.

▪ 4. Anfechtung wegen Irrtum, Täuschung, Drohung,

BGB § 119 ff

Voraussetzung für die Anfechtung nach § 119 BGB ist die Inkongruenz von Willen und Erklärung. Eine Partei kann infolge eines Irrtums, einer Täuschung oder einer Drohung die Willenserklärung, die zum Abschluss des Vertrags führte, mit Rückwirkung anfechten. Die Folge daraus ist, dass der Vertrag von Anfang an als nichtig anzusehen ist. Zu beachten sind die Anfechtungsfristen! (bei einem Irrtum unverzüglich ab Kenntnis der anfechtungsbegründenden Umstände, § 121 Abs. 1 BGB, (ohne schuldhaftes Zögern) und bei Täuschung und Drohung ein Jahr ab Kenntnis der anfechtungsbegründenden Umstände, § 124 Abs. 1 BGB).

▪ 5. Rücktritt und Widerruf

BGB § 355
BGB § 356

Ein Widerrufsrecht besteht beispielsweise bei Fernabsatzverträgen, Geschäften außerhalb von Geschäftsräumen, § 356 BGB, und bei Teilzahlung. Es besteht allerdings kein allgemeines Widerrufsrecht.

Gleichwohl: Der Anwendungsbereich des Widerrufsrechts ist speziell bei Verträgen am Bau vielfältig, betroffen sind nach altem Recht (Vertragsabschluss bis zum 31.12.2017) alle Verträge über die Ausführung von Bauleistungen unterhalb der Schwelle des Verbraucherbauvertrages bzw. der Schwelle von § 312 Abs. 2 Nr. 3 und somit z. B. komplette Hauserrichtungsverträge in Einzelgewerkvergabe, Erschließungsverträge oder Sanierungsmaßnahmen, die nicht mit einem kompletten Neubau vergleichbar waren.

Betroffen sind auch Planerverträge, die der Architekt mit dem Verbraucher schließt.

5.6 · Vertrag

Muster für ein Auftragsschreiben:

Auftrags-Nr.:003/..   Datum: TT.MM.JJJJ

Bauherr: Herr Karl Müller und Ehefrau Olga
                   Gutenbergstr. 40, 34131 Kassel

Projekt: Einfamilienwohnhaus, Wiesweg 9, 34109 Kassel

Im Namen und für Rechnung des Bauherrn wird dem Unternehmer:
                  Fa. Schmid und Meyer GmbH, Niederlassung Kassel,
                  Dreifensterstr. 121, 34135 Kassel,
der Auftrag erteilt für die Ausführung der

ROHBAUARBEITEN

zum Preis von: 125 319,20 EUR
19 % Mwst: 23 810,65 EUR
Auftragssumme: 149 129,85 EUR
In Worten: einhundertneunundvierzigtausendundeinhundertneunundzwanzig

Grundlagen des Vertrages in dieser Reihenfolge:

1. Protokoll der Verhandlung vom: TT.MM.JJJJ
2. Angebot vom: TT.MM.JJJJ   nach Nachtrag vom: TT.MM.JJJJ

Termine: Beginn der Arbeiten auf der Baustelle: TT.MM.JJJJ
                  Fertigstellung der Arbeiten a. d. Baustelle   TT.MM.JJJJ

Dauer der Mängelansprüche ab förmlicher Abnahme: 5 Jahre

Der Bauherr: Der Architekt:

....

Auftragsschreiben erhalten: Zahlungen des AG sind mit
Datum: ....   befreiender Wirkung zu leisten
....   auf Konto:
(Unterschrift und Firmen-   ....
stempel)   BLZ ....

Privilegiert war bis zum Jahresende 2017 nur der Vertrag über die schlüsselfertige Errichtung eines Hauses, genauer Verträge über den Bau von neuen Gebäuden oder damit vergleichbare erhebliche Umbaumaßnahmen (§ 312 Abs. 2 Nr. 3) – jetzt als Verbraucherbauvertrag bezeichnet (§ 650h n. F.). Die hierzu in der damaligen Gesetzesbegründung für die Ausnahme abgegebene Erklärung, wonach ein besonderer Verbraucherschutz nicht notwendig sei, weil sich der Verbraucher für derartige Geschäfte einer Tragweite des Vertragsabschlusses bereits bewusst sei, war nicht wirklich überzeugend.

Auch diese Lücke ist nun für Verträge ab dem 01.01.2018 geschlossen. Mit dem neuen Verbraucherbauvertrag wird ein Widerrufsrecht nach § 650l BGB n. F. geschaffen (vgl. hierzu Kniffka/Jurgeleit, ibr-online-Kommentar Bauvertragsrecht; § 650l BGB Rn. 1 ff.).

5.7 Nachträge

VOB/B § 2 (6)
VOB/B § 2 (5)

Es kommt häufig, nahezu regelmäßig vor, dass sich die schlussendlich notwendige oder gewünschte Bauleistung nicht auf die ursprünglich ausgeschriebene Leistung beschränkt. Auslöser können Fehler in der Ausschreibung, nachträglich erkannte Notwendigkeiten oder auch Änderungs- oder Zusatzwünsche des Bauherrn sein.

Dazu ein Beispielfall:

Ereignis – Der Tiefbauer trifft beim Aushub einer Baugrube in verschiedenen Bereichen auf nicht tragfähigen Baugrund.

Maßnahme – Es wird ein Bodenaustausch erforderlich.

Wirkung auf Vertrag – Mehrarbeit erforderlich, die nach Art und Umfang im bestehenden Vertrag nicht vorgesehen ist.

AN – Angebot über neue Leistungen nach mutmaßlichem Umfang. Hinweise auf sonstige Folgen, wie Fristen, Bauablauf usw.

AN und AG – möglichst Vereinbarung über Leistung und Preise, Fristen usw.

AG – Anordnung der Leistung

AN – Ausführung der zusätzlichen Leistung.

VOB/B § 1
BGB § 650b

Im Rahmen des VOB/B-Vertrages hatte der Auftraggeber jeher das Recht, Änderungen oder auch zusätzliche Leistungen anzuordnen, § 1 Abs. 3 und Abs. 4 VOB/B. Im BGB-Vertrag war dieses Recht bis zur Werkvertragsreform von 2018 nicht vorgesehen. Gleichwohl hat sich praktisch wohl nie ein Auftraggeber geweigert, andere oder zusätzliche Arbeiten auszuführen. Das Anordnungsrecht ist seit 2018 auch im BGB verankert, § 650b BGB.

Praxisrelevanter ist die Frage, wie diese zusätzlichen Leistungen, zu deren Ausführung der Unternehmer verpflichtet ist, vergütet werden. Der ursprünglich im VOB-Vertrag geltende Grundsatz der Fortschreibung der Urkalkulation gilt nicht mehr, jedenfalls nicht mehr uneingeschränkt. Im BGB – Werkvertrag hat der Unternehmer bei geänderten oder zusätzlichen Leistungen einen Anspruch auf Zahlung der „tatsächlich erforderlichen Kosten nebst angemessenen Zuschlägen für allgemeine Geschäftskosten, Wagnis und Gewinn", § 650c Abs. 1 BGB. Die Rechtsprechung tendiert dazu, auch bei VOB-Vertrag die Vergütung auf diesem Weg zu bestimmen, wenn nicht die Parteien die Fortschreibung der Urkalkulation ausdrücklich vereinbart haben (vgl. Bolz/Jurgeleit; ibr-online-Kommentar VOB/B; § 2 Rn. 145 ff.).

Die Einigung über die Höhe der Vergütung soll vor Ausführung der Leistung getroffen werden. Lässt sich keine Einigung erzielen, so ist der Unternehmer gleichwohl zur Ausführung verpflichtet. Diskussionen über die Höhe der Vergütung berechtigen den Unternehmer nicht zur Leistungsverweigerung. Beim BGB-Werkvertrag gilt dies jedenfalls nach Ablauf der im Gesetz vorgesehenen 30-Tage-Frist für Verhandlungen.

Leistungen, die der AN ohne Auftrag oder unter eigenmächtiger Abweichung vom Vertrag ausführt, werden grundsätzlich nicht vergütet, § 2 Abs. 8 VOB/B. Gleiches gilt auch beim BGB-Werkvertrag. Ausnahmen sind denkbar unter den engen Voraussetzungen der Geschäftsführung ohne Auftrag, §§ 677 ff. BGB.

VOB/B § 2 (8)
BGB § 677

Bei geänderten oder zusätzlichen Leistungen ist immer die Bauzeit im Blick zu behalten. Hinsichtlich Nachträgen beachte man, dass zusätzliche Arbeiten den Ablauf der Ausführung und die Fristen beeinflussen können; Änderungen der im Hauptvertrag vereinbarten Termine sind darum ggf. abzustimmen.

Ein Anspruch auf Bauzeitverlängerung steht dem AN in jedem Falle zu, wenn die geänderte oder zusätzliche Leistung die Verlängerung erfordert.

Legt er ein Nachtragsangebot vor, so sind mit den darin dargestellten Kosten grundsätzlich auch die bauzeitbedingten Mehrkosten abgedeckt, wenn sich aus dem Angebot nichts anderes ergibt.

5.8 Auftragsbestätigung

Einer Auftragsbestätigung durch den Auftragnehmer bedarf es nicht mehr, wenn das Angebot in der Bindefrist ohne Änderungen angenommen wird.

BGB § 150

Nur dann, wenn die Bindefrist nicht gehalten wurde oder mit dem Zuschlagsschreiben noch Modifikationen gleich welcher Art vorgenommen wurden, dann ist das Zuschlagsschreiben eben keine vorbehaltlose Annahme, sondern wieder ein neues Angebot, § 150 BGB. In diesem Fall muss unbedingt darauf geachtet werden, dass die Annahme durch den Unternehmer nochmals dokumentiert wird.

Ansonsten kann sinnvollerweise lediglich der Erhalt des Zuschlagsschreibens auf den Rücksendeexemplaren für den AG und ggf. den Architekten bescheinigt werden, um den Zugangsnachweis hinsichtlich der Annahmeerklärung führen zu können.

Auftragsabwicklung

Inhaltsverzeichnis

6.1 Ausführungsunterlagen – 74

6.2 Ausführung und Ausführungsfristen – 75

6.3 Mahnung wegen Baufristen – 77

6.4 Behinderung und Unterbrechung – 77

6.5 Kündigung – 78

6.6 Vertragsstrafe/Prämie – 78

6.7 Abnahme – 78

6.8 Insolvenz der ausführenden Firmen – 79

6.9 Zahlungsunfähigkeit des Auftraggebers – 80

© Der/die Herausgeber bzw. der/die Autor(en), exklusiv lizenziert an Springer Fachmedien Wiesbaden GmbH, ein Teil von Springer Nature 2025
B. Rode, W. Weller, *AVA-Handbuch*, https://doi.org/10.1007/978-3-658-48052-3_6

VOB/B
VOB/A § 8
VOB/B § 1

Die Abwicklung des Auftrags richtet sich nach den vertraglichen Bestimmungen. Diese sind im Vertrag bzw. in den Vergabeunterlagen und im Angebot definiert. Zusätzlich gelten die Allgemeinen Vertragsbedingungen für die Ausführung von Bauleistungen, DIN 1961, sofern diese vereinbart sind einschl. evtl. Besonderer und/oder etwaiger Zusätzlicher Vertragsbedingungen bzw. etwaiger Zusätzlicher Technischer Vertragsbedingungen.

6.1 Ausführungsunterlagen

VOB/B § 3

Sofern nichts anderes vereinbart, sind die Ausführungsunterlagen dem Auftragnehmer unentgeltlich und vor allem rechtzeitig zu übergeben. Darüber hinaus müssen diese Ausführungsunterlagen formal und inhaltlich richtig, eindeutig und vollständig sein, um den Unternehmer in die Lage zu versetzen, die angebotene Leistung vertragsgerecht zu erbringen.

Für ein übliches Ein-/Zweifamilienhaus werden bei handwerklicher Bauweise folgende über die Leistungsbeschreibungen hinausgehende Ausführungsunterlagen benötigt:

Rohbau – Lageplan
  Höhenplan
  Baustellenordnungsplan
  Architekten-Werkpläne
  Rohbauzeichnungen (Schalpläne) u. Bewehrungspläne
  Zeichnungen konstruktiver Details
  Bodengutachten
Haustechnik – (Heizung, Lüftung, Sanitär, Elektro)
  Installationspläne
  Strangschemata
  Schalt- u. Verdrahtungspläne
Ausbau – Architekten-Werkpläne
  Detail-Zeichnungen
Außenanlagen – Leitungsstraßenplan
  Freiflächengestaltungsplan
  Einfriedungsplan
  Pflanzplan

Je nach Art und Ausstattung des Bauwerks werden vielfältige zeichnerische Darstellungen erforderlich. Bei Großbauten ergeben sich besondere Anforderungen an die Planung, insbesondere hinsichtlich der Einarbeitung technischer Einzelheiten in die Bau-Ausführungsunterlagen.

6.2 Ausführung und Ausführungsfristen

Die Pflichten von Auftraggeber und Auftragnehmer bei der Ausführung sind in den Allgemeinen Vertragsbedingungen hinlänglich beschrieben.   VOB/B § 4
VOB/B § 5

Der Auftragnehmer hat die ihm übertragenen Leistungen eigenverantwortlich und vertragsgerecht auszuführen, insbesondere in Übereinstimmung mit den allgemein anerkannten Regeln der Technik. Die Überwachung der Ausführung der Arbeiten auf der Baustelle obliegt im Regelfall dem damit beauftragten Architekten in dem Umfang der jeweiligen Bestimmungen des Architektenvertrages.

Entsprechendes gilt für Ingenieure.

Mangelhafte Leistungen, die schon während der Ausführung als solche erkannt werden, hat der Auftragnehmer auf eigene Kosten durch mangelfreie zu ersetzen.   VOB/B § 7
VOB/B § 13

Die fristgerechte Erbringung der vertragsgegenständlichen Leistungen ist als ein Teil des Erfolges anzusehen, der im Sinne des Werkvertrages durch „Herstellung oder Veränderung einer Sache", hier die Herstellung des Bauwerks, herbeizuführen ist. Die Ausführungsfristen sind jedoch in den Vergabe- und Vertragsunterlagen genau zu definieren, damit eine Vorgabe für die zeitliche Vertragserfüllung gegeben ist.

Die Festlegung der Baufristen bedarf sorgfältiger Überlegungen, an denen im Einzelfall weitere an der Planung Tätige sowie die Unternehmer zu beteiligen sind. Bei großen Bauten oder Projekten mit großem Zeitrisiko erfolgt die Bauzeitplanung mit Hilfe der Netzwerktechnik unter Anwendung elektronischer Datenverarbeitung (EDV). Diese Verfahren erfassen neben den Realisierungsprozessen auch die Planungs-, Genehmigungs-, und Entscheidungsvorgänge. Dadurch werden genaue Zeitfestlegungen, die in die Vertragsgrundlagen eingehen, begründet. Zu kurz bemessene Fristen bedingen häufig wegen des ungewöhnlich großen Personal- und Geräte-Einsatzes bei der Ausführung höhere Kosten, zu lange Fristen zögern die Fertigstellung unnötig hinaus. Für die Berechnung der Ausführungsfristen und ihre kalendermäßige Festlegung sind die Betriebskalender hilfreich, die alle normalen Arbeitstage, wie im Baugewerbe und in der Industrie üblich, nummeriert enthalten und die unterschiedlichen regionalen Feiertage in den deutschen Bundesländern, in der Schweiz und in Österreich berücksichtigen.

VOB/B § 4 (1)	Dem Auftraggeber obliegt die Regelung des Zusammenwirkens der verschiedenen Unternehmer auch hinsichtlich der Ausführungsfristen; er hat also auch den zeitlichen Ablauf der Bauabwicklung zu bestimmen.
	Wenn die Ausführung dennoch nicht innerhalb des vorgegebenen Zeitplans erfolgt, so ist die dafür maßgebende Ursache festzustellen. Sie kann auf der Seite des Auftraggebers vorliegen, wie z. B.
VOB/B § 3 (1)	a) nicht rechtzeitige Übergabe der Ausführungsunterlagen,
VOB/B § 3 (2)	b) fehlende Angaben über Grenzen des Geländes, fehlende Höhenfestpunkte,
VOB/B § 3 (3)	c) nicht mangelfreie bzw. nicht eindeutige Ausführungsunterlagen,
VOB/B § 4 (1)	d) fehlende Regelungen hinsichtlich der allgemeinen Ordnung auf der Baustelle, fehlende Koordination der am Bau beteiligten Unternehmer,
VOB/B § 4 (1) Nr. 1	e) fehlende öffentlich-rechtliche Genehmigungen und Erlaubnisse,
VOB/B § 4 (1) Nr. 3	f) fehlende, unvollständige, nicht eindeutige Anordnungen über die Ausführung der Arbeiten,
VOB/B § 4 (4)	g) fehlende Lager- und Arbeitsplätze, fehlende Baustellenerschließung und
VOB/B § 16	h) unvollständige oder säumige Zahlungen.
	Liegt die Ursache der nicht fristgerechten Ausführung beim Auftragnehmer, so kann sie z. B. in Folgendem bestehen:
VOB/B § 1 (4)	a) der Betrieb des Auftragnehmers ist auf die Ausführung evtl. zusätzlich geforderter Leistungen nicht eingerichtet,
VOB/B § 3 (5) VOB/B § 4 (2) Nr. 1	b) die vom Auftragnehmer nach dem Vertrag zu beschaffenden Ausführungsunterlagen werden dem Auftraggeber nicht rechtzeitig vorgelegt,
	c) fehlende Initiative bei der Ausführung seiner vertraglichen Leistungen auf der Baustelle,
VOB/B § 4 (2) Nr. 2	d) er kommt seinen gesetzlichen, behördlichen und berufsgenossenschaftlichen Verpflichtungen gegenüber seinen Arbeitnehmern nicht nach,
VOB/B § 4 (6)	e) die gelieferten Stoffe oder Bauteile entsprechen nicht dem Vertrag und werden zurückgewiesen,
VOB/B § 4 (7)	f) die erbrachten Leistungen sind mangelhaft oder vertragswidrig und müssen neu erbracht werden,
VOB/B § 5 (1)	g) der Auftragnehmer unterlässt es, die Arbeiten angemessen zu fördern, er richtet sich nicht nach den vertraglichen Fristen und
VOB/B § 5 (3)	h) die vom Auftragnehmer eingesetzten Arbeitskräfte, Geräte, Gerüste, Stoffe oder Bauteile sind unzureichend.

6.3 Mahnung wegen Baufristen

Wenn die Ursache der nicht fristgerechten Vertragserfüllung vom Auftragnehmer zu vertreten ist und dies erkannt wird, ist er vom Auftraggeber bzw. vom Architekten zu mahnen. Dies soll aus Gründen der Beweisführungsmöglichkeit stets schriftlich geschehen, wobei Fristen für den Beginn, die Weiterführung oder die Beendigung der Arbeiten zu setzen sind.

Besonders wichtig ist es, nach erfolgloser vorangegangener Mahnung schließlich eine Nachfrist zu setzen, die angemessen sein muss. Die Frage der Angemessenheit ist in jedem Einzelfall spezifisch zu beurteilen. Eine Kündigung des Vertrages kann unwirksam sein, wenn die gesetzte Nachfrist nicht angemessen war. VOB/B § 5 (4)

Als letzte Mahnung vor einer evtl. beabsichtigten Kündigung des Vertrages ist diese Formulierung eines Briefes möglich: „Sie haben die verschiedenen schriftlichen Mahnungen, die vertragsgegenständlichen Arbeiten zu beginnen (… wegen unzureichender Ausrüstung Abhilfe zu schaffen, … die Arbeiten zu fördern, … die Arbeiten zu vollenden), nicht befolgt. VOB/B § 5 (4)
VOB/B § 8 (3) Nr. 1

Es wird Ihnen hiermit eine angemessene, letzte Nachfrist zum … (Tag, Uhrzeit) gesetzt.

Sollten Sie wider Erwarten auch diesen Termin nicht einhalten, werden Sie hiermit bereits vorsorglich unter Verzug gesetzt. Der Auftraggeber behält sich vor, Sie für alle aus der Nichteinhaltung der Nachfrist entstehenden Schäden haftbar zu machen (… Ihnen den Auftrag zu entziehen und die restlichen Arbeiten von einem anderen Unternehmer ausführen zu lassen. Alle daraus entstehenden Mehrkosten gehen zu Ihren Lasten)."

Dieser Brief ist durch Boten gegen Empfangsquittung oder durch die Post per Einwurf – Einschreiben oder Einschreiben/Rückschein zuzustellen. Einschreiben allein ohne Rückschein ist nicht zu empfehlen, da der Absender keine Empfangsbestätigung erhält. Die Übersendung per Telefax ist ebenfalls nicht ausreichend.

Ein sinngemäß gleiches Verfahren kann ein Auftragnehmer im Falle der notwendigen Mahnung seines Auftraggebers anwenden.

6.4 Behinderung und Unterbrechung

Die Allgemeinen Vertragsbedingungen behandeln diesen Bereich ausführlich. Hier sei nur besonders darauf hingewiesen, dass häufig Behinderungen und/oder Unterbrechungen der Ausführung durch

a) fehlende, unvollständige, unrichtige und nicht rechtzeitig übergebene Ausführungsunterlagen,
b) nicht mangelfreies Vorarbeiten anderer Unternehmer entstehen. Darum kommt der Koordination und der Bauüberwachung durch den Auftraggeber große Bedeutung zu.

VOB/B § 6 (2) Nr. 2

Normale Witterungseinflüsse sind keine Behinderung, dagegen jedoch der auslösende Umstand der so genannten höheren Gewalt. Diese ist nach Meyers Konversations-Lexikon so definiert:
„Von außen her einwirkendes, außergewöhnliches, nicht vorhersehbares, durch äußerste zumutbare Sorgfalt nicht abwendbares Ereignis".

Unter normaler Witterung ist das letzte 25 jährige Mittel zu verstehen. Wenn also zu einer Jahreszeit mit Frost zu rechnen ist, so hat der Unternehmer die Art der Ausführung und den Ablauf der Arbeiten so einzurichten, dass die vorgesehenen Termine dennoch gehalten werden können. Einen Überblick der Frost- und Eistage, Schneeverhältnisse, Niederschläge und Windverhältnisse geben die Klimazonenkarten Deutschlands. Bei extremer Lage der Baustelle sind von den zuständigen Wetterämtern Auskünfte einzuholen.

6.5 Kündigung

VOB/B § 8
VOB/B § 9
BGB § 648a (5)

Die Kündigung des Vertrages ist sowohl dem Auftraggeber als auch dem Auftragnehmer möglich. Einzelheiten ergeben sich aus den vertraglichen Bestimmungen.

6.6 Vertragsstrafe/Prämie

VOB/B § 11
BGB §§ 336–345

Für die Vertragsstrafen und Prämien gelten, sofern sie vereinbart sind, die gesetzlichen Bestimmungen bzw. höchstrichterliche Rechtsprechung und die vertraglichen Vereinbarungen, z. B. über die Höhe, die Berechnung und dgl.

BGB § 341

Wichtig ist, die evtl. verwirkte Vertragsstrafe bei der Abnahme vorzubehalten, da sie sonst nicht verlangt werden kann. In den Vergabe- und Vertragsunterlagen, spätestens jedoch in der Niederschrift über die Abnahme ist dies zu vermerken (vgl. Basty; der Bauträgervertrag, 11. Aufl., Kapitel 11; Rn. 3). Der Auftraggeber behält sich eine eventuell verwirkte Vertragsstrafe vor.

6.7 Abnahme

BGB § 640
BGB § 641
BGB § 644
VOB/B § 7
VOB/B § 12 (3)

Die Abnahme beendet die Herstellung der Arbeiten. Sie begründet gleichzeitig die Pflicht des Auftraggebers zur Entrichtung der Vergütung. Der Unternehmer trägt die Gefahr bis zur

Abnahme. Mit der Abnahme geht die Gefahr auf den Auftraggeber über. Die Abnahme kann nur wegen wesentlicher Mängel verweigert werden.

Man unterscheidet verschiedene Arten der Abnahme: VOB/B § 12
a) Förmliche Abnahme mit Ausfertigung eines Abnahmeprotokolls, BGB § 640
b) Abnahme auf Verlangen des Auftragnehmers (ausführliche Abnahme),
c) stillschweigende Abnahme,
d) fiktive Abnahme.

Bei der Abnahme festgestellte Mängel sind vom Auftragnehmer unter Fristsetzung zu beseitigen. Falls die Mängel nicht beseitigt werden oder ihre Behebung vom Auftragnehmer verweigert wird (indem er z. B. gesetzte Fristen ungenutzt verstreichen lässt), kann Minderung, Rücktritt oder Schadensersatz geltend gemacht werden, z. B. wird die Vergütung entsprechend des geringeren Wertes reduziert. Mit dem Zeitpunkt der Abnahme beginnt die Verjährungsfrist für die Mängelansprüche des Auftragnehmers. BGB § 635
VOB/B § 13
BGB § 634

Die Abnahme des Werkes (der Leistungen) hat der Bauherr als Besteller selbst vorzunehmen. Er kann sich dabei in fachlicher Hinsicht von seinem Architekten beraten lassen. Wichtig: Der Architekt hat keine „originäre Vollmacht" kraft Architektenvertrages zur Erklärung der Abnahme. Will oder soll er den Bauherrn vertreten, muss er gesondert bevollmächtigt werden.

6.8 Insolvenz der ausführenden Firmen

Wenn ein Auftragnehmer seine Zahlungen einstellt oder das Insolvenzverfahren beantragt, kann der Auftraggeber den Vertrag kündigen und Schadensersatz wegen Nichterfüllung des Restes verlangen. VOB/B § 8 (2)

Dies gilt bei Vereinbarung der VOB/B. Beim BGB-Werkvertrag muss zunächst gegenüber dem Ausführenden bzw. ggf. gegenüber dem Insolvenzverwalter eine Frist zur Vertragserfüllung gesetzt werden, bevor gekündigt werden kann.

Sofern besondere Gründe nicht entgegenstehen, sollte der Vertrag sofort gekündigt werden, wenn Gewissheit darüber besteht, dass der Auftragnehmer wegen wirtschaftlicher Gründe die Arbeiten nicht fortführen kann und Vergleich bzw. Insolvenz beantragt hat. Diese Kündigung muss schriftlich (Einschreiben/Rückschein) erfolgen. Es ist ratsam, einen Rechtsanwalt mit der Wahrnehmung der Interessen des Auftraggebers zu betrauen, damit Rechtsnachteile vermieden werden.

Als nächstes ist dann der Zustand der Baustelle genau festzustellen; die geleisteten Arbeiten sind aufzumessen. Dabei VOB/B § 12 empfiehlt es sich, von einem öffentlich bestellten Sachverständigen den in Zeichnungen, Fotos, Beschreibungen und sonstigen Informationsträgern festgestellten Zustand bestätigen zu lassen. Die Maßnahme kommt einer Abnahme gleich, an der eine oder beide Parteien teilnehmen können. Vorher darf mit der Fortsetzung der Arbeiten durch einen anderen Unternehmer nicht begonnen oder die Baustelleneinrichtung nicht verändert werden.

Im Kündigungsschreiben ist der Auftragnehmer bzw. der Insolvenzverwalter unter Setzung einer angemessenen Frist aufzufordern, alle noch nicht bezahlten und nicht fest eingebauten Stoffe und Bauteile sowie die Baustelleneinrichtung zu entfernen. Besonders ist darauf zu achten, dass die Vorkehrungen zu der gebotenen Sicherheit auf der Baustelle nicht beeinträchtigt werden (z. B. Bauzaun, Absperrungen und dgl.).

VOB/B 14 (4)

Falls der gekündigte Auftragnehmer eine prüfbare Schlussrechnung selbst nach Aufforderung unter Fristsetzung nicht einreicht, so kann der Auftraggeber diese selbst (durch seinen Architekten) auf Kosten des Auftragnehmers aufstellen.

BGB § 634 Nr. 4
VOB/B § 8(3)

Als Schaden, der dem Auftraggeber infolge der Kündigung entsteht, können evtl. geltend gemacht werden:
a) höhere Kosten durch Ausführung der noch nicht geleisteten Arbeiten durch einen neu beauftragten Unternehmer, der höhere Preise fordert,
b) Beseitigung von Mängeln an der ausgeführten Leistung, sofern eine entsprechende Aufforderung mit Fristsetzung erfolgt ist,
c) zusätzlicher Aufwand des Architekten und anderer Planungsbeteiligter beim Beauftragen einer neuen Firma, Einweisen in die Baustelle usw.,
d) neue Ausfertigungen der Ausführungsunterlagen, wie Zeichnungen, Berechnungen, Beschreibungen,
e) Kosten eines Rechtsanwalts,
f) Kosten eines Sachverständigen,
g) Kosten für Erstellung der prüfbaren Schlussrechnung,
h) verwirkte Vertragsstrafe,
i) Kosten infolge Bauverzögerung.

Alle Forderungen sind zu belegen (Aufmaße, Rechnungen).

Dieser Schaden kann im Wege der Aufrechnung von einem Werklohnanspruch des Auftragnehmers abgezogen werden.

6.9 Zahlungsunfähigkeit des Auftraggebers

VOB/B § 9 (1) Nr. 2
BGB § 648a

Wenn der Auftraggeber zahlungsunfähig ist und keine Zahlungen leistet, kann der Auftragnehmer seinerseits nach entsprechenden Fristsetzungen den Vertrag kündigen. Der Gesetzgeber hat mit der Neuregelung des § 650f BGB für den

Auftragnehmer ein wirksames Instrument geschaffen, sich gegen die Zahlungsunfähigkeit eines Auftraggebers abzusichern. Der Auftragnehmer darf jederzeit, am besten bereits kurz nach Abschluss des Vertrages, vom Auftraggeber Sicherheitsleistungen z. B. in Form einer Bankbürgschaft für den ausstehenden Werklohn verlangen. Das Gesetz sieht eine Absicherung in Höhe von 110 % des noch offenen Werklohnes vor. Dieses Recht des Auftragnehmers gemäß § 650f BGB ist nicht abdingbar. Es kann weder durch zusätzliche Vertragsbedingungen noch durch individuelle vertragliche Regelungen zwischen den Parteien ausgeschlossen werden.

6.10 Streitigkeiten

Trotz erschöpfender vertraglicher Regelungen sind Streitigkeiten bei der Bauabwicklung nicht ausgeschlossen. Der ordentliche Rechtsweg unter Anrufung eines Gerichts ist nur dann anzuraten, wenn das Prozessrisiko kalkulierbar ist. Bauprozesse sind nicht nur teuer, sie sind häufig auch von Sachverständigengutachten abhängig, dauern lange und führen in vielen Fällen – weil dort die Schuld nicht nur auf einer Seite liegt – zu Vergleichen. Der rechtzeitig konsultierte Rechtsanwalt kann die Prozessaussichten beurteilen.

Bauprozesse sind Zivilprozesse, bei denen Kläger und Beklagte durch ihre Rechtsanwälte vor Gericht vertreten werden, um die Beweismittel formgerecht zu formulieren und in der Verhandlung vorzutragen. Die Verhandlungen finden vor den ordentlichen Gerichten statt. Bei Streitwerten bis 5000 € ist das Amtsgericht, bei höheren Streitwerten ist das Landgericht als erste Instanz zuständig. *ZPO*

Um Auseinandersetzungen vor ordentlichen Gerichten zu vermeiden, können Schiedsgutachten zur Aufklärung gewisser Sachverhalte bei Stoffen und Bauteilen von den Parteien bei einer staatlichen oder staatlich anerkannten Materialprüfstelle in Auftrag gegeben werden. *VOB/B § 18*

Darüber hinaus kann man bei Vertragsabschluss, aber auch nach Entstehen der Streitigkeit die Zuständigkeit eines Schiedsgerichtes vereinbaren, das rechtliche Entscheidungen anstelle eines ordentlichen Gerichts fällt. Schiedsgerichte, die schon bei einem Fachverband bestehen können oder von den Parteien zu bestimmen sind, werden gewöhnlich mit erfahrenen Baufachleuten und (Bau-) Juristen besetzt. Ihr Urteilsspruch ist in gleicher Weise vollstreckbar wie ein staatliches Urteil. Einzelheiten regeln die anwendbaren Schiedsgerichtsordnungen und die Zivilprozessordnungen.

Streitigkeiten berechtigen den Auftragnehmer in der Regel nicht, die Arbeiten einzustellen. *VOB/B § 18*

Aufmaß, Abrechnung, Zahlung

Inhaltsverzeichnis

7.1 Vergütungsformen – 84
7.1.1 Einheitspreisvertrag – 84
7.1.2 Detailpauschalvertrag – 84
7.1.3 Globalpauschalvertrag – 84
7.1.4 Stundenlohnvertrag – 85
7.1.5 Selbstkostenerstattungsvertrag – 85
7.1.6 GMP oder GMK-Vertrag – 85
7.1.7 Festpreis – 85

7.2 Aufmaß – 86

7.3 Abrechnung – 90

7.4 Zahlung – 92

7.5 Sicherheitsleistung – 98

7.6 Lohn-/Materialpreis-Erhöhungen – 98

7.7 Abzüge und Einbehalte – 99

© Der/die Herausgeber bzw. der/die Autor(en), exklusiv lizenziert an Springer Fachmedien Wiesbaden GmbH, ein Teil von Springer Nature 2025
B. Rode, W. Weller, *AVA-Handbuch*, https://doi.org/10.1007/978-3-658-48052-3_7

7.1 Vergütungsformen

Wie konkret die Abrechnung der Bauleistung zu erfolgen hat, bestimmt sich nach der vertraglichen Vereinbarung der Parteien.

7.1.1 Einheitspreisvertrag

Abrechnungsgrundlage ist der Einheitspreis, multipliziert mit dem Vordersatz der durch Aufmaß festgestellten tatsächlichen Arbeitsleistung:

Vordersatz	Leistungsbeschreibung	EP	GP
100 m	Kanalgraben bis 0,50 cm tief Bodenklasse 3-5	30,-	3.000,-

BGB § 632 (2)

Dieses Abrechnungsmodell bildet den Regelfall und damit auch die „übliche Vergütung" im Sinne des § 632 Abs. 2 BGB, wenn die Vertragsparteien keine Vereinbarung getroffen haben.

7.1.2 Detailpauschalvertrag

Hier wird nach vorangegangener detaillierter Leistungsbeschreibung entweder sofort ein Pauschalpreis angeboten oder ein Einheitspreisangebot nachverhandelt, eine „runde Summe" gebildet. Im Nachhinein ist oft schwierig nachzuvollziehen, ob die Parteien nur einen Nachlass im Rahmen des Einheitspreisangebotes vereinbart haben oder ob tatsächlich der Preis für die angebotene Leistung pauschaliert werden sollte. Nur im letztgenannten Fall bedarf es zur Abrechnung keines Aufmaßes mehr.

Der Preis gilt nur für die ausgeschriebenen Leistungen innerhalb bestimmter Spannen bezüglich der ausgeschriebenen Mengen und Massen (Anhaltspunkt, aber keine „harte" Grenze: plus/minus 20 %). Diese Toleranzgrenze bezieht sich auf die Gesamtpauschale, nicht auf die ursprüngliche Einheitspreisposition.

Kommen aber Arbeiten hinzu, sei es aufgrund baulicher Notwendigkeiten, sei es aufgrund von Bauherrenwünschen, besteht auch ein zusätzlicher Vergütungsanspruch unabhängig vom Umfang oder etwaiger Toleranzgrenzen. Dies ergibt sich für den VOB-Vertrag aus § 2 Abs. 7 Nr. 2, beim BGB-Vertrag als allgemeiner Rechtsgrundsatz.

7.1.3 Globalpauschalvertrag

Hier wird auch das Leistungsziel nur mehr oder weniger grob beschrieben, ohne dass Mengen und Massen oder Teilleistungen ermittelt oder bepreist werden.

In diesem Fall schuldet der Unternehmer alle zur Erreichung des funktional beschriebenen Leistungszieles erforderlichen Leistungen zu der vereinbarten Vergütung. Nur wenn der Bauherr in das Leistungssoll eingreift oder es zu Zusatzleistungen außerhalb des planbaren Risikobereiches des Unternehmers kommt, entstehen zusätzliche Vergütungsansprüche.

7.1.4 Stundenlohnvertrag

Abgerechnet wird nach verbrauchtem Material und Zeit. Wichtig ist, dass der Unternehmer im Streitfalle nur die angefallene Zeit nachweisen muss. Dass diese Zeit nicht notwendig oder nicht üblich war, hat der Bauherr darzulegen und zu beweisen.

7.1.5 Selbstkostenerstattungsvertrag

Hier gelten vorstehende Regelungen entsprechend, nur dass hier die angefallenen Kosten ohne Zuschläge weiterberechnet werden.

7.1.6 GMP oder GMK-Vertrag

Regelmäßig ist hier der Generalunternehmer in die Planungsphase eingebunden und es wird ein „guaranteed maximum price" oder „garantierte Maximalkosten" festgelegt.

Abgerechnet wird in diesem Fall regelmäßig in einem sog. Open-book Verfahren mit zweigeteilter Vergütung. Dem Unternehmer werden die reinen Nachunternehmerkosten erstattet. Er erhält zusätzlich eine Vergütung für Planung, Regie, Gemein- u. Geschäftskosten, Wagnis, Gewinn, regelmäßig als Zuschlag auf die NU-Kosten.

Der Vergütungsanspruch ist „gedeckelt" durch den gmp-Betrag.

Wird dieser unterschritten, erhält der Unternehmer zusätzlich noch einen Bonus in Form einer prozentualen Beteiligung an dem Differenzbetrag zwischen seinem Vergütungsanspruch und dem gmp-Betrag.

7.1.7 Festpreis

Es handelt sich um keinen eigenen Abrechnungsmodus, sodass auszulegen ist, ob nur Preisanpassungsklauseln ausgeschlossen werden sollen oder ob und ggf. welche Pauschale gewollt ist.

7.2 Aufmaß

ATV/ Abschn. 5 VOB/B § 14

Beim Einheitspreisvertrag wird anhand des Aufmaßes die tatsächlich erbrachte Bauleistung erfasst, sodass diese Angaben als Basis für die Abrechnung fungieren. Erstellt werden die Aufmaße nach den jeweils einschlägigen ATV primär aus den Bauplänen- und Zeichnungen. Nur wenn solche nicht vorliegen, ist vor Ort aufzumessen. Eine Möglichkeit für ein Aufmaß gemäß den ATV zeigt ◘ Abb. 7.1.

Die Aufmaße werden in ein Dokument eingetragen, dessen beidseitige Unterzeichnung dazu führt, dass daraus eine verbindliche Aufmaßurkunde wird. Die ◘ Abb. 7.2 und 7.3 geben ein Beispiel für eine Außmaßurkunde, die händisch erstellt wurde. Ohne gemeinsames Aufmaß muss der Unternehmer die tatsächlich ausgeführten Mengen und Massen nachweisen, ggf. durch einen Sachverständigen.

Nicht erst nach Beendigung aller Arbeiten, sondern bereits im Zuge des Baufortschritts sollten durch gemeinsame Aufmaße später ggf. nicht mehr zugängliche festgestellt werden. Dies gilt besonders dann, wenn Bauteile von den Zeichnungen abweichen, auf diesen nicht dargestellt oder nach ihrer Fertigstellung nicht mehr zugänglich sind (Fundamente). Die Aufmaße sind aus den Zeichnungen zu entnehmen, und falls solche Maßangaben nicht vorhanden sind, in die Zeichnungen zusätzlich einzutragen. In den Abrechnungszeichnungen, welche die Grundlage für die Abrechnung darstellen, müssen exakt die Maße stehen bzw. gegebenenfalls neu angegeben werden, die in die Aufmaßurkunden einzutragen sind (also das Ergebnis einer ausgerechneten Maßkette bzw. ein Differenzmaß). Wenn diese Identität in den Abrechnungsunterlagen nicht gegeben ist, wird die Prüfung der Abrechnung sehr erschwert oder gar ausgeschlossen.

ATV DIN 18299 Abschn. 0 und 5

Die Aufmaße sollten vom Auftragnehmer und Auftraggeber gemeinsam vorgenommen werden, (so ausdrücklich § 14 VOB/B), und in doppelt auszufertigende Messurkunden eingetragen werden, die dann von den Parteien zu unterzeichnen sind und von denen jede Seite eine Ausfertigung erhält. Die Messurkunden können für manuelle Rechenoperationen abgefasst oder als Beleg zur Eingabevorbereitung für elektronische Datenverarbeitung auf den vorgeschriebenen Formularen aufgestellt werden. Die Abrechnungsbestimmungen der ATV (Abschnitt 5) der jeweils gültigen DIN-Ausgabe und die sonstigen in den Vergabe- und Vertragsunterlagen getroffenen Festlegungen sind zu beachten sowie außerdem die jeweiligen Bestimmungen über Nebenleistungen.

7.2 · Aufmaß

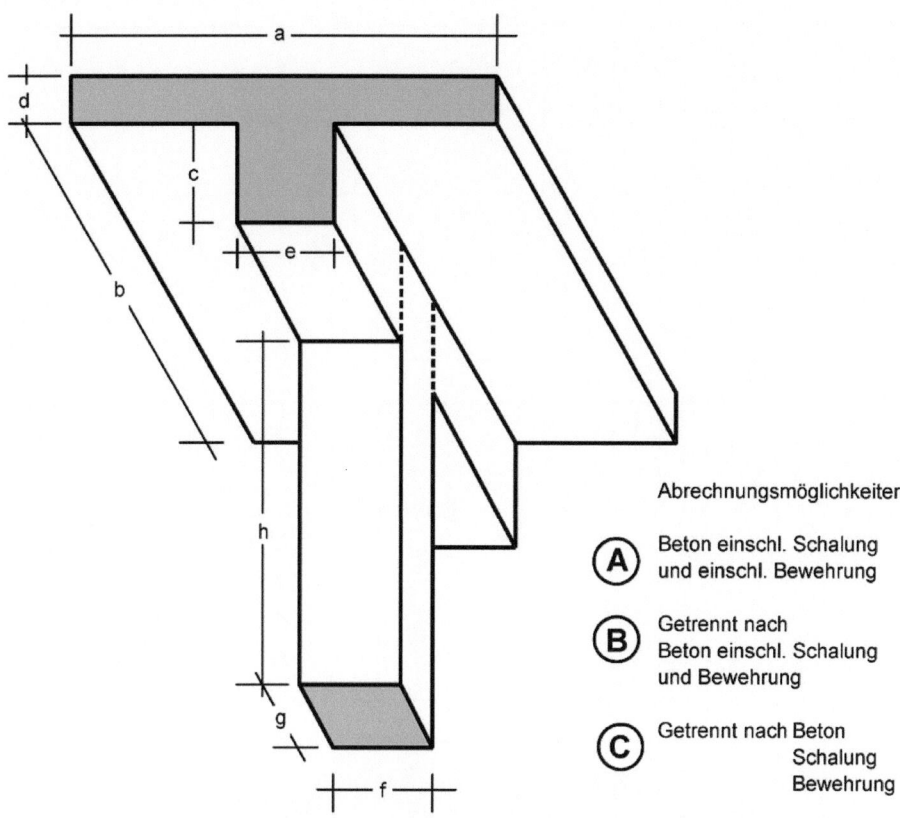

	Bauteil	Maßart	Dim.	Ansatz	DIN 18331
BETON	Decke	Flächenmaß	m^2	$a \times b$	5.1
		Raummaß	m^3	$a \times b \times d$	5.1
	Balken	Raummaß	m^3	$c \times e \times b$	5.1
		Längenmaß	m	b	5.1
	Stütze	Raummaß	m^3	$f \times g \times (h + c)$	5.1
		Längenmaß	m	$h + c + d$	5.1
		Anzahl	St.	1	–
SCHALUNG	Decke	Flächenmaß	m^2	$(a \times b) - (b \times e)$	5.2
	Balken	Flächenmaß	m^2	$(2c + e) \times b$	5.2
	Stütze	Flächenmaß	m^2	$(2f + 2g) \times (h + c)$	5.2
STAHL	Alle Bauteile	Gewicht	t	nach Stahllisten ($G \times m$)	5.3

Abb. 7.1 Verschiedene Möglichkeiten der Abrechnung nach DIN 18331:2019-09 (Beispiel Stahlbetonarbeiten) sowie DIN 18299:2019-09

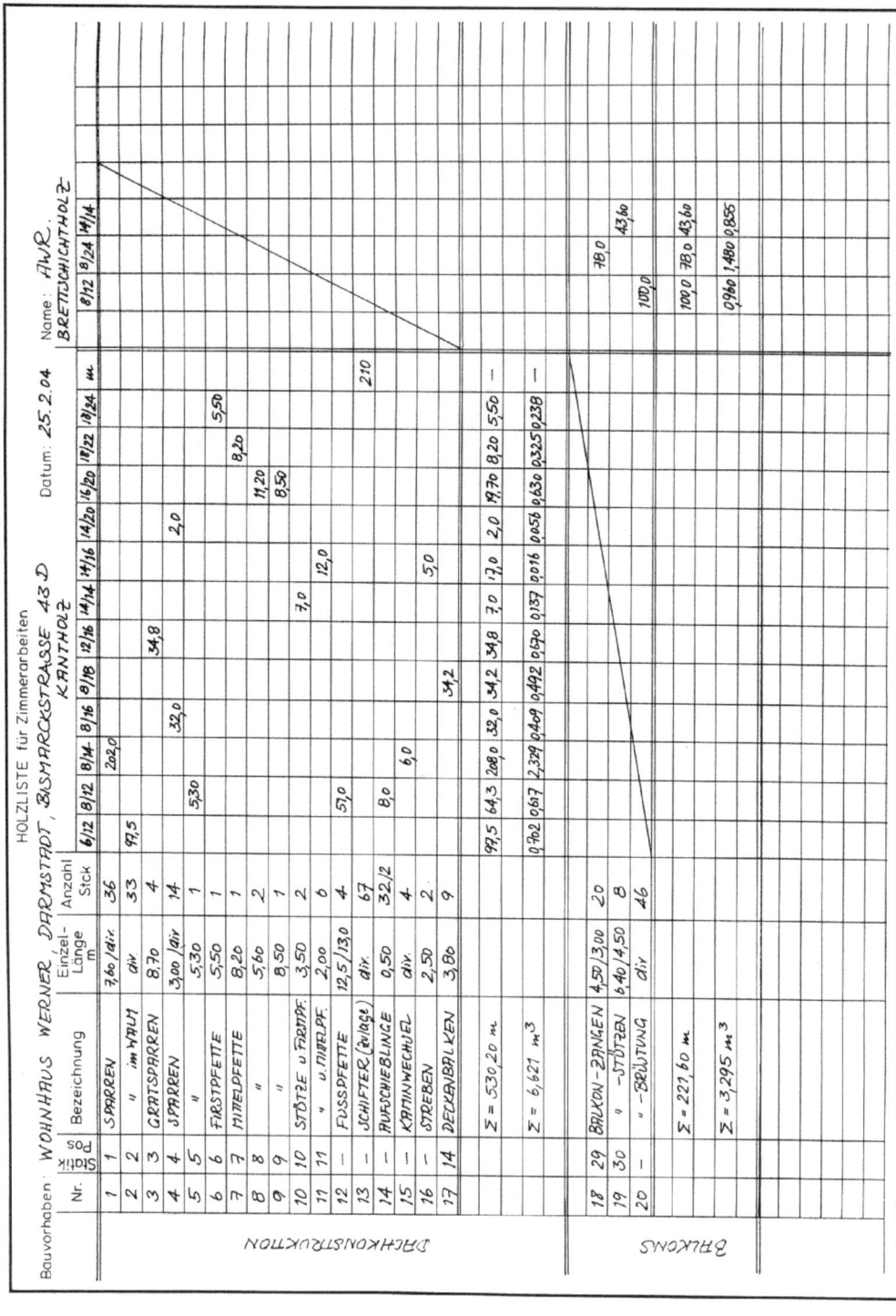

Abb. 7.2 Mengenermittlung für Zimmerarbeiten mit Holzliste

7.2 · Aufmaß

	Benennung der Arbeit	Abst. − | +	Abmessungen			Abzug	Meßgeh.	Reiner Meßgeh.
1	Pos. 3.21 Mauerwerk HbL 4, 30 cm dick, cbm		5,11					
			3,11					
			7,135					
			3,385					
			1,06					
			19,80	2,58	0,30		15,325	
	Fenster	−	0,76	0,51	0,30	0,116		
	"	−	2,76	1,33	0,30	1,101		
	Tür	−	1,01	2,08	0,30	0,630		13,614
2	Pos. 3.22, Zulage Türsturz 0,30 × 0,25 m Stahlbeton							1,49
3	Pos. 3,22 Mauerwerk HLZ, 11,5 cm dick, qm		2,51	2,58			6,47	
		−	0,885	2,01		1,78		4,69
4	Pos. 7,1 Horizont. Sperrschicht, qm Länge wie Pos. 3.21		19,80					
	Tür	−	1,01					
			18,79	0,30			5,63	
	unter Bruchstein-MW	+	3,61	0,50			1,80	7,43
5	Pos. 3.35 Schornstein, stgm		2,58					
			0,15					2,73
6	Pos. 3,36 Reinigungstür, Stck							1
7	Pos. 3,37 Schornsteinkopf, Stck							1
8	Pos. 3,42 Bruchsteinmauerwerk 50 cm dick, cbm		3,61	2,58	0,50		4,657	
		−	0,76	0,76	0,50	0,288		
		−	0,90	0,20	1,47	0,264		4,105
9	Pos. 3,45 Ausfugen Pos. 3.42, qm		3,61	2,58			9,31	
	Fenster	−	0,76	0,76		0,57		
					Übertrag:		9,31	

◘ **Abb. 7.3** Messurkunde für manuelle Bearbeitung

7.3 Abrechnung

VOB/B § 14
BGB § 650g (4)

Es ist Sache des Auftragnehmers, die Werklohnforderung dem Grunde und der Höhe nach nachzuweisen und für den Auftraggeber prüffähig abzurechnen. Das Ablaufschema einer Abrechnung zeigt ◘ Abb. 7.4.

Die Prüffähigkeit war stets Fälligkeitsvoraussetzung beim VOB-Vertrag (§ 14 VOB/B) und ist es seit der Reform des Werkvertragsrechtes auch beim BGB-Werk- bzw. Bauvertrag.

Die Prüfbarkeit der Rechnungen ist gegeben, wenn die Forderung übersichtlich und für den Besteller nachvollziehbar dargestellt ist (siehe dazu Kimmich/Bach, VOB für Bauleiter, 7 Aufl.; §§ 14 u. 16 VOB/B; Rn. 2376 ff.). Die Reihenfolge und Bezeichnung der Positionen sind aus dem Angebot zu übernehmen, die Belege (Aufmaßurkunde, Lieferscheine etc.) für die Mengen und Massen geordnet beizulegen. Dies gilt auch für Tagelohnzettel, wie er beispielhaft in ◘ Abb. 7.5 dargestellt ist.

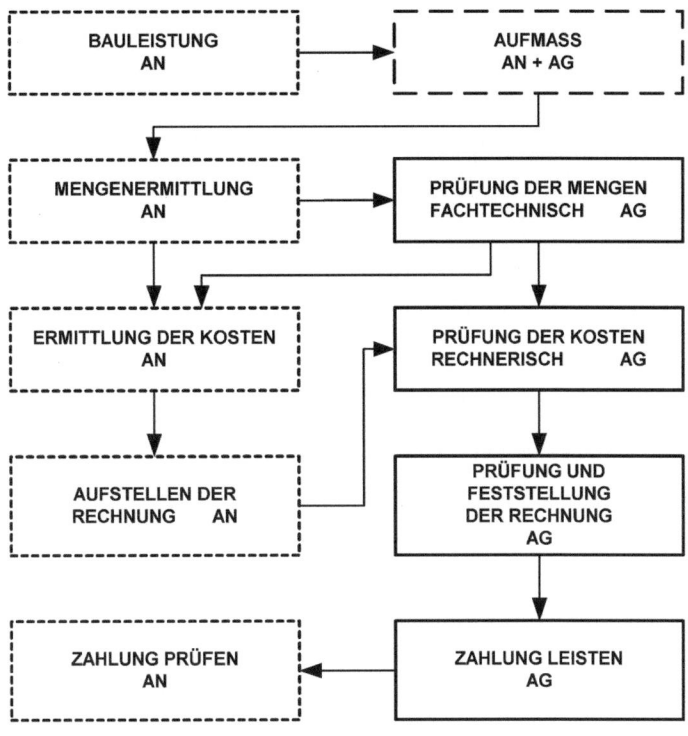

◘ **Abb. 7.4** Ablaufschema der Abrechnung

7.3 · Abrechnung

SCHMIDT & MEYER
HOCH- U. TIEFBAU
Dreifensterstr. 121
3500 KASSEL

Baustelle: DA - Oberwh. 14 Konto-Nr.: 61-242
Niederlassung: DA
Auftraggeber: Müller

Stundenlohnarbeiten-Bescheinigung Nr. 14
den 25.5.04

Ausgeführte Arbeiten		Gesamtstundenanfall bei					
		Polier	Vor-arbeiter	Fach-arbeiter	Bau-helfer	Hilfs-arbeiter	
Tür im 1. OG auf Bestellung von Frau Müller geändert. Neue Öffnung gestemmt, Leibung gemauert, Sturz eingezogen, alte Türöffnung zugemauert, Schutt herausgeschafft und abtransportiert.	Schulze	4					
	Albrecht		8				
	Azurro			4			
	Adamo			4			
	Baretti				5		
Aufsicht							
Insgesamt		4	8	8	5		

hiervon Mehrarbeitsstunden:
Ü = Überstd.   S = Sonntagsarbeit
N = Nachtstd. F = Feiertagsstd.

Zuschlagsart

Stundenzahl	4	8	8	5		

a) Leistungs- und Erschwerniszulagen   b) anteilige Lohnnebenkosten (Art und Betrag)

b) Ausbildung 3 × 18,-

c) Einbaumaterial   d) Vorhaltematerial, Rüstungen, Betriebsstoffe   e) Geräteeinsatz

c) 115 Stck HLZ, NF
70 ltr Mörtel MG II
e) Kompressor 1,5 Std.
2 Fahrten 5t-LKW zum Bauhof (2 × 19 km)

Aufgestellt
Bauführer / Polier: _Unterschrift_

Als Forderung anerkannt
für den Auftraggeber: _Nageli_

Abb. 7.5 Tagelohnzettel

Es ist Sache des Auftragnehmers, die Forderung dem Grunde und der Höhe nach zu formulieren und fristgerecht seine Rechnungen zu stellen. Die Prüfbarkeit der Rechnungen ist im Allgemeinen anzunehmen, wenn folgende Konditionen erfüllt sind:

VOB/B § 14

− Reihenfolge und Bezeichnung der Positionen wie im Angebot
− Vollständige Belege (Aufmaß-Urkunden, Abrechnungs-Zeichnungen, Lieferscheine und dgl.)

IN ALLEN TEILEN FACHTECHNISCH UND RECHNERISCH GEPRÜFT UND MIT DEN AUS DER MASSENBERECHUNG (ABRECHNUNGSZEICHNUNG) EINSICHTLICHEN ÄNDERUNGEN FÜR RICHTIG BEFUNDEN: .... Ort und Datum Unterschrift	IN ALLEN TEILEN SACHLICH GEPRÜFT UND MIT DEN AUS DER RECHNUNG ERSICHTLICHEN ÄNDERUNGEN FÜR RICHTIG GEFUNDEN: ENDBETRAG: EUR .... Ort und Datum Unterschrift

Abb. 7.6 Stempel (links unterschreibt Sachbearbeiter, rechts unterschreibt Architekt)

Die Prüfung der Auftragnehmer-Rechnungen erfolgt im Normalfall durch den Architekten. Sie erstreckt sich auf die fachtechnische und rechnerische Behandlung. Dann erfolgt die Feststellung der Rechnung, d. h. es wird bescheinigt, dass die Abrechnung nicht nur fachtechnisch und rechnerisch in Ordnung ist, sondern dass sie sich auch in Übereinstimmung mit den vertraglichen Bedingungen befindet. Zur eindeutigen Kennzeichnung der Prüfungsvorgänge können z. B. Texte in Stempeln verwendet werden, wie sie in ◘ Abb. 7.6 abgebildet sind.

Das Original mit Prüfeintragungen erhält der Auftraggeber. Erst nach Abstimmung mit diesem erhält der Auftragnehmer ein Prüfexemplar zurück, damit er Änderungen bzw. Kürzungen nachvollziehen kann.

7.4 Zahlung

Man unterscheidet folgende Zahlungsarten:

- **Vorauszahlungen**

Beim Werkvertrag ist grundsätzlich der Unternehmer vorleistungspflichtig, § 641 BGB. Er muss zunächst das geschuldete Werk oder zumindest Teile davon erstellen, bevor er eine Vergütung beanspruchen kann.

Von diesem gesetzlichen Leitbild kann in individuellen Vereinbarungen abgewichen werden, es können also Vorauszahlungen vereinbart werden.

In AGB sind Regelungen zu ungesicherten Vorauszahlungen an den Verwender regelmäßig unwirksam. Denkbar, insbesondere im Unternehmergeschäft, sind Vorauszahlungen gegen Sicherheiten.

VOB/B § 16

Eine entsprechende Regelung enthält auch § 16 Abs. 2 VOB/B.

Vorauszahlungen auf Leistungen, Baustoffe oder Bauteile, die noch nicht erbracht bzw. eingebaut sind, sollen durch Bankbürgschaften abgesichert werden. Diese müssen unbefristet und

7.4 · Zahlung

unter dem Verzicht der Einrede der Vorausklage ausgestellt sein. Da durch diese Zahlungsweise dem Auftragnehmer ein Zins- bzw. Liquiditätsvorteil erwächst, kann bei der Vergabeverhandlung ein wertentsprechender Nachlass vereinbart werden.

- **Abschlagszahlungen** BGB § 632a

Das Werkvertragsrecht sah ursprünglich keine Abschlagszahlungen vor. Der Vergütungsanspruch des Unternehmers wurde erst nach Abnahme fällig. Dies wurde mit Einführung des zwischenzeitlich mehrfach modifizierten § 632a BGB geändert. Der Unternehmer hat danach kraft Gesetzes einen Anspruch auf Abschlagszahlungen. Der mögliche Aufbau einer Abschlagszahlung ist in ◘ Abb. 7.7 zu finden.

Dieser Anspruch sollte jedoch nur bestehen für vertragsgemäß erbrachte Leistungen ohne wesentliche Mängel. Nach

---

Abschlagsrechnung

Nachweis:

Pos.	Leistung	Menge	Dim.	EP	Ges.-Preis
3.1	Mutterbodenabtrag	120	m^2	4,80	576,00 EUR
3.2	Aushub Baugrube	700	m^3	9,10	6 370,00 EUR
	usw.				

Gesamt:	102 760,50 EUR
Sicherheitseinbehalt 10 %	10 276,05 EUR
Summe:	92 484,45 EUR
Erhaltene Abschlagzahlungen 1–3	60 000,00 EUR
Rest	32 484,45 EUR
4. Abschlagzahlung	32 000,00 EUR
19 % Mwst	6 080,00 EUR
Rechnungsbetrag	38 080,00 EUR
Bankverbindung:	
Deutsche Bank Kassel: Nr. 471 10815 BLZ 520 700 12	
Schlussrechnung:	
Zunächst Nachweis wie oben	
Netto-Summe	349 551,50 EUR
Erhaltene Abschlagzahlungen netto	290 000,00 EUR
Rest	59 551,50 EUR
19 % Mwst.	11 314,79 EUR
Restforderung	**70 866,29 EUR**

◘ **Abb. 7.7** Formulierungsbeispiel für Rechnung

dem Gesetzeswortlaut entfiel dieses Recht völlig, wenn die Leistung mit wesentlichen Mängeln behaftet war.

Hier gibt es eine wesentliche Änderung durch das neue Bauvertragsrecht seit dem 1. Januar 2018. Nachstehend die alte und dann die neue Fassung:

Alte Fassung:

> *Der Unternehmer kann von dem Besteller für eine vertragsgemäß erbrachte Leistung eine Abschlagszahlung in der Höhe verlangen, in der der Besteller durch die Leistung einen Wertzuwachs erlangt hat. Wegen unwesentlicher Mängel kann die Abschlagszahlung nicht verweigert werden.*

Neue Fassung:

> *Der Unternehmer kann von dem Besteller eine Abschlagszahlung in Höhe des Wertes der von ihm erbrachten und nach dem Vertrag geschuldeten Leistungen verlangen. Sind die erbrachten Leistungen nicht vertragsgemäß, kann der Besteller die Zahlung eines angemessenen Teils des Abschlags verweigern. Die Beweislast für die vertragsgemäße Leistung verbleibt bis zur Abnahme beim Unternehmer.*

Wie nach der Abnahme ist der Besteller also jetzt auch bei Abschlägen auf ein Zurückbehaltungsrecht bspw. in Höhe des doppelten Betrages der Mangelbeseitigungskosten beschränkt.

Wichtig ist, dass im Verbrauchergeschäft mit der ersten Abschlagsrechnung eine Sicherheit in Höhe von 5 % der Vertragssumme – nicht etwa der ersten Abschlagsrechnung – zu stellen ist. Statt eine Vertragserfüllungsbürgschaft zu stellen, kann der Unternehmer den Verbraucher auffordern, den entsprechenden Betrag einzubehalten.

Die Regelung kann individualvertraglich, nicht aber in AGB geändert werden (gesetzliches Leitbild!).

§ 16 VOB/B sah schon immer Abschlagszahlungen vor. Der wesentliche Unterschied zwischen den beiden Regelungen lag darin, dass die VOB/B nie einen völligen Ausschluss des Anspruches im Falle des Vorliegens wesentlicher Mängel kannte. Dieser Unterschied ist durch die Neufassung des BGB seit 2018 entfallen.

Abschlagszahlungen sind für vertragsgemäße Arbeiten zu leisten. Es kommt jedoch darauf an, dass diese prüfbar nachgewiesen werden. Falls Zahlungen auf noch nicht fest eingebaute Stoffe oder Bauteile geleistet werden sollen, sind diese zuvor zu übereignen, oder es ist Bankbürgschaft entsprechenden Wertes vom Auftragnehmer vorzulegen.

Für Abschlagszahlung können überschlägige Ermittlungen zugelassen werden. Stundenlohnarbeiten sollten in jedem Fall gesondert – möglichst schriftlich – angewiesen und aufgrund arbeitstäglich vom Auftraggeber bzw. seinem Architekten anerkannter Belege (Tagelohnzettel, Rapporte) für festgelegte Zeiträume, z. B. monatlich zusammengefasst, abgerechnet werden.

Stundenlohnarbeiten entstehen je nach Verursachung als Regie-Arbeit, d. h. Arbeit, die nicht im Leistungsverzeichnis enthalten ist oder nicht als Leistung beschreibbar und kalkulierbar war, oder als Beihilfe, d. h. Leistung, die als hilfsweise Unterstützung für andere Unternehmer erbracht wird (Beispiel: Einmörteln von Verankerungen technischer Anlagenteile).

Wie schon bei den Nachträgen angesprochen hängt letztendlich auch die Anzahl etwaiger Stundenlohnleistungen ganz wesentlich von der Qualität der Ausschreibung ab.

- **Zahlungspläne**

Zahlungspläne sind bei pauschalierten Vergütungen üblich. Im Falle eines Stahlbetonfertigteilbauwerks kann z. B. vereinbart werden:
- 30 % bei Auftragserteilung (gegen Bankbürgschaft)
- 30 % bei Montagebeginn (gegen Bankbürgschaft)
- 30 % bei Montageende
- 10 % nach Abnahme und Schlussrechnung unter Berücksichtigung evtl. vorzunehmender Abzüge.

Die Bankbürgschaften sind zurückzugeben, wenn die erbrachte Leistung auf der Baustelle ihrem Wert entspricht.

- **Schlusszahlungen**

Schlussrechnungen und -zahlungen sind als solche zu kennzeichnen. Sie stellen die letzte Zahlung dar, nachdem die auf die Vergütung entfallenden bereits geleisteten Zahlungen, Abzüge u. dgl. abgesetzt sind.

Fälligkeitsvoraussetzung ist immer die Abnahme bzw. eine Abnahmefiktion.

Wie bereits angesprochen verlangte eine „prüffähige" Schlussrechnung früher nur die VOB/B bzw. die HOAI. Der Einwand fehlender Prüffähigkeit musste jedoch nach Rechtsprechung des BGH innerhalb von zwei Monaten erhoben – und begründet – werden, war ansonsten verwirkt. Diese Frist wurde dann in Anlehnung an entsprechende gesetzliche Regelungen auf 30 Tage reduziert.

Für Verträge ab dem 1. Januar 2018 ist auch bei einem Bauvertrag nach BGB die Überlassung einer prüffähigen Schlussrechnung Fälligkeitsvoraussetzung, § 650g Abs. 4 BGB. Hier ist jetzt die 30tägige Rügefrist gesetzlich normiert.

Bindungswirkung in dem Sinne, dass Nachforderungen ausgeschlossen wären, kommt einer Schlussrechnung grundsätzlich nicht zu.

Bei der abschließenden Bearbeitung der Schlussrechnung sind einige besondere Punkte zu beachten. Dazu zählen vor allem Umlagen, die der Auftraggeber gemäß den Vereinbarungen im Bauvertrag gegen den Auftragnehmer geltend machen kann wie z. B. anteilige Prämie für die Bauleistungsversicherung oder Umlagen für Wasser- und Stromverbrauch.

Schließlich ist der Sicherheitseinbehalt in der vertraglich vereinbarten Höhe abzusetzen, sofern dieser nicht mit einer Bankbürgschaft abgelöst wurde.

Soweit Gegenforderungen z. B. aufgrund einer verwirkten Vertragsstrafe bestehen, können diese in Abzug gebracht werden.

Bei Anwendung der elektronischen Datenverarbeitung bei der Bauabrechnung ergeben sich für Auftragnehmer und Auftraggeber erhebliche Vorteile durch Beschleunigung der Abrechnung und Kostensicherheit. Maßgebend sind die Regelungen für die elektronische Bauabrechnung REB, die vom Bundesministerium für Verkehr und digitale Infrastruktur (BMVI) herausgegeben werden und in Verbindung mit dem Gemeinsamen Ausschuss Elektronik im Bauwesen (GAEB) aufgestellt wurden. Für die Programmanwendungen gelten die Anwendungsvorschriften der EDV-Anlagen und -Programme. Der Architekt haftet für die Richtigkeit der Abrechnung. Für Schäden, die dem Auftraggeber aus Fehlern in der Abrechnung erwachsen, hat er einzustehen.

VOB/B § 16 (1), Nr. 1

- **Umsatz-(Mehrwert-)Steuer**

Umsatz-(Mehrwert-)Steuer wird nach dem Umsatzsteuergesetz bei bewirkter Leistung, auch bei Teilleistungen fällig. Darum ist der entsprechende Steuerbetrag bei allen Abschlags- und Schlusszahlungen zu leisten. Bei Änderung der Höhe des Umsatz-(Mehrwert-) Steuersatzes sind die bis zum Änderungszeitpunkt bewirkten Leistungen nach altem, die danach bewirkten Leistungen nach dem neuen Steuersatz zu versteuern Näheres regeln Gesetze und Durchführungsverordnungen.

- **Freistellungsbescheinigung**

Zur Sicherung von Steueransprüchen gilt seit 1. Januar 2002 das Gesetz zur Eindämmung illegaler Betätigung im Baugewerbe vom 30. August 2001.

Mit der in § 48 Abs. 1 EStG geregelten Abzugsverpflichtung tritt neben die zivilrechtliche Verpflichtung zur Werklohnzahlung des Leistungsempfängers (= Auftraggebers) gegenüber dem Leistenden (= Auftragnehmer) seine öffentlich-rechtliche Zahlungsverpflichtung und Haftung gegenüber dem Finanzamt des Leistenden (= Auftragnehmers), die sich der Höhe nach auf den Betrag der Bauabzugsteuer erstreckt. Bezahlt der Leistungsempfänger die Bauabzugssteuer, erfüllt er in Höhe des Abzugsbetrags seine zivilrechtliche Leistungspflicht, indem

7.4 · Zahlung

er der ihm abgabenrechtlich auferlegten Abzugsverpflichtung gegenüber dem Finanzamt des Leistenden nachkommt.

Die Zahlungspflicht gegenüber dem Finanzamt entfällt nur, wenn der Auftragnehmer vor Zahlung des Werklohnes eine gültige Freistellungsbescheinigung vorgelegt hat. Wird eine Freistellungsbescheinigung nicht vorgelegt oder ist diese nicht gültig, so hat der Auftraggeber 15 % der festgestellten Summe an das für den Auftragnehmer zuständige Finanzamt abzuführen und nur 85 % an den Auftragnehmer zu überweisen.

Die Berücksichtigung obenstehender Vorgaben obliegt dem Architekten im Rahmen der Rechnungsprüfung. Er muss auf die Bauabzugssteuer hinweisen, vorliegende Freistellungserklärungen prüfen und den Bauherren entsprechend instruieren.

- **Fälligkeit**

Beim BGB-Werkvertrag sind Forderungen nach Vorliegen aller Fälligkeitsvoraussetzungen unverzüglich auszugleichen.

VOB/B § 16 (1), Nr. 3
VOB/B § 16 (3), Nr. 1

Die VOB/B kennt Fälligkeits- und Zahlungsfristen, so z. B. in § 16 Abs. 1 Nr. 3, Abs. 3 Nr. 1 VOB/B für Abschlagszahlungen binnen 21 Tagen nach Zugang der Aufstellung und für Schlusszahlungen spätestens 30 Tage nach Zugang.

Zu beachten sind stets die vertraglichen Vereinbarungen. Auch hier ist der mit der Rechnungsprüfung befasste Architekt gefordert, die Prüfung so rechtzeitig abzuschließen, dass der Bauherr rechtzeitig zahlen kann.

Die ◘ Abb. 7.8 zeigt ein Beispiel für eine Zahlungsanweisung.

Beispiel:
Zahlungsanweisung Nr. 06/G35/125

Auf Grund der geprüften und festgestellten Rechnung vom 10.8.2010 ist gem. Vertrag

an	Fa. Schmidt & Meyer GmbH, Dreifenster Str. 121, 34135 Kassel,
für	Rohbauarbeiten
am	17.8.2010

die Summe von   25 000,00 EUR
                              19,00 % Mwst.   4 750,00 EUR
                                                       29 750,00 EUR

in Worten: neunundzwanzigtausendsiebenhundertfünfzig
als   4. Abschlagszahlung/Schlusszahlung
auszuzahlen.
auf Konto Nr. 40100507 bei Deutsche Bank Kassel, BLZ 520 700 12
Kassel, den 10.8.2010

....
(Unterschrift)

Zahlungen, die ohne Anweisung geleistet werden, können nicht ordnungsgemäß gebucht werden.

◘ **Abb. 7.8** Beispiel einer Zahlungsanweisung

Für die sonstigen in Zusammenhang mit Zahlungen auftretenden Fragen gelten die vertraglichen bzw. gesetzlichen Bestimmungen. Im Falle vertraglich vereinbarter Rückzahlungsklauseln können z. B. nach Überprüfung der gesamten Vertragsabwicklung, besonders der Abrechnung, durch Revisionsinstanzen des Auftraggebers später bis zu einem Spätest-Zeitpunkt zu viel bezahlte Beträge zuzüglich Zinsen vom Auftragnehmer zurückgefordert werden.

7.5 Sicherheitsleistung

VOB/B § 17

Die Sicherheitsleistung dient dazu, den Auftraggeber mit einem Geldbetrag in vereinbarter Höhe während der Ausführung und während der Verjährungsfrist für Mängelansprüche vor Schaden zu bewahren, § 17 VOB/B.

Bei Abschlagszahlungen können, wenn entsprechend wirksam vereinbart, 10 % des Wertes der nachgewiesenen, erbrachten Leistung ohne Umsatzsteueranteil als Sicherheitsleistung für die Vertragserfüllung bis zur Schlussabrechnung einbehalten werden, bzw. 90 % werden ausbezahlt. Mit dem Einbehalt können Gegenforderungen des Auftraggebers verrechnet werden, z. B. Verzugsschäden oder Mehrkosten der Fertigstellung durch Dritte, wenn das Vertragsverhältnis zum ursprünglichen Auftragnehmer aufgelöst werden muss.

Bei Schlusszahlungen können von der Gesamt-Abrechnungssumme (ohne den Umsatzsteueranteil), wenn entsprechend wirksam vereinbart, 3 % bis 5 % einbehalten werden.

Der **Sicherheitseinbehalt** ist der prozentuale Anteil der Netto-Abrechnungssumme, der vom Auftraggeber aufgrund vertraglicher Vereinbarungen einbehalten werden kann, um bei evtl. späteren Mängeln, die im Laufe der Verjährungsfrist auftreten, gegebenenfalls die Mängelbeseitigung durch andere Unternehmer vornehmen zu lassen und den Sicherheitseinbehalt dafür zu verwenden. Die Sicherheit kann in Geld geleistet werden, indem der Betrag einbehalten wird oder durch Überlassung einer Mängelansprüche- oder Gewährleistungsbürgschaft (s. dazu auch Vygen/Joussen, Bauvertragsrecht nach VOB und BGB, 6. Aufl.; 12. Abschnitt, Rn. 4462 ff.).

7.6 Lohn-/Materialpreis-Erhöhungen

Ob der Auftragnehmer während oder nach der Ausführung Mehrkosten geltend machen kann, die aus Lohn- und/oder Materialpreis-Erhöhungen herrühren, hängt von den vertraglichen Vereinbarungen ab. Das muss in den Vergabe- und Vertragsunterlagen geregelt werden.

Möglich sind Preisgleitklauseln, die jedoch sorgfältiger Formulierung bedürfen.

Sofern nichts anderes vereinbart ist, gelten alle Angebotspreise als Festpreise, d. h. es können weder wegen nach Angebotsabgabe eingetretenen Erhöhungen von Löhnen und Materialpreisen, noch aus anderen Gründen höhere Kosten geltend gemacht werden.

Nur unter extremen Umständen, die zum einen unvorhersehbar gewesen sein müssen, zum anderen für einen der Vertragspartner das Festhalten am unveränderten Vertrag unzumutbar machen, kommt eine Anpassung nach den Grundsätzen des Wegfalles der Geschäftsgrundlage in Betracht, § 313 BGB.

BGB § 313

7.7 Abzüge und Einbehalte

Rabatte, Nachlässe oder Skonti bedürfen einer – wirksamen – Vereinbarung. Zu einer Skontovereinbarung gehören eindeutig berechenbare Skontofristen und die Höhe des Skontos.

Haftung und Mängelansprüche

Inhaltsverzeichnis

8.1 Einführung, Grundsätze und strafrechtliche Verantwortlichkeit – 102
8.1.1 Gefährdungsdelikte – 103
8.1.2 Erfolgsdelikte – 107
8.1.3 Verjährung – 107

8.2 Zivilrechtliche Haftung für Mängel und deren Folgen – 110

8.3 Mängelansprüche – 113
8.3.1 Mängelrechte – 113
8.3.2 Allgemeine Voraussetzungen aller Mängelansprüche – 113
8.3.3 Gewährleistungsansprüche – 122
8.3.4 Verhältnis der Mängelrechte zueinander – 127

8.4 Verjährungsfrist – 129
8.4.1 Mängelansprüche – 130
8.4.2 Verjährungshemmung und -unterbrechung – 133

8.5 Gesamtschuldnerische Haftung – 134
8.5.1 Gesamtschuldnerausgleich – 136
8.5.2 Haftungsbegrenzung – 140
8.5.3 Schwarzarbeit und Mindestlohn – 141

© Der/die Herausgeber bzw. der/die Autor(en), exklusiv lizenziert an Springer Fachmedien Wiesbaden GmbH, ein Teil von Springer Nature 2025
B. Rode, W. Weller, *AVA-Handbuch*, https://doi.org/10.1007/978-3-658-48052-3_8

8.1 Einführung, Grundsätze und strafrechtliche Verantwortlichkeit

Wer sich mit der Errichtung von Bauwerken oder Gebäuden beschäftigt, trägt erhebliche Risiken. Ihm werden nicht nur erhebliche Sachwerte anvertraut, er übernimmt auch die Verantwortung für Leib und Leben der Menschen, die das Bauwerk benutzen oder im Rahmen der Errichtung tätig werden. Bereits im Altertum gab es Regelungen für diese Problemkreise.

Der Codex Hammurapi (Schreibweise häufig auch Hammurabi), eine Rechtssammlung des Königs Hammurapi von Babylon (* 1810 v. Chr.; † 1750 v. Chr.), ist eine der ältesten Gesetzessammlungen der Welt.

Schon diese Sammlung trennte zwischen vertraglichen und deliktischen Ansprüchen und beschäftigt sich unter anderem mit der Haftung bestimmter Berufsgruppen. So lebten Ärzte und Handwerker gefährlich, falls durch ihre Schuld jemand verletzt oder getötet wurde. Auch Baumeister, also Architekten mussten für Schäden aufkommen. Stürzte das Haus ein und der Besitzer kam dabei ums Leben, so verlor der Baumeister sein eigenes Leben als Strafe. Das Haus musste außerdem neu errichtet und der beschädigte Hausrat ersetzt werden. Kam beim Hauseinsturz ein Sklave ums Leben, musste der Baumeister einen Sklaven als Ersatz anbieten.

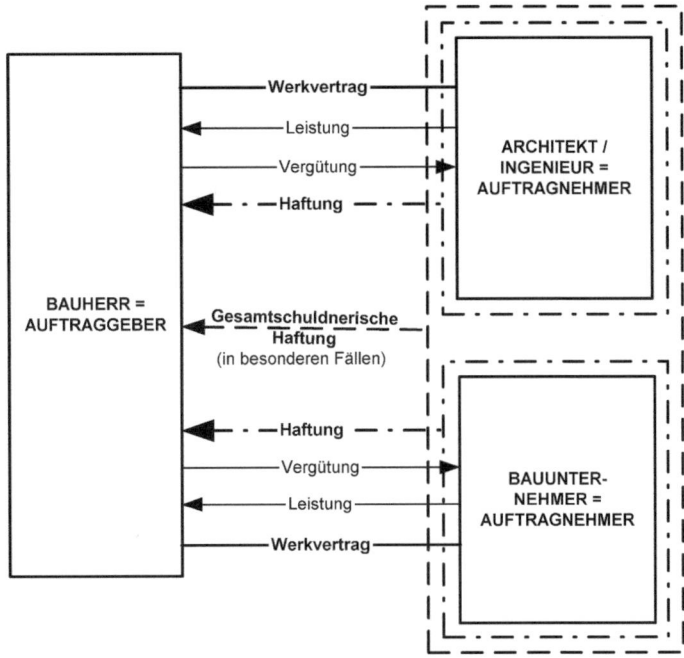

Abb. 8.1 Haftung Bauherr/Architekt/Bauunternehmer

Mit dieser Regelung waren zivil- und strafrechtliche Aspekte abgedeckt.

Im modernen deutschen Recht gibt es natürlich ein differenzierteres und weniger die körperliche Strafe betonendes Haftungssystem.

Das Haftungsverhältnis zwischen Bauherr, Architekt und Bauunternehmer zeigt ◘ Abb. 8.1.

8.1.1 Gefährdungsdelikte

Eine strafrechtliche Relevanz kann auch dann schon gegeben sein, wenn es noch nicht zu einem „Schaden" oder einer konkreten Gefahr für Personen oder Sachen gekommen ist. Zur Verwirklichung bestimmter Delikte und damit der Strafbarkeit des Handelnden reicht eine abstrakte Gefährdung von Rechtsgütern aus.

Beispiele:
- mangelhafte absturzsichernde Verglasung,
- mangelhafte Handläufe an Treppen,
- fehlerhafte Bewehrung

> **§ 319 StGB Baugefährdung**   StGB § 319
>
> *(1) Wer bei der Planung, Leitung oder Ausführung eines Baues oder des Abbruchs eines Bauwerks gegen die allgemein anerkannten Regeln der Technik verstößt und dadurch Leib oder Leben eines anderen Menschen gefährdet, wird mit Freiheitsstrafe bis zu fünf Jahren oder mit Geldstrafe bestraft.*
>
> *(2) Ebenso wird bestraft, wer in Ausübung eines Berufs oder Gewerbes bei der Planung, Leitung oder Ausführung eines Vorhabens, technische Einrichtungen in ein Bauwerk einzubauen oder eingebaute Einrichtungen dieser Art zu ändern, gegen die allgemein anerkannten Regeln der Technik verstößt und dadurch Leib oder Leben eines anderen Menschen gefährdet.*
>
> *(3) Wer die Gefahr fahrlässig verursacht, wird mit Freiheitsstrafe bis zu drei Jahren oder mit Geldstrafe bestraft.*
>
> *(4) Wer in den Fällen der Absätze 1 und 2 fahrlässig handelt und die Gefahr fahrlässig verursacht, wird mit Freiheitsstrafe bis zu zwei Jahren oder mit Geldstrafe bestraft.*

Täter im Sinne der Vorschrift kann also nur sein, wer einen Bau oder Abbruch plant, leitet oder ausführt. Ausschlaggebend ist nicht die vertragliche Regelung, sondern allein die tatsächliche Stellung im Verantwortungsgefüge der am Bau Beteiligten.

Bauplanung meint die konkrete Planung durch Bauzeichnungen, Bauteilangaben oder statische Berechnungen, also die

Tätigkeit des Architekten, Tragwerkplaners oder der sonstigen Fachingenieure.

Bauleiter ist, wer über die Art und Weise der technischen Ausführung letztendlich verantwortlich entscheidet, wer sie tatsächlich leitet. Die Bauleitung liegt regelmäßig beim Bauunternehmer.

Der Bauherr scheidet auch hier regelmäßig als Täter aus, es sei denn, die Arbeiten erfolgen vollständig in Eigenregie und durch eigene Anweisungen gegenüber den Arbeitskräften vor Ort, so dass er die Ausführung beherrscht.

Der Architekt oder Ingenieur als Bauüberwacher ist, auch wenn er regelmäßig als Bauleiter bezeichnet wird, nach herrschender Auffassung nicht Täter nach § 319 StGB:

Der mit der Bauüberwachung betraute Architekt ist damit allein weder Bauleitender noch Bauausführender im Sinne des § 319 StGB (früher § 330 StGB). (Vgl. Fischer, Kommentar zum StGB, 72. Aufl.; § 319 Rn. 1–6).

Aus den Gründen:

BGH, Urteil vom 11.05.1965 – 1 StR 96/65 (LG Bad Kreuznach)

Die Revision beanstandet mit der Sachrüge zutreffend, dass das LG den Angeklagten eines Vergehens nach § 330 StGB schuldig gesprochen hat, weil es ihn fälschlich als Bauleiter im Sinne dieser Vorschrift ansah. Es hat verkannt, dass § 330 StGB nicht die Vernachlässigung einer Aufsichtspflicht, sondern die Verletzung der Regeln der Baukunst (d. h. des Bauhandwerks) unter Strafe stellt und infolgedessen die Beachtung dieser Regeln nur dem auferlegt, der sie unmittelbar selbst bei der Bauleitung oder Bauausführung anwendet.

Bauleiter im Sinne des § 330 StGB ist also in aller Regel allein der Bauunternehmer und dessen Beauftragter, nicht dagegen der Bauherr und der in seinem Namen tätige bauleitende Architekt, der über die vertragsgerechte Ausführung des Bauplans zu wachen hat und in dieser Stellung nicht persönlich „die Regeln der Baukunst", wie sie § 330 StGB versteht, durch Weisungen an die Ausführenden zur Anwendung bringt, sondern darauf nur mittelbar durch Hinweise an den Bauunternehmer oder dessen Beauftragten hinwirkt.

Bloße Überwachung der Bauausführung, mag sie allein im Auftrag des Bauherrn geübt werden oder wie hier zugleich ihre Grundlage in einer baupolizeilichen Vorschrift haben, welche die Einsetzung eines verantwortlichen Bauleiters als Überwachungsorgan vorschreibt, genügt sachlich nicht den Voraussetzungen, an die der Begriff der Bauleitung im § 330 StGB anknüpft (vgl. Gallas, Die strafrechtliche Verantwortlichkeit der am Bau Beteiligten, S. 19, 21, 57 f. und die dort angeführte Rechtsprechung, von Entscheidungen des BGH insbes. Urt. v. 14.05.1954 – 2 StR 29/54 –, insoweit in BGHSt. 6, BGHST Jahr 6 Seite 131 = NJW 54, NJW Jahr 1954 Seite 1373 nicht mit abgedruckt).

Aus der Begründung ergibt sich aber, dass dies anders sein kann, wenn der Architekt individuelle Anweisungen an einzelne Handwerker erteilt und hierdurch die tatsächliche Ausführung beherrscht.

Tathandlung ist ein Verstoß gegen die allgemein anerkannten Regeln der Technik, durch den es zu einer konkreten Gefahr für Leib, Leben und Gesundheit einer unbestimmten Anzahl von Personen kommt. Die Gefährdung reicht aus, es muss nicht tatsächlich zu einem Schaden, also einer Verletzung oder gar einem Todesfall kommen.

Der im Baurecht allgegenwärtige Begriff der „allgemein anerkannten Regeln der Technik", der auch im Bereich der Sachmängelhaftung eine wesentliche Rolle spielt, findet eine gesetzliche Erwähnung interessanterweise allein im Strafrecht. Regeln der Technik im Sinne der strafrechtlichen Vorschrift sind, da der Schutz der körperlichen Unversehrtheit in Frage steht, solche Regelungen, deren Verletzung zu einer Gefahr für Leib und Leben führen kann. Damit gemeint sind bautechnische Regelungen wie Anforderungen an technische Konstruktionen oder Anforderungen an die Beschaffenheit, Eignung und gesundheitliche Unbedenklichkeit des Baumaterials, über die Planung und Berechnung sowie über die Bauausführung im engeren Sinn, wie Unfallverhütungs- und Sicherungsvorschriften, Vorgaben zum Brandschutz sowie Gesundheits- und Hygienestandards (Leipziger Kommentar, Wolff, Rdn. 11 zu § 319 StGB).

Allgemein anerkannt ist eine Regel der Technik, wenn sie in den Kreisen der Bautechniker bekannt und als richtig anerkannt ist und deshalb angewendet wird.

Damit kann eine Leistung auch mangelhaft sein, wenn sie zwar den DIN-Normen, aber nicht den Regeln der Technik entspricht.

DIN-Normen sind nur Mindestanforderungen!
1. Die Leistung des Auftragnehmers ist mangelhaft, wenn sie nicht der vereinbarten Beschaffenheit oder nicht den anerkannten Regeln der Technik entspricht oder nicht zweckentsprechend und funktionstauglich ist.
2. Eine Leistung, die trotz Einhaltung der einschlägigen DIN-Normen nicht den anerkannten Regeln der Technik entspricht, ist mangelhaft. Denn DIN-Normen können hinter den anerkannten Regeln der Technik zurückbleiben.

- OLG Zweibrücken, Beschluss vom 27.04.2022 – ▶ 5 U 178/21 (Nichtzulassungsbeschwerde zurückgenommen)
  – **Problem/Sachverhalt**
    Der Auftraggeber (AG) beauftragt mit Bauvertrag vom 09.06.2011 den Auftragnehmer (AN) mit der Errichtung der Räumlichkeiten für ein Fitnessstudio zur Weitervermietung an eine Betreibergesellschaft. Nach Abnahme der Leistun-

gen Ende 2011 und Inbetriebnahme des Studios 2012 rügt der AG verschiedene Mängel, darunter die Unebenheit des Fußbodens im Trainings- und Bistrobereich. 2014 leitet er dazu ein selbständiges Beweisverfahren ein. 2016 erhebt er Hauptsacheklage gegen den AN, mit der er Kostenvorschuss für die Mängelbeseitigung i. H. v. gut 130.000 € und die Feststellung verlangt, dass der AN auch den während der Mängelbeseitigung zu erwartenden Mietausfall zu tragen hat. Das Landgericht gibt der Klage im Wesentlichen statt. Der AN legt Berufung ein.

– **Entscheidung**
Ohne Erfolg! Unabhängig von den Fragen, ob die Parteien die Leistungsgüte „Sportboden" für die Trainingsfläche und den Bistrobereich ausdrücklich vereinbart hätten und ob die maßgebliche DIN 18202 nach dem zutreffend anzuwendenden Messverfahren eingehalten sei, schuldet der AN vorliegend die Funktionsfähigkeit des Bodens, um auf ihm ein Fitnessstudio zu betreiben. Diese Funktionsfähigkeit ist nach den Feststellungen des Gerichtssachverständigen nicht gegeben. Dessen Einschätzung, dass trotz Einhaltung der Maßtoleranzen der DIN 18202 der Fußboden vor dem Hintergrund seiner konkreten Verwendung nicht den allgemein anerkannten Regeln der Technik entspricht, überzeugt. Wenn man Bierdeckel zur Stabilisierung des Stands schwerer Fitnessgeräte benötigt, ist die Funktionsfähigkeit beeinträchtigt, zumal hiermit auch eine erhöhte Unfallgefahr einhergeht. Nach den Feststellungen des Sachverständigen war die Herstellung eines weniger unebenen Bodens technisch erwartbar. Der geltend gemachte Mietausfallschaden ist als ein „weitergehender" Schaden ersatzfähig, weil der unebene Boden nicht der vertraglichen Vereinbarung „Sportboden" entspricht und der Sachverständige überzeugend einen Verstoß gegen die anerkannten Regeln der Technik bejaht hat (§ ▶ 13 Abs. 7 Nr. 3 a VOB/B).

Die im Ergebnis zutreffende Entscheidung differenziert nicht hinreichend zwischen einem Verstoß gegen die allgemein anerkannten Regeln der Technik und der Funktionstauglichkeit des Bauwerks als dessen (konkludent) vereinbarte Beschaffenheit (BGH, ▶ IBR 2008, 77). Hat die Bauleistung nicht die vereinbarte Beschaffenheit, ist sie unabhängig davon mangelhaft, ob die anerkannten Regeln der Technik beachtet sind oder ob sich diese nachträglich als falsch herausstellen (BGH, ▶ IBR 2006, 16). Das OLG geht vertretbar davon aus, dass die vereinbarte Funktion als Fitnessstudio aufgrund der – DIN-konformen – Unebenheiten beeinträchtigt ist und ein Mangel vorliegt. Dass es gleichzeitig einen Verstoß gegen die anerkannten Regeln der Technik annimmt, wäre näher zu begründen gewesen. Erforderlich wären Regeln, die über die Anforderungen der DIN 18202 hinausgehen und sich für Sportböden nach Meinung der Mehrheit der maßgeblichen Fachleute in der Praxis bewährt haben oder deren Eignung von ihnen als nachgewiesen angesehen wird. Auch ohne diese Begründung ist der Mietausfallschaden aber nach § ▶ 13 Abs. 7 Nr. 3b VOB/B ersatzfähig (IBR 2023, 392).

Abzugrenzen ist hier vom „Stand der Technik" (die bessere Baumethode ist vereinzelt in Praktikerkreisen angekommen, hat sich aber noch nicht durchgesetzt) oder gar dem „Stand von Wissenschaft und Technik" (die bessere Methode wurde gerade wissenschaftlich erarbeitet, ist aber noch nicht in der Praxis angekommen).

8.1.2 Erfolgsdelikte

Andere Strafvorschriften gelangen zusätzlich zur Anwendung, wenn es zu (tödlichen) Verletzungen kommt.

- **§ 222 StGB, fahrlässige Tötung**
Wer durch Fahrlässigkeit die Tötung eines Menschen verursacht, wird mit Freiheitsstrafe bis zu 5 Jahren oder Geldstrafe bestraft.

- **§ 229 StGB, fahrlässige Körperverletzung**
Wer durch Fahrlässigkeit die Körperverletzung einer anderen Person verursacht, wird mit Freiheitsstrafe bis zu drei Jahren oder mit Geldstrafe bestraft.

8.1.3 Verjährung

Die Verjährung hinsichtlich der strafrechtlichen Verantwortlichkeit ist in § 78 StGB geregelt: StGB § 78

(1) Die Verjährung schließt die Ahndung der Tat und die Anordnung von Maßnahmen (§ 11 Abs. 1 Nr. 8) aus. § 76a Abs. 2 Satz 1 Nr. 1 bleibt unberührt.

(2) Verbrechen nach § 211 (Mord) verjähren nicht.

(3) Soweit die Verfolgung verjährt, beträgt die Verjährungsfrist

    1. dreißig Jahre bei Taten, die mit lebenslanger Freiheitsstrafe bedroht sind,

    2. zwanzig Jahre bei Taten, die im Höchstmaß mit Freiheitsstrafen von mehr als zehn Jahren bedroht sind,

    3. zehn Jahre bei Taten, die im Höchstmaß mit Freiheitsstrafen von mehr als fünf Jahren bis zu zehn Jahren bedroht sind,

> 4. *fünf Jahre bei Taten, die im Höchstmaß mit Freiheitsstrafen von mehr als einem Jahr bis zu fünf Jahren bedroht sind,*
>
> 5. *drei Jahre bei den übrigen Taten.*
>
> *(4) Die Frist richtet sich nach der Strafdrohung des Gesetzes, dessen Tatbestand die Tat verwirklicht, ohne Rücksicht auf Schärfungen oder Milderungen, die nach den Vorschriften des Allgemeinen Teils oder für besonders schwere oder minder schwere Fälle vorgesehen sind.*

StGB § 78a

- **Der Verjährungsbeginn bestimmt sich nach § 78a StGB:** *Die Verjährung beginnt, sobald die Tat beendet ist. Tritt ein zum Tatbestand gehörender Erfolg erst später ein, so beginnt die Verjährung mit diesem Zeitpunkt.*

> ▶ **Ein Beispielsfall zum Verständnis (zitiert aus IBR 2008, 64):**
> Balkonabsturz mit Todesfolge 38 Jahre nach Bauerrichtung: Wer ist strafbar?
> 1. Grundsätzlich ist derjenige, der als Bauherr und Bauunternehmer ein Gebäude errichtet, umfassend dafür verantwortlich, dass durch das Bauwerk Rechtsgüter Dritter nicht gefährdet werden.
> 2. Bedient er sich zur Erfüllung der ihm obliegenden Aufgaben der Mitwirkung Dritter, so treffen ihn Auswahl-, Organisations- und Überwachungspflichten.
> 3. Wird er diesen Pflichten gerecht, kann er grundsätzlich auf eine ordnungsgemäße Erledigung der delegierten Aufgaben vertrauen.
> 4. Etwas anderes gilt dann, wenn er konkrete Anzeichen für Fehlleistungen des mit der Bauausführung betrauten Personals hat oder selbst Kenntnis von Gefahrenquellen erlangt. ◀

- **OLG Karlsruhe, Beschluss vom 16.11.2007 – 3 Ws 216/07**
– **Problem/Sachverhalt**
Die Staatsanwaltschaft Mannheim erhob gegen den Bauherrn, zugleich Bauunternehmer, Anklage wegen des Vorwurfs der fahrlässigen Tötung (StGB § 222) und der fahrlässigen Körperverletzung (StGB § 229). Der Bauherr habe 1967 bei der Errichtung der Bodenplatte des im ersten Geschoss erstellten Balkons pflichtwidrig dazu beigetragen, dass die statisch erforderliche Zugbewehrung nicht eingebaut worden sei. Dies habe die vorhersehbare Folge gehabt, dass die Balkonplatte am 28.07.2005 abgebrochen sei, wodurch drei Menschen getötet und drei weitere erheblich verletzt worden seien. Das LG Mannheim lehnte

die Eröffnung des Hauptverfahrens ab, weil dem Bauherrn keine Sorgfaltswidrigkeit nachzuweisen sei. Dagegen legt die Staatsanwaltschaft sofortige Beschwerde ein.

— **Entscheidung**
Ohne Erfolg! Das OLG Karlsruhe bestätigt die Ablehnung der Eröffnung des Hauptverfahrens. Der Bauherr sei zwar umfassend dafür verantwortlich, dass durch das Bauwerk Rechtsgüter Dritter nicht gefährdet würden. Bediene er sich bei der Bauausführung Dritter, träfen ihn zudem Auswahl-, Organisations- und Überwachungspflichten. Werde er diesen Pflichten gerecht, könne er grundsätzlich auf eine ordnungsgemäße Erledigung der delegierten Aufgaben vertrauen. Etwas Anderes gelte dann, wenn aus seiner Sicht konkrete Anhaltspunkte für Fehlleistungen vorlägen oder er selbst Kenntnis von einer Gefahrenquelle erlange. Die strafrechtliche Verantwortlichkeit nach §§ 222, 229 StGB setze in objektiver Hinsicht voraus, dass der Täter entweder durch sorgfaltspflichtwidriges Tun eine Mitursache für den eingetretenen Erfolg gesetzt oder als Garantenpflichtiger eine Handlung nicht vorgenommen habe, die mit an Sicherheit grenzender Wahrscheinlichkeit zum Nichteintritt des Erfolgs geführt hätte. Ein solches Tun oder Unterlassen sei dem Bauherrn hier nicht nachzuweisen. Es sei schon nicht aufzuklären, warum eine grob fehlerhafte Bewehrung im Frühjahr 1967 eingebaut worden sei. Der Bauherr habe qualifiziertes Personal eingesetzt. Ihm sei auch keine unzureichende Überwachung desselben nachzuweisen. Letztlich lägen auch keine Anhaltspunkte für eine positive Kenntnis des Bauherrn von der mangelhaften Bauausführung vor.

Dieser Fall verdeutlicht die Länge der strafrechtlichen Verantwortlichkeit: Nach § 78a StGB beginnt die Verjährung (StGB § 78) bei (auch fahrlässigen) Erfolgsdelikten erst mit dem Eintritt des tatbestandlichen Erfolgs (hier dem Tod bzw. der Körperverletzung). Der Fahrlässigkeitsvorwurf kann daher vorliegend – ohne verjährt zu sein – an die Errichtung des Balkons 1967 anknüpfen, obwohl die Folgen erst 2005 eintraten – über 38 Jahre später! Denkbar ist also, dass das „qualifizierte Personal" – etwa ein Architekt oder Bauleiter – heute noch mit strafrechtlichen Folgen rechnen muss (Praxishinweis von Richter Dr. Mark Seibel, Siegen, aaO).

Der Tatvorwurf hinsichtlich der sicherlich auch gegebenen Baugefährdung wäre demgegenüber verjährt, da die Verjährung hier mit Abschluss der Arbeiten in 1967 begonnen hat. Diese Tat war im Rechtssinne beendet, auf einen weiteren Erfolg kam es nicht an.

8.2 Zivilrechtliche Haftung für Mängel und deren Folgen

Die zivilrechtliche Haftung beginnt immer mit der Suche nach der Anspruchsgrundlage.

Es gibt keinen Abwehranspruch, keine Zahlung oder Schadenersatzzahlung ohne gesetzliche oder vertragliche Rechtfertigung.

Aus dem römischen Recht kommt die heute noch gültige Frage „Quae sit actio?", also „Wo ist die Anspruchsgrundlage". Umgangssprachlich: Wo (in welchem Gesetz) steht das?

Die juristische Prüfung erfolgt immer nach dem Schema:

| wer | will was | von wem | woraus |

- **Außervertragliche Haftung**

Ansprüche können sich aus gesetzlichen Schuldverhältnissen ergeben.

BGB § 677 ff.
BGB § 812 ff.

Solche Rechtsbeziehungen entstehen ohne vertragliche Beziehung der Beteiligten aufgrund besonderer, jeweils vom Gesetz definierter tatsächlicher Voraussetzungen. Im zweiten Buch des BGB sind die folgenden gesetzlichen Schuldverhältnisse geregelt: Geschäftsführung ohne Auftrag (§§ 677 ff. BGB), ungerechtfertigte Bereicherung (§§ 812 ff. BGB) oder unerlaubte Handlung (Delikt; §§ 823 ff. BGB).

BGB § 823 ff.

Ohne Sonderrechtsbeziehung sind nur Verletzungen von absolut geschützten Rechtsgütern (vgl. die Aufzählung im nachstehend wiedergegebenen § 823 I BGB) dem Schadensersatz zugänglich.

Reine Vermögensschäden werden nicht erstattet.

- **Deliktische Ansprüche, §§ 823 ff. BGB**

    (1) Wer vorsätzlich oder fahrlässig das Leben, den Körper, die Gesundheit, die Freiheit, das Eigentum oder ein sonstiges Recht eines anderen widerrechtlich verletzt, ist dem anderen zum Ersatz des daraus entstehenden Schadens verpflichtet.

    (2) Die gleiche Verpflichtung trifft denjenigen, welcher gegen ein den Schutz eines Anderen bezweckendes Gesetz verstößt. Ist nach dem Inhalt des Gesetzes ein Verstoß gegen dieses auch ohne Verschulden möglich, so tritt die Ersatzpflicht nur im Falle des Verschuldens ein.

Insbesondere relevant im Zusammenhang mit baurechtlichen Fragestellungen ist die Verletzung von Verkehrssicherungspflichten.

8.2 · Zivilrechtliche Haftung für Mängel und deren Folgen

Verkehrssicherungspflichten fordern grundsätzlich Gefahren für andere so weit wie möglich gering zu halten bzw. den Eintritt eines schädigenden Erfolgs zu vermeiden. Es müssen somit alle notwendigen und wirtschaftlich zumutbaren Vorkehrungen zum Schutze Dritter getroffen werden.

Die Rechtsprechung entwickelte als Kriterien für die Bestimmung einer Verkehrssicherungspflicht neben dem Grundsatz, dass eine allumfassende Sicherung nicht gefordert werden kann, eine Ausrichtung der Schutzpflichten an konkreten Umständen. Dies sind die **Erforderlichkeit**, d. h. welche Maßnahmen vorausschauend für ausreichend gehalten werden dürfen, und die Zumutbarkeit, wobei die wirtschaftliche **Zumutbarkeit** von Wahrscheinlichkeit und Ausmaß eines Schadens abhängt. Diese können gegebenenfalls durch Regelwerke (DIN-Vorschriften, Unfallverhütungsvorschriften und andere berufliche Standards) konkretisiert werden (vgl. Sprau in Grüneberg Kommentar zum BGB, 84. Aufl., § 823 Rn. 51).

Bei den DIN-Vorschriften handelt es sich jedoch nicht um mit Drittwirkung versehene Normen im Sinne hoheitlicher Rechtsetzung, sondern um auf freiwillige Anwendung ausgerichtete Empfehlungen des „DIN Deutschen Instituts für Normung e. V." (BGH NJW 1998, 2814, BGH VersR 1987, 783, BGH VersR 1988, 632).

Aus einem Verstoß gegen einschlägige DIN-Normen lässt sich daher nicht ohne Weiteres eine Verletzung einer Verkehrssicherungspflicht entnehmen.

Es ist immer eine Überprüfung notwendig, jedenfalls möglich.

Wer ist verkehrssicherungspflichtig?

Auf Baustellen ist primär der Bauherr verantwortlich, da er als Auslöser der Maßnahme für die Schaffung der Gefahrenquelle ursächlich geworden ist (BGH II ZR 91/91). Beauftragt er jedoch einen Bauunternehmer, so geht die Pflicht auf diesen über, da dieser die Verfügungsgewalt über die Einrichtung der Baustelle und den Ablauf der Bauarbeiten erlangt. Beim Bauherrn verbleibt immer die sogenannte sekundäre Verkehrssicherungspflicht, die ihn zur Kontrolle und Überwachung des Bauunternehmers anhält. Gefahren, die er erkennt oder erkennen musste, hat er durch geeignete Maßnahmen abzuwenden, wenn der Bauunternehmer augenscheinlich nicht tätig werden kann oder will.

Ebenfalls eine sekundäre Pflicht trifft den mit Kontroll- und Überwachungsaufgaben betrauten Architekten, der auf Pflichtverletzungen des Bauunternehmers zu achten und bei fehlender Sachkunde oder unzureichenden Maßnahmen eigenverantwortlich tätig werden muss.

BGH: Verkehrssicherungspflicht des mit der Bauleitung beauftragten Architekten NJW-RR 2007, 1027: Der BGH hat wiederholt entschieden, dass eine Haftung des mit der örtlichen Bauaufsicht bzw. Bauleitung beauftragten Architekten wegen einer Verletzung von Verkehrssicherungspflichten (§ 823 Absatz I BGB) in Betracht kommt. Mit der Übernahme einer solchen Aufgabe trifft auch den Architekten die Pflicht, nicht nur seinen Auftraggeber, sondern auch Dritte vor Schäden zu bewahren, die im Zusammenhang mit der Errichtung des Bauwerks entstehen können (vgl. BGHZ 68, 169,175 = NJW 1977, 947). Im Regelfall braucht der Architekt zwar nur diejenigen Verkehrssicherungspflichten zu beachten, die dem Bauherrn als dem mittelbaren Veranlasser der aus der Bauausführung fließenden Gefahren obliegen. In erster Linie ist der Unternehmer verkehrssicherungspflichtig. Er hat für die Sicherheit der Baustelle zu sorgen; Unfallverhütungsvorschriften wenden sich nur an ihn (vgl. Senat, VersR 1956, VERSR Jahr 1956 Seite 31 [VERSR Jahr 1956 Seite 32]; VersR 1962, VERSR Jahr 1962 Seite 358 [VERSR Jahr 1962 Seite 360]; ebenso BGHZ 68, BGHZ Band 68 Seite 169 [BGHZ Band 68 Seite 175] = NJW 1977, NJW Jahr 1977 Seite 947). Selbst verkehrssicherungspflichtig wird der mit der örtlichen Bauaufsicht bzw. Bauleitung oder Bauüberwachung beauftragte Architekt aber, wenn Anhaltspunkte dafür vorliegen, dass der Unternehmer in dieser Hinsicht nicht genügend sachkundig oder zuverlässig ist, wenn er Gefahrenquellen erkannt hat oder wenn er diese bei gewissenhafter Beobachtung der ihm obliegenden Sorgfalt hätte erkennen können. Er muss auf Gefahren achten und darf seine Augen nicht verschließen, um auf diese Weise jeglichem Haftungsrisiko aus dem Wege zu gehen (vgl. Senat, NJW 1984, 360 = VersR 1983, 1141, BGHZ 68, 69, 175 = NJW 1977, 947; OLG Hamm, BauR 1980, 378, 379; OLG Düsseldorf, NJW-RR 1995, 403; OLG Stuttgart, NJW-RR 2000, 752, 754; OLG Schleswig, VersR 2000, 1118, 1119).

Unmittelbar eintrittspflichtig ist der Architekt natürlich dann, wenn eine Gefahrenquelle auf einen von ihm selbst begangenen Planungsfehler zurückzuführen ist.

Der Sicherheits- und Gesundheitsschutzkoordinator (SiGeKo) hat die Pflichten nach § 3 Abs. 2 und 3 der Baustellenverordnung zu erfüllen. Insoweit ist er primär verantwortlich. Wird gegen seine Vorgaben zur Unfallverhütung verstoßen, muss er, da er kein eigenes Weisungsrecht gegenüber Bauunternehmer und/oder Bauherr hat, nur auf die Missstände hinweisen und Abhilfe verlangen.

Sonstige gesetzliche Ansprüche, insbes. zivilrechtlicher Nachbarschutz, ergeben sich z. B. aus §§ 906, 909, 912 ff BGB bzw. landesrechtlichen Regelungen, insbes. Nachbarrechtsgesetzen.

Wesentlich ist die verschuldensunabhängige Haftung für Vertiefungsschäden oder der Abwehranspruch gegen unzulässigen Baulärm.

8.3 Mängelansprüche

8.3.1 Mängelrechte

Der Werkvertrag verpflichtet den Unternehmer, dem Besteller das Werk frei von Sach- und Rechtsmängeln zum Zeitpunkt der Abnahme zu verschaffen. Die Dauer der Mängelhaftung beginnt mit der Abnahme und endet mit Ablauf der Verjährungsfrist. BGB § 634

- **Aus § 634 BGB ergeben sich sechs mögliche Ansprüche.**

Die Hauptleistungspflicht des Werkunternehmers besteht darin, eine Werkleistung frei von Sach- (§ 633 II BGB) und Rechtsmängeln (§ 633 III BGB) zu erbringen. Bei sach- oder rechtsmangelhafter Werkleistung hat der Besteller die Wahl, innerhalb der Rechte nach § 634 BGB vorzugehen:
a) Nacherfüllung, § 635 BGB
b) Ersatzvornahme u. Aufwendungsersatz, § 637 BGB
c) Kostenvorschuss, § 637 III BGB
d) Minderung, § 638 BGB
e) Rücktritt. §§ 626, 323 BGB
f) Schadenersatz, §§ 636, 280 f. BGB

Grundprüfungsschema der Mängelrechte beim Werkvertrag:
I. Werkvertrag – ein wirksames Schuldverhältnis muss bestehen
II. Anwendbarkeit – das Werk muss abgenommen sein
III. Mangel iSd. §633 BGB – das Werk muss einen Sach- oder Rechtsmangel aufweisen
IV. Zur Zeit des Gefahrenübergangs – der Mangel bestand bereits bei Abnahme
V. Kein Ausschluss – z. B. Individualvereinbarung, AGB o. ä.
VI. Keine Verjährung – §634a BGB.

8.3.2 Allgemeine Voraussetzungen aller Mängelansprüche

Die Werkleistung muss grundsätzlich abgenommen sein, um Mängelrechte geltend machen zu können. In der Bauphase bis zur Abnahme stehen dem Bauherrn nur die allgemeinen Erfüllungsansprüche zu.

Die Frage war streitig. Nach einer Auffassung in Literatur und obergerichtlicher Rechtsprechung sollte ein Wahlrecht entstehen, wenn der Unternehmer die Leistung als abnahmereif ansieht und die Abnahme seitens des Bauherrn wegen Mängeln verweigert wird. In diesem Fall sollte dieser auch vor Abnahme die Mängelrechte geltend machen dürfen (vgl. hierzu bspw. Voit, BauR 2011, 1063; ibrOK BauvertragsR/Kniffka (o. Fußn. 9), § 634 BGB Rdn. 10/1).

Entscheidungen hierzu gab es bspw. vom OLG Hamm mit Anmerkungen von RA Dr. Bartels (zitiert bzw. entnommen aus IBR 2015, 2802):

Wann kann der Auftraggeber im BGB-Bauvertrag vor der Abnahme Mängelrechte geltend machen?

Der Auftraggeber kann Mängelrechte – jedenfalls beim BGB-Werkvertrag – auch schon vor Abnahme verfolgen, wenn der Auftragnehmer sein Werk für abnahmereif hält und eine Mängelbeseitigung ernsthaft und endgültig ablehnt, obwohl der Auftraggeber die Abnahme wegen tatsächlich bestehender Mängel verweigert.

- **OLG Hamm, Urteil vom 26.02.2015 – 24 U 56/10**
- **Problem/Sachverhalt**

  Ein Unternehmer hatte sich durch Bauwerkvertrag vom 04.01.2006 verpflichtet, für zwei Auftraggeber ein Einfamilienhaus zu einem „Fest- und Pauschalpreis" zu errichten. Die VOB/B war nicht Bestandteil dieses Vertrags. Während der Arbeiten kam es zwischen den Parteien zum Streit, unter anderem in Bezug auf behauptete Mängel. Mit mehreren Schreiben forderten die Auftraggeber den Unternehmer unter Fristsetzung zur Beseitigung der Mängel auf. Dieser wies die gesetzten Fristen als unangemessen kurz zurück, war aber bereit, eventuell vorhandene Mängel im Zuge der Ausführung der weiteren Arbeiten zu beseitigen. Dann räumte er die Baustelle und war zur Mängelbeseitigung nicht mehr bereit. Eine Abnahme erfolgte nicht. Die Auftraggeber kündigten den Vertrag aus wichtigem Grund. Sie stellten das Einfamilienhaus in Eigenleistung fertig, beseitigten die Mängel und fordern nunmehr den Ersatz der Mängelbeseitigungskosten.

- **Entscheidung**

  Die Auftraggeber haben einen Anspruch auf Schadensersatz in Höhe der aufgewendeten Mängelbeseitigungskosten aus den §§ 633, 634 Nr. 4, 636, 280, 281 BGB. Die Kündigung des Vertrags lässt die Mängelrechte hinsichtlich der bis zur Kündigung erbrachten Teilleistungen unberührt. Eine vorherige Abnahme der Teilleistungen durch den Auftraggeber ist ausnahmsweise nicht erforderlich, wenn der Unternehmer die Arbeiten nicht fortsetzt, der Auftraggeber die Abnahme wegen der Mängel verweigert und der Unternehmer zu einer Beseitigung der Mängel endgültig nicht bereit ist (vgl. OLG Köln, IBR 2013, 75 = NJW 2013, 1104; OLG Brandenburg, NJW-RR 2011, 603f). Der Auftraggeber wäre sonst aus reiner Förmelei zur Abnahme der von ihm für mangelhaft gehaltenen Leistung gezwungen, um die Kosten für eine Selbstvornahme der abgelehnten Mängelbeseitigung vom Unternehmer verlangen zu können.

Der Unternehmer, der vor Abnahme seiner Leistungen die Beseitigung von Mängeln an seinen bisher erbrachten Leistungen endgültig ablehnt, läuft Gefahr, dass der Auftraggeber die Mängel selbst beseitigen lässt und er diesem anschließend die hierfür aufgewendeten Kosten als Schaden ersetzen muss. Nach einer endgültigen Ablehnung der Mängelbeseitigung durch den Unternehmer ist auch keine Nachfristsetzung des Auftraggebers erforderlich. (Praxishinweis RA und FA für Bau- und Architektenrecht Dr. Jörn-Michael Bartels, Düsseldorf).

Andere Meinungen lehnten aufgrund des Gesetzeswortlautes die Anwendung der Mängelrechte vor Abnahme ab (vgl. zum früheren Meinungsstand Werner/Pastor, Der Bauprozess, 18. Aufl., Rz. 2045 ff. m. w. N.).

Die Frage ist jetzt nur noch akademischer Natur, für die Praxis hat der Bundesgerichtshof mit drei Entscheidungen aus dem Januar 2017 Klarheit geschaffen.

- **BGH, Urteil vom 19.01.2017 – VII ZR 193/15 (IBR 2017, 1014)**
1. Der Besteller kann Mängelrechte nach § 634 BGB grundsätzlich erst nach Abnahme des Werks mit Erfolg geltend machen.
2. In Ausnahmefällen können Mängelrechte nach § 634 Nr. 2 bis 4 BGB ohne Abnahme bestehen, wenn der Besteller nicht mehr die (Nach-)Erfüllung verlangen kann und das Vertragsverhältnis in ein Abrechnungsverhältnis übergegangen ist, wofür allein das Verlangen eines Kostenvorschusses nicht ausreicht.
3. Bringt der Besteller neben der Vorschussforderung ausdrücklich oder konkludent zum Ausdruck, dass er ernsthaft und endgültig eine (Nach-)Erfüllung durch den Unternehmer ablehnt, entsteht ein Abrechnungsverhältnis.

Der BGH folgt mit dieser Entscheidung der Ansicht, die Mängelrechte aus § 634 BGB grundsätzlich erst nach erfolgter Abnahme des Werks zulässt. In Ausnahmefällen sei eine Abnahme allerdings weiterhin entbehrlich. Das Gericht verdeutlicht, dass dem AG vor der Abnahme Erfüllungsansprüche und das allgemeine Leistungsstörungsrecht zur Verfügung stünden, sodass seine Rechte also angemessen gewahrt seien. Einen faktischen Zwang, ein nicht abnahmereifes Werk abnehmen zu müssen, bestünde daher nicht. Aus der Vorschrift des § 634a Abs. 2 BGB werde auch ersichtlich, dass die Abnahme den zeitlichen Wendepunkt („Zäsur") zwischen Erfüllungs- und Mängelhaftungsphase markiere, weil die Verjährung der Mängelrechte in den meisten Fällen mit der Abnahme beginne. Die Abnahme sein nur ausnahmsweise entbehrlich, nämlich wenn der AG nicht mehr Erfüllung verlangen könne und das Vertragsverhältnis in ein Abrechnungsverhältnis übergegangen sei.

Zum Verständnis: Das Recht zur Selbstvornahme und der Anspruch auf Vorschusszahlung bzw. deren Geltendmachung lassen den (Nach-)Erfüllungsanspruch des AG grundsätzlich unberührt. Solange der AG noch zum (Nach-)Erfüllungsanspruch zurückkehren kann, liegt nach dem BGH noch kein ausschließlich auf Geld gerichtetes Abrechnungsverhältnis vor. Die Forderung eines Vorschusses kann demnach erst dann zu einem Abrechnungsverhältnis führen, wenn der AG ausdrücklich oder konkludent zum Ausdruck bringt, eine (Nach-) Erfüllung vom AN ernsthaft und endgültig nicht mehr zu verlangen.

Diese Weichenstellung hat erhebliche Folgen insbesondere für die Verjährung. Der Erfüllungsanspruch verjährt in drei Jahren, beginnend mit dem Ende des Jahres, in dem der Unternehmer die Leistung als abnahmereif angeboten hat.

Der Mangelanspruch verjährt in fünf Jahren ab Abnahme.

Das Ergebnis erscheint paradox, ist aber, auch wenn diese Frage höchstrichterlich noch nicht abschließend entschieden ist, vorsorglich unbedingt zu beachten. Wird die Abnahme verweigert, dann muss der Bauherr zwingend früher aktiv werden als im Falle der Abnahmeerklärung.

Die Werkleistung muss einen Mangel aufweisen, der schon bei Abnahme vorhanden bzw. angelegt war.

Der Unternehmer/Architekt ist verpflichtet, dem Besteller das Werk frei von Sach- und Rechtsmängeln zu verschaffen, § 633 I BGB.

Rechtsmängel sind Rechte Dritter, die diese am Werk geltend machen können, ohne dass deren Übernahme im Vertrag vorgesehen war, § 633 III BGB.

- **Im Bereich der Sachmängel gibt es eine dreistufige Prüfungsreihenfolge:**

Im Vordergrund steht der subjektive Mangelbegriff: Das Werk ist nur dann frei von Sachmängeln, wenn es die vereinbarte Beschaffenheit hat, § 633 II BGB.

Achtung: Jede Abweichung von der vertraglichen Vereinbarung begründet einen Mangel. Es kommt nicht darauf an, ob der Wert oder die Tauglichkeit des Werkes beeinträchtigt sind. Selbst eine Verbesserung oder eine höherwertige Ausführung ist zunächst ein Mangel und löst Nacherfüllungsansprüche aus. Im Einzelfall kann der Unternehmer hier die Beseitigung wegen Unverhältnismäßigkeit verweigern, § 635 III BGB. (§635 III stellt das Pendant zu §439 III im Kaufrecht dar.)

8.3 · Mängelansprüche

Ist eine Beschaffenheit nicht vereinbart, ist das Werk mangelfrei, wenn es sich für die nach dem Vertrag vorausgesetzte Verwendung eignet.

Ist auch eine Verwendung nicht vorausgesetzt, so muss es sich für die gewöhnliche Verwendung eignen und eine Beschaffenheit aufweisen, die bei Werken der gleichen Art üblich ist und die der Besteller nach der Art des Werkes erwarten kann.

Einem Sachmangel steht es gleich, wenn der Unternehmer ein völlig anderes als das bestellte Werk oder das Werk in zu geringer Menge herstellt. Die frühere „aliud"-Diskussion ist damit gegenstandslos (siehe Retzlaff in Grüneberg Kommentar zum BGB, 84. Aufl., § 633 Rn. 8).

- **Ungeschriebene Anforderung Teil 1:**

Ein Werk, welches die vereinbarte Beschaffenheit hat, muss gleichwohl funktionstüchtig sein (Ableitung aus Mangelkriterien 2 und 3).

- **Ungeschriebene Anforderung Teil 2:**

Der Besteller darf immer erwarten, dass das Werk für eine gewöhnliche Verwendung geeignet sein und eine Beschaffenheit aufweist, die üblich ist (BGH, BauR 2009, 1288). Üblich ist in diesem Sinne auch die Einhaltung der allgemein anerkannten Regeln der Technik. Dieses Kriterium wird stillschweigend als Beschaffenheit vereinbart.

Nur die **allgemein anerkannten Regeln der Technik**, also das als richtig erkannte Fachwissen, das sich in den beteiligten Kreisen durchgesetzt hat und angewandt wird, ist zu beachten, nicht der Stand der Technik oder gar der Wissenschaft und Technik (also das gerade aktuelle neueste Wissen aus Technik u. Forschung).

Wie schon erwähnt stammt der Begriff eigentlich aus dem Strafrecht, dem Tatbestand der schon behandelten Baugefährdung. Im Werkvertragsrecht des BGB sucht man eine ausdrückliche Regelung, wonach der Unternehmer verpflichtet ist, die allgemein anerkannten Regeln der Technik einzuhalten, vergebens. Der Gesetzgeber hat auch im Rahmen der Schuldrechtsreformen eine solche Vorgabe ausdrücklich für überflüssig gehalten. Denn auch ohne diese Regelung sei es nicht zweifelhaft, dass der Unternehmer grundsätzlich verpflichtet ist, die allgemein anerkannten Regeln der Technik zu beachten. Es gebe jedoch Fälle, in denen ein Werk mangelhaft sein könne, obwohl die anerkannten Regeln der Technik eingehalten seien. Das Risiko, dass sich die anerkannten Regeln der Technik als unzulänglich erwiesen, trage der Unternehmer. Daran wolle das Gesetz nichts ändern (RegEntw. S. 617). Damit wird in der Gesetzesbegründung die bisherige Rechtsprechung (siehe unten) bestätigt, wonach der Unternehmer grundsätzlich nach den anerkannten Regeln zu arbeiten hat und dass diese Gegenstand jeder Beschaffenheitsvereinbarung sind, auch ohne dass das ausdrücklich zum Ausdruck gebracht wird.

Die gesetzgeberischen Bedenken für eine entsprechende gesetzliche Regelung sind daraus herzuleiten, dass ein Sachmangel selbst dann vorliegen kann, wenn das Werk den anerkannten Regeln entspricht, sich jedoch nicht für den nach dem Vertrag vorausgesetzten oder gewöhnlichen Verwendungszweck eignet (vgl. dazu BGH, Urt. v. 09.07.2002 – X ZR 242/99, ZfBR 2002, 22). Gleiches gilt für den Fall, dass eine Beschaffenheitsvereinbarung getroffen wird, die von den anerkannten Regeln der Technik abweicht. Die Beschaffenheitsvereinbarung ist stets vorrangig und bei Zweifeln durch Auslegung zu ermitteln. Liegt keine ausdrückliche Beschaffenheitsvereinbarung vor, kommt es auf die anerkannten Regeln der Technik an, die in der Regel einzuhalten sind, soweit sie die geschuldete Gebrauchstauglichkeit gewährleisten (BGH, Urt. v. 28.10.1999 – VII ZR 115/97, BauR 2000, 261; Urt. v. 09.07.2002 – X ZR 242/99). Der Unternehmer sichert üblicherweise stillschweigend bei Vertragsschluss einen Standard zu, der jedenfalls den anerkannten Regeln der Technik entspricht (BGH, Urt. v. 14.05.1998 – VII ZR 184/97, BauR 1998, 872, 873; Urt. v. 04.06.2009 – VII ZR 54/07; zuletzt BGH, Urteil vom 21.04.2011 – VII ZR 130/10). Deren Einhaltung ist also im Rahmen des subjektiven Mangelbegriffs bei Prüfung der (hier stillschweigend) vereinbarten Beschaffenheit zu prüfen.

Erwähnt sind die anerkannten Regeln der Technik exakt in diesem Sinne in §§ 4 Abs. 2 S. 1, 13 Abs. 1 u. Abs. 7 Ziff. 3a VOB/B.

Nach der Rechtsprechung soll sich die (stillschweigende) Zusicherung/Beschaffenheitsvereinbarung auf den Stand der allgemein anerkannten Regeln der Technik zur Zeit der Abnahme beziehen. Das ist jedoch dann zweifelhaft, wenn sich die anerkannten Regeln der Technik zur Zeit der Abnahme in nicht vorhersehbarer Weise gegenüber den anerkannten Regeln der Technik im Zeitpunkt des Vertragsabschlusses bzw. der Ausführung geändert haben. Eigentlich kann der Besteller nur erwarten, dass der Unternehmer die anerkannten Regeln der Technik bei der Bauausführung einhält (OLG Zweibrücken, IBR 2007, 264). Außerdem kann er je nach Sachlage erwarten, dass der Unternehmer nach den anerkannten Regeln der Technik arbeitet, die zur Zeit der Abnahme voraussichtlich gelten (OLG Düsseldorf, NJOZ 2006, 3202). Er kann jedoch nicht erwarten, dass der Unternehmer auch die Einhaltung solcher anerkannten Regeln der Technik verspricht, die im Zeitpunkt der Bauausführung noch nicht vorhersehbar waren und die dann bei der Abnahme gelten.

8.3 · Mängelansprüche

Gleichwohl ist nach der Rechtsprechung die Leistung des Unternehmers mangelhaft, wenn das Werk zum Zeitpunkt der Abnahme nicht den anerkannten Regeln der Technik entspricht. Der Unternehmer muss hinweisen, ggf. sogar nachbessern, der Besteller etwaige Mehrkosten, die sich aus der Änderung ergeben, als Sowiesokosten zuschießen.

Auch das zum 01. Januar 2018 in Kraft getretene „Gesetz zur Reform des Bauvertragsrechtes", welches auf alle Verträge, die ab diesem Datum abgeschlossen werden, anzuwenden ist, ändert nichts an dieser Rechtslage. Die Reform gliedert den Werkvertrag weit auf. Es gibt jetzt einen Untertyp des Werkvertrages wie Bauvertrag, Verbraucherbauvertrag und Planervertrag. Die Vorschriften zu den Mängelrechten haben sich jedoch nicht geändert.

Mängelrechte dürfen nicht mit einer Garantie verwechselt werden. Der Unternehmer haftet grundsätzlich nicht dafür, dass die Werkleistung bis zum Ende der Gewährleistungszeit problemlos funktioniert. Er ist nur dann eintrittspflichtig, wenn sich im Laufe der Gewährleistungszeit ein Fehler zeigt, der bei Abnahme bereits vorhanden oder angelegt war. Dies hat der Besteller nachzuweisen. Eine Beweislastumkehr gibt es, anders als im Kaufrecht (siehe dort § 477 BGB), auch für Verbraucher nicht (Werner/Pastor, Der Bauprozess, 18. Aufl., Rz. 3139).

- **Auch hier ein Beispiel aus der Rechtsprechung (IBR 2015, 657)**

Putz löst sich nach der Abnahme von der Wand: Wer muss was beweisen?

1. Löst sich ein aufgebrachter Innenputz nach der Abnahme von der Wand, muss der Auftraggeber beweisen, dass der Putz bei der Abnahme nicht die vorausgesetzte Beschaffenheit (hier: Haftfähigkeit an der Wand) besaß bzw. dass der Auftragnehmer bei der Durchführung der Arbeiten die anerkannten Regeln der Technik nicht beachtet hat und die fehlende Wandhaftung des Innenputzes aus dem Verantwortungsbereich des Auftragnehmers herrührt.
2. Der Auftragnehmer hat demgegenüber lediglich darzutun und erforderlichenfalls zu beweisen, dass er im Hinblick auf etwaige Vorleistungen seiner Prüfungs- und Mitteilungsverpflichtung nachgekommen ist.

- **OLG Koblenz, Beschluss vom 21.06.2013 – 4 U 765/12; BGH, Beschluss vom 11.06.2015 – VII ZR 203/13 (Nichtzulassungsbeschwerde zurückgewiesen)**
  – **Problem/Sachverhalt**
  Ein Bauherr beauftragt einen Putzer mit den Innenputzarbeiten in seinem Wohnhausneubau zu einem Pauschalpreis von 10.000 € netto. Der Putzer führt die Arbeiten aus

und erteilt am 30.09.2008 Schlussrechnung, die der Bauherr am 06.10.2008 vorbehaltlos bezahlt. In der Folgezeit löst sich der Putz im Treppenhaus sowie im Ober- und Dachgeschoss vom Porotonmauerwerk und liegt hohl. Der Bauherr verklagt den Putzer auf Zahlung der mit 90.500 € bezifferten Mängelbeseitigungskosten und auf Feststellung dessen weiterer Schadensersatzpflicht. Das Landgericht weist die Klage ab, weil zwar Mängel vorlägen, aber nicht feststehe, dass diese in den Verantwortungsbereich des Putzers fielen. Mit seiner Berufung verfolgt der Bauherr die Klageanträge weiter.

− **Entscheidung**
Ohne Erfolg! Das OLG bestätigt im Ergebnis die Entscheidung des Landgerichts, dass dem Bauherrn kein Schadensersatzanspruch zusteht. Der Bauherr trägt die Beweislast, dass die Putzarbeiten im Zeitpunkt der Abnahme, die hier konkludent in der vorbehaltlosen Bezahlung der Schlussrechnung lag, mit einem Mangel behaftet waren. Nach den eingeholten Gutachten ist die fehlende Haftfähigkeit des Putzes auf eine länger andauernde Feuchteanreicherung zurückzuführen. Das OLG unterstellt den Vortrag des Bauherrn, er habe das Werk des Putzers nach der Abnahme keiner zu hohen Feuchtigkeit ausgesetzt, als wahr. Dann verbleibt es bei einem erhöhten Feuchteeinfluss aus dem Untergrund durch hohe Rohbaufeuchte. Dazu trägt der Putzer im Einzelnen vor, sämtliche gebotenen Prüfungsmöglichkeiten zur Feststellung der Geeignetheit des Untergrunds zur Aufnahme des Putzes vorgenommen zu haben. Er habe eine Sicht-, Wisch-, Kratz- und Benetzungsprobe durchgeführt. Letztere habe ergeben, dass der Stein saugend sei. Keine der Proben habe Anhaltspunkte dafür geliefert, dass Feuchtigkeit im Inneren des Steins vorhanden ist. Da der Bauherr diesen Vortrag nicht bestritten hat, verbleibt es bei der von dem Putzer behaupteten hohen, für ihn nicht erkennbaren Rohbaufeuchte als möglicher, von dem Putzer nicht zu vertretender Schadensursache. Mithin hat der Bauherr den Nachweis der Mangelhaftigkeit des Gewerks des Putzers nach Ansicht des OLG nicht erbracht.

Das Ergebnis des OLG ist nach dem mitgeteilten Streitstand zutreffend. Allerdings verneint das OLG zu Unrecht einen Mangel. Putz soll auf Dauer an den Wänden haften. Das ist seine – stillschweigend – vereinbarte Beschaffenheit. Fehlt diese wegen hoher Rohbaufeuchte von vornherein, ist der Putz mangelhaft. Allerdings ist der Putzer wegen der von dem Bauherrn nicht bestrittenen Erfüllung seiner Prüfungs- und Hinweispflicht aus § 4 Abs. 3, § 13 Abs. 3 VOB/B, die über § 242 BGB auch im BGB-Werkvertragsrecht gilt, von der Mängelhaftung frei (BGH,

IBR 2008, 78) (Praxishinweis VorsRiOLG a. D. Dr. Friedhelm Weyer).

Es ist allerdings nicht Voraussetzung, dass der Unternehmer den Mangel schuldhaft herbeigeführt hat (IBRRS 2022, 1298):

- **OLG Celle, Urteil vom 10.06.2021 – 8 U 11/20**
1. Die Herstellungspflicht des Auftragnehmers beschränkt sich nicht auf die Einhaltung der vereinbarten Leistung oder Ausführungsart. Die Leistungsvereinbarung der Parteien wird überlagert von der Herstellungspflicht, die dahingeht, ein nach den Vertragsumständen zweckentsprechendes, funktionstaugliches Werk zu erbringen.
2. Selbst, wenn die Mangelursache im Verantwortungsbereich des Auftraggebers liegt, haftet der Auftragnehmer, es sei denn, er hat seine Prüf- und Hinweispflichten erfüllt.
3. Risse in einer Straßenfahrbahn stellen unabhängig von ihrer Ursache einen Mangel dar, weil ein von Rissen freies Gewerk, das ein jahrelanges, sanierungsfreies, problemloses Befahren der beauftragten Streckenabschnitte garantiert, geschuldet wird.
4. Durch eine Regelung im Bauvertrag, wonach „bei Fehlen des Schichtverbunds lediglich eine Minderung von 0,50 €/qm vorgenommen werden kann", werden die (sonstigen) Mängelrechte des Auftraggebers nicht ausgeschlossen.

Häufig werden Ausfälle beanstandet, die – zumindest nach Auffassung des Unternehmers – lediglich auf üblichen Verschleiß zurückzuführen sind.

Trotz obiger Ausführungen zum Unterschied zwischen Mängelgewährleistung und Garantie muss in derartigen Fällen geprüft werden, ob es Vereinbarungen der Parteien zur Nutzungsdauer gibt. Natürlich wird der Besteller regelmäßig erwarten, dass das Werk (zumindest) die Gewährleistungszeit „übersteht". Aus der Art der Werkleistung kann aber folgen, dass schon vorher – ohne erhaltende Eingriffe – eine Gebrauchsunfähigkeit eintreten kann. Im Rechtssinne liegt nur dann ein Mangel vor, wenn bei einem Verschleißteil dessen Haltbarkeit hinter der vereinbarten oder hilfsweise der üblichen Lebensdauer zurückbleibt. Ein Angebot zur Herstellung einer Sache mit Teilen, die dem Verschleiß ausgesetzt sind, wird der Besteller redlicherweise nur dahin verstehen können, dass eine Lebensdauer der Verschleißteile vereinbart wird, die sich im Rahmen der Üblichkeit hält (Bsp.: Bremsbeläge beim Auto, Leuchtmittel einer neu installierten Beleuchtungsanlage im Haus). Inwieweit Verschleißteile vorliegen, muss nach Treu und Glauben unter Berücksichtigung der Verkehrssitte beurteilt werden. Gleiches gilt für die vertragsgemäße Dauer ihrer Nutzung. Ein Leuchtmittel, das nach einem Tag defekt ist, ist mangelhaft. Der Unternehmer muss kostenlos auswechseln. Eine Leuchtmittel, welches nach zwei Jahren versagt, wird man dagegen nicht mehr als Gewährleistungsfall ansehen können. Ein Mangel entsteht nicht durch den nach dem Vertrag vorausgesetzten Verschleiß. Mangelhaft ist ein Verschleißteil jedoch dann, wenn im Vertrag eine höhere als die übliche Lebensdauer vereinbart ist. Gleiches gilt selbstverständlich, wenn eine höhere Lebensdauer sogar zugesichert wurde.

Ein Mangel des hergestellten Werkes kann darüber hinaus auch dann vorliegen, wenn die Lebensdauer einzelner Verschleißteile nicht auf die Lebensdauer des gesamten Vertragswerkes abgestimmt ist und es deshalb bei Ausfall des Verschleißteiles zu nicht vereinbarten und auch unüblichen Funktionsstörungen kommt, die durch eine Auswechslung des Verschleißteiles nicht behoben werden können. Darüber hinaus kommt ein Mangel des Werkes auch dann in Betracht, wenn die Auswechslung des Verschleißteiles einen unüblichen Aufwand erfordert, etwa dann, wenn zur Auswechslung einer Schraube mit hohem Aufwand die gesamte Konstruktion geöffnet und wieder geschlossen werden muss.

Schlussendlich muss der Werkunternehmer über den Mangel natürlich in Kenntnis gesetzt und zur Mangelbeseitigung aufgefordert werden. Es muss also eine Mangelrüge ausgesprochen werden.

Nicht erforderlich, möglicherweise sogar schädlich, ist eine technische Bewertung der Mängel und damit der Verantwortlichkeit. Es reicht, wenn der Bauherr – oder sein Bauleiter/Architekt – das äußere Erscheinungsbild des Mangels, also die optisch erkennbaren Symptome beschreibt (Symptomtheorie). Diesen Grad der Substantiierung muss die Mangelrüge aber auch haben, damit sie Rechtswirkungen entfaltet.

Für die Mangelrüge gibt es gesetzlich keine Formvorschriften. Diese können aber vertraglich, bspw. als Schriftformerfordernis, vereinbart werden.

Unabhängig hiervon gebietet es die Notwendigkeit etwaiger späterer Nachweise, eine Mangelrüge schriftlich auszusprechen.

Sind die vorstehenden Voraussetzungen erfüllt, dann ist der Unternehmer zur Mangelbeseitigung verpflichtet. Bleibt er untätig, kann er verklagt werden und würde in diesen Fällen zur Mangelbeseitigung, nicht zu einer Geldzahlung, verurteilt.

8.3.3 Gewährleistungsansprüche

Der Bauherr muss zusätzlich eine angemessene Frist zur Mangelbeseitigung setzen. Die Angemessenheit bestimmt sich nicht nach den betrieblichen Erfordernissen des Unternehmers, sondern objektiv unter Berücksichtigung des für die Durchführung der Arbeiten üblicherweise erforderlichen Zeitraumes. Eine zu

8.3 · Mängelansprüche

kurz bemessene Frist ist nicht unwirksam, sondern setzt eine angemessene Frist in Gang. Die Fristsetzung ist nur ausnahmsweise entbehrlich, z. B. wenn der Unternehmer schon eine „ernsthafte Erfüllungsverweigerung" erklärt hat oder wenn die Nachbesserung unmöglich – oder, im Ausnahmefall – unzumutbar ist, §§ 637 II, 323 II BGB. Dies ist praktisch selten anzunehmen, wenn eine Nacherfüllung gerade durch die Person des Unternehmers nicht zumutbar ist. Beim Fehlschlagen eines Nacherfüllungsversuchs wird man davon ausgehen können, dass es ausreicht, wenn eine Art der Nacherfüllung fehlgeschlagen ist, um das Erfordernis nochmaliger Fristsetzung entfallen zu lassen. Kein Fall der Entbehrlichkeit ist regelmäßig die von Bauherren immer bemühte Unzuverlässigkeit des Unternehmers.

Grundsätzlich gilt aber: Lieber einmal mehr eine Frist setzen! Eine überflüssige Fristsetzung schadet nicht, eine unterlassene Fristsetzung vernichtet alle Folgeansprüche. Die Gewährleistungsmöglichkeiten im Werkvertragsrecht zeigt ◘ Abb. 8.2.

Will der Bauherr Schadenersatz geltend machen, muss, anders als bei den zuvor behandelten Ansprüchen, den Unternehmer ein Verschuldensvorwurf treffen, er muss also vorsätzlich oder fahrlässig den Mangel herbeigeführt haben. Fahrlässig handelt, wer die im Verkehr erforderliche Sorgfalt außer Acht lässt, § 276 II BGB. Hierzu gehört z. B. die Beachtung anerkannter Regeln der Technik oder von Verarbeitungsvorschriften von Herstellern.

BGB § 280

Grundsätzlich muss sich der Bauunternehmer das Verschulden aller Personen, die für ihn im Zusammenhang mit der Vertragserfüllung tätig werden, zurechnen lassen, § 278 BGB. Es gibt, anders als im Deliktsrecht, auch keine Entlastungsmöglichkeit.

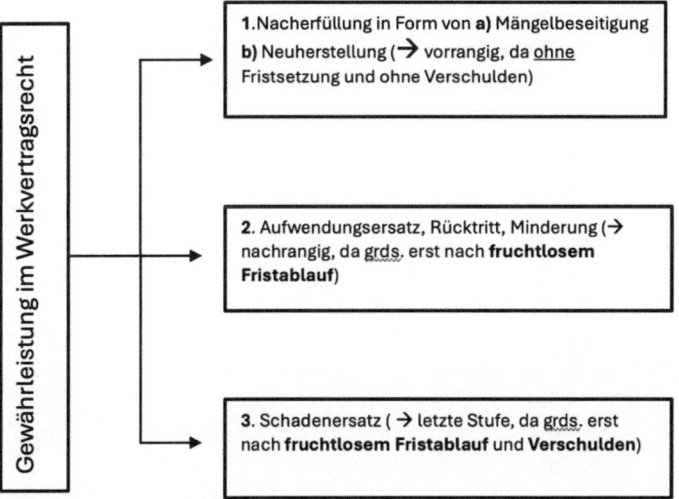

◘ Abb. 8.2 Gewährleistung im Werkvertragsrecht

Man spricht hier von der Haftung für Erfüllungsgehilfen.

Erfüllungsgehilfen sind die Mitarbeiter des Bauunternehmers, auch seine Nachunternehmer (all diejenigen, die mit Wissen und Wollen des Bauunternehmers in seinem Pflichtenkreis tätig werden).

Nicht Erfüllungsgehilfe soll sein der Baustofflieferant, es sei denn, es geht um für die einzelne Baustelle von ihm „maßgefertigte" Produkte (siehe Grüneberg in Grüneberg, Kommentar zum BGB, 84. Aufl., § 278 Rn. 31).

Liegen ein Mangel und damit eine Vertragsverletzung vor, dann wird das Verschulden grundsätzlich vermutet, § 280 I S. 2 BGB. Die Beweislast für fehlendes Verschulden trägt der Unternehmer. Er muss sich exkulpieren.

Eine Entlastungsmöglichkeit kann bspw. der Nachweis sein, dass alle Regeln einer DIN-Vorschrift, die in Fachkreisen nicht angezweifelt wird, eingehalten wurden.

Nachfolgend zur Veranschaulichung – Abgestufte Voraussetzungen der jeweiligen Rechtsfolgen:

- **Nacherfüllung**

Der Unternehmer schuldet auf eigene Kosten alle Maßnahmen, die zur Beseitigung des Mangels notwendig sind. Hierzu gehören auch Vor- und Nebenarbeiten, auch Prüfungskosten.

- **Ersatzvornahme und Kostenvorschuss**

Der Bauherr kann alle Kosten für vorbeschriebene Maßnahmen im Voraus verlangen, muss allerdings die Mangelbeseitigung durchführen und dann abrechnen. Es kann zu Rück- oder Nachzahlungen kommen.

- **Schadensersatz**

Neben Ersatzvornahme oder Nacherfüllung besteht ein Anspruch des Bauherrn auf Ausgleich solcher Schäden, die durch die Nacherfüllung nicht verhindert werden können und der Nacherfüllung nicht zugänglich sind (bspw.: Anwaltskosten, Verdienstausfall, entgangener Gewinn).

Zu beachten ist aber, dass die auf die Mangelbeseitigungskosten entfallende Umsatzsteuer nur geltend gemacht werden kann, wenn der Besteller nicht zum Abzug der Vorsteuer berechtigt ist. Auch wenn diese der Fall ist, kann nach neuerer Rechtsprechung die Umsatzsteuer erst dann verlangt werden, wenn diese tatsächlich angefallen ist, also die Arbeiten ausgeführt wurden. Nachstehend die Leitsätze der BGH-Entscheidung.

- **Schadensberechnung bei Baumängeln (BGH, Urteil vom 22.07.2010 – VII ZR 176/09):**
1. Ein vor der Mängelbeseitigung geltend gemachter Anspruch auf Schadensersatz statt der Leistung wegen der Mängel an

8.3 · Mängelansprüche

einem Bauwerk umfasst nicht die auf die voraussichtlichen Mängelbeseitigungskosten entfallende Umsatzsteuer.
2. Die Bemessung eines bereits durch den Mangel des Werks und nicht erst durch dessen Beseitigung entstandenen Schadens kann nicht ohne eine Wertung vorgenommen werden. Überkompensationen sind zu vermeiden. Der Umfang des Schadensersatzes ist stärker als bisher auch daran auszurichten, welche Dispositionen der Geschädigte tatsächlich zur Schadensbeseitigung trifft.

Statt Ersatzvornahme oder Nacherfüllung besteht ein Schadenersatzanspruch in Höhe der Mangelbeseitigungskosten sowie aller Folgeschäden.

Der wichtigste Unterschied zum Kostenvorschuss – neben dem Verschuldenserfordernis und dem Erstattungsanspruch hinsichtlich von Mangelfolgeschäden – bestand eigentlich darin, dass der Bauherr in der Verwendung der Schadenersatzbeträge frei war. Er musste sie nicht in die Mangelbeseitigung investieren. Diese Möglichkeit hat der Bundesgerichtshof jetzt in einer aktuellen Entscheidung aus dem Jahre 2018 ausgeschlossen (zitiert aus IBR 2018, 300):

Schluss mit fiktiven Mängelbeseitigungskosten – auch im laufenden Bauprozess (BGH, Urteil vom 22.02.2018 – VII ZR 46/17)!
1. Jedenfalls für ab dem 01.01.2002 abgeschlossene Werkverträge kann der in einem Baumangel liegende Vermögensschaden des Bestellers nicht mehr nach den fiktiven Mängelbeseitigungskosten bemessen werden.
2. Die Geltendmachung von Schadensersatz statt der Leistung schließt den Wechsel auf den Vorschussanspruch nicht aus. § 281 Abs. 4 BGB steht dem nicht entgegen.
3. Verfahrensrechtlich ist ein im Rahmen des Schadensersatzanspruchs statt der Leistung in Form des kleinen Schadensersatzes erfolgender Wechsel der Schadensbemessung nicht als Klageänderung anzusehen, sofern der Lebenssachverhalt im Übrigen unverändert ist. Gleiches gilt für den auf einer entsprechenden Änderung der Disposition beruhenden Wechsel vom Vorschuss- auf den Schadensersatzanspruch und umgekehrt.

— **Problem/Sachverhalt**
Der BGH hat entschieden, dass der in einem Baumangel liegende Schaden nur dann nach den Mängelbeseitigungskosten bemessen werden kann, wenn der Auftraggeber die Mängel tatsächlich beseitigt hat (IBR 2018, 196). Das gilt auch für den Schadensersatzanspruch gegen den Architekten wegen eines Planungs- oder Überwachungsfehlers, der sich im Bauwerk realisiert hat (IBR 2018, 208). Welche Folgen hat dies für laufende Bauprozesse?

– **Entscheidung**
Die Entscheidung hat Rückwirkung. Die Änderung der Rechtsprechung gilt „jedenfalls für ab dem 01.01.2002 geschlossene Verträge" (Rz. 31). Der Auftraggeber kann den Schaden oder die Minderung nach den Vorgaben des BGH neu berechnen. Er kann aber auch statt Schadensersatz Vorschuss verlangen. § 281 Abs. 4 BGB, wonach das Verlangen nach Schadensersatz den Anspruch auf Erfüllung ausschließt, gilt nur für den Anspruch auf Nachbesserung, nicht aber den Vorschuss. Die Änderung der Schadensberechnung ist keine Klageänderung (BGH, IBR 2017, 537). Das Gleiche gilt für den Übergang vom Schadensersatz auf den Vorschuss oder umgekehrt. Der Wechsel von der endgültigen Abwicklung durch den Schadensersatz zur Abrechnungspflicht des Vorschusses ist eine bloße Beschränkung des Klageantrags i. S. v. § 264 Nr. 2 ZPO.

Die rückwirkende Änderung der bisherigen Rechtsprechung hat erhebliche praktische Konsequenzen für zahlreiche laufende Bauprozesse. Der BGH hat dies in seiner Entscheidung berücksichtigt. Die Erstreckung der Rechtsprechung auf die Architektenhaftung und den Mangelfolgeschaden verhindert, dass der Auftraggeber den Ausschluss der fiktiven Mängelbeseitigungskosten durch Inanspruchnahme des Architekten umgeht. Der Auftraggeber, der wegen Baumängeln die fiktiven Mängelbeseitigungskosten aktiv oder als Aufrechnung gegen Restwerklohnansprüche geltend macht, muss seine Schadensberechnung umstellen oder auf den Vorschuss übergehen. Mit seinen Ausführungen zu § 281 Abs. 4 BGB und zur Klageänderung stellt der BGH klar, dass dies auch im laufenden Prozess noch zulässig ist. Hierzu müssen die Gerichte ihm Gelegenheit geben. Eine Einschränkung kann aber für den in erster Instanz erfolgreichen Auftraggeber gelten: Eine Erhöhung der Klageforderung (etwa um die Umsatzsteuer) ist nur unter den Voraussetzungen einer Anschlussberufung zulässig, also innerhalb der Berufungserwiderungsfrist (BGH, IBR 2015, 527). Der BGH hat offengelassen, ob die Wiedereinsetzungsvorschriften auf die verspätete Klageerweiterung analoge Anwendung finden, wenn die Notwendigkeit der Umstellung der Klageforderung sich erst nach Ablauf der Berufungserwiderungsfrist ergibt. (Praxishinweis von RiOLG Thomas Manteufel, Köln)

▪ **Minderung**
Der Werklohn soll in dem Umfang herabgesetzt werden, wie es dem Wert des Mangels entspricht. Die Kosten der Mängelbeseitigung sind kein geeigneter Maßstab mehr (vgl. hierzu ausführlich Werner/Pastor, Der Bauprozess, 18. Auflage, Rn. 2163).

8.3.4 Verhältnis der Mängelrechte zueinander

Kein Wahlrecht zwischen Anspruch auf Mangelbeseitigung einerseits und Folgeansprüchen andererseits, wobei der Anspruch auf Nacherfüllung noch kein Gewährleistungsanspruch ist (BGH NJW 1971, 838).

Der Nacherfüllungsanspruch erlischt mit der Entscheidung des Bauherrn, von den weitergehenden Mängelrechten Gebrauch zu machen (vgl. Kniffka/Jurgeleit, ibr-online-Kommentar Bauvertragsrecht, § 635 Rn. 41).

Innerhalb der Mängelrechte besteht freies Wahlrecht, § 262 BGB mit Änderungsmöglichkeit bis zur gerichtlichen Entscheidung.

BGB § 262

Die einzelnen Mängelrechte des § 13 VOB/B und ihre Voraussetzungen:

VOB/B § 13

a) Nacherfüllung, § 13 Abs. 5 S. 1 VOB/B
b) Ersatzvornahme u. Aufwendungsersatz, § 13 Abs. 5 S. 2 VOB/B
c) Kostenvorschuss
d) Minderung, § 13 Abs. 6 VOB/B i. V. m. § 638 BGB
e) kleiner Schadenersatz, § 13 Abs. 7 Nr. 3 Satz 1 VOB/B
f) großer Schadenersatz, § 13 Abs. 7 Nr. 3 Satz 2 VOB/B

Auch die Maßgabe, die Beschaffenheit nach Proben zu definieren, ist gem. VOB zu beachten. Von großer Bedeutung ist die Regelung in § 13 Abs. 3 VOB/B, welche den Unternehmer verpflichtet, für solche Mängel einzustehen, welche aus der Leistungsbeschreibung, Anordnungen des Auftraggebers, aus von diesem gelieferten oder vorgeschriebenen Stoffen oder Bauteilen oder der Beschaffenheit der Vorleistung eines anderen Unternehmers herrühren, sofern er nicht die ihm nach § 4 Abs. 3 VOB/B obliegende Mitteilung gemacht hat.

Aus vorstehenden Regelungen folgt beispielsweise für Architekten und Ingenieure ein hoher Anspruch an die Formulierung von Leistungsbeschreibungen, insbesondere im Falle besonderer Anforderungen des Auftraggebers an die Beschaffenheit von Bauleistungen, welche über das zu erwartende, übliche Maß hinausgehen. Dies ist in der Regel dann gegeben, wenn besondere ästhetische Zielsetzungen erfüllt werden sollen (siehe dazu Kimmich/Bach, 7. Aufl., VOB für Bauleiter, Rn. 1996 ff.).

- **Reichweite, Anspruchsinhalt**
I. **Nacherfüllung:** Alle Maßnahmen, die zur Beseitigung des Mangels notwendig sind. Hierzu gehören auch Vor- und Nebenarbeiten, auch Prüfungskosten.
II. **Minderung:** nicht fiktive Mangelbeseitigungskosten, sondern „angemessener Ausgleichsbetrag für den Wertverlust des

Werkes". Die im BGB geregelten Möglichkeiten zur Minderung des vereinbarten Preises werden in der VOB/B eingeschränkt auf diese Fälle, in denen die Mängelbeseitigung
- für den Auftraggeber unzumutbar ist;
- unmöglich ist;
- einen unverhältnismäßigen Aufwand erfordert und der Auftragnehmer deswegen die Beseitigung verweigert, § 13 Abs. 6 VOB/B.

III. Ersatzvornahme und Kostenvorschuss: Alle Kosten für vorbeschriebene Maßnahmen, allerdings Abrechnungspflicht des Bauherrn.

- **Kleiner Schadenersatz**

Neben Ersatzvornahme oder Nacherfüllung alle Kosten für solche Maßnahmen, die zur Beseitigung der Schäden am Bauwerk in seiner Gesamtheit aufgewandt werden müssen.

Statt Ersatzvornahme oder Nacherfüllung: Alle Mangelbeseitigungskosten sowie vorbeschriebene Folgeschäden, allerdings nach neuer BGH-Rechtsprechung (siehe oben zum BGB-Vertrag) mit Abrechnungspflicht.

- **Großer Schadenersatz**

Schäden, die Folge der mangelhaften Bauleistung sind, sich aber nicht im Bauwerk zeigen, z. B. Nutzungsausfall, Kosten von Zwischenkrediten, Schäden an Einrichtungsgegenständen, Kosten für die anderweitige Unterbringung von Mietern, Vorprozesskosten etc..

Kosten der Mängelbeseitigung zzgl. eines verbleibenden technischen Minderwertes wie oben nur bei durchgeführter Nachbesserung.

Aber: bei berechtigter Verweigerung der Mangelbeseitigung wegen Unverhältnismäßigkeit bleiben Beseitigungskosten außer Betracht, Minderwert nach Zielbaumverfahren oder Nutzwertanalyse etc..

Der Gläubiger hat kein Wahlrecht, sondern er hat sich an eine vorgegebene Rangfolge zu halten.

Primär kann er die Nacherfüllung, ggf. Minderung, verlangen.

Wird hierdurch der Nachteil des Bauherrn nicht vollständig ausgeglichen, bestehen die Schadenersatzansprüche als „Zusatzansprüche". Aber: Wenn eine fruchtlose Frist zur Nacherfüllung gesetzt wurde, kann bei Vorliegen aller weiteren Voraussetzungen auch Schadenersatz in Höhe der Nachbesserungskosten (mit Abrechnungspflicht oder abweichender Berechnungsmethode) gefordert werden. Durch diese auf BGH-Rechtsprechung beruhende Vorgabe ist wieder ein Unterschied zwischen BGB – und VOB-Vertrag entfallen.

8.4 Verjährungsfrist

- **Wesen und Wirkung**

§ 194 BGB: Das Recht, von einem anderen ein Tun oder Unterlassen verlangen zu können (Anspruch), unterliegt der Verjährung.

§ 214 BGB: Nach Eintritt der Verjährung ist der Schuldner berechtigt, seine Leistung zu verweigern.

- **Fristen**

Allgemeine Verjährung: Die allgemeine Verjährungsfrist gilt für Erfüllungsansprüche, damit insbesondere für Vergütungsansprüche, natürlich aber auch für den Anspruch auf die Bau- bzw. Werkleistung.

§ 195 BGB: Die regelmäßige Verjährungsfrist beträgt drei Jahre.

Beginn: das Ende des Jahres, in dem der Anspruch entstanden ist (d. h. fällig geworden!) und der Berechtigte Kenntnis erlangt hat.

Fälligkeit: Besonderheit für die Vergütung beim Architektenvertrag, beim VOB-Vertrag und auch für nach dem 1. Januar 2018 abgeschlossene BGB-Bauverträge (§ 650g Abs. 4 BGB): Es ist eine prüffähige Rechnung erforderlich. Der Einwand fehlender Prüffähigkeit muss vom Schuldner allerdings 30 Tage nach Zugang erhoben werden, sonst verliert er diese Rüge – und die Forderung wird in diesem Moment fällig. Diese Besonderheit wurde von der Rechtsprechung entwickelt (BGH BauR 2004, 316 zum Architektenvertrag; BGH BauR 2004, 1937 zum Bauvertrag) und anschließend sowohl in die VOB/B (§ 16 Abs. 3 Ziff. 1 S. 3) als auch in das BGB übernommen (§ 650g Abs. 4).

Kenntnis heißt Kenntnis vom Anspruch dem Grunde nach und dem Anspruchsverpflichteten. Es muss eine Klage auf Feststellung möglich sein.

Achtung: Vor Abnahme kann auch der Erfüllungsanspruch des Bauherrn gegen den Bauunternehmer in der kurzen Verjährungsfrist von drei Jahren verjähren. Dies gilt bspw. für Restleistungen, möglicherweise aber auch für Mängel. Ob und wie der Bauherr in diesen Fällen auf Mängelansprüche, die grundsätzlich erst nach Abnahme entstehen, zurückgreifen kann, ist umstritten bzw. nicht gesetzlich oder höchstrichterlich geklärt. Nach wohl zutreffender Auffassung kann der Auftraggeber, solange die Erfüllungsansprüche nicht verjährt sind, die Abnahme erklären und damit die 5-Jahres-Frist in Gang setzen. Nach Verjährung der Erfüllungsansprüche muss der Unternehmer die Abnahme nicht mehr akzeptieren und kann sich auf Verjährung berufen.

8.4.1 Mängelansprüche

Nach § 634a Abs. 1 Nr. 2 BGB gelten bei einem Bauwerk grundsätzlich 5 Jahre um Mängelansprüche geltend zu machen.

- **Gemäß § 13 Abs. 4 der VOB/B:**
  - für ein Bauwerk vier Jahre, wenn nichts anderes vereinbart wurde. Es empfiehlt sich, eine verlängerte Verjährungsfrist von 5 Jahren zu vereinbaren.
  - für andere Bauwerke, deren Erfolg in der Herstellung, Wartung oder Veränderung einer Sache besteht und für die vom Feuer berührten Teile von Feuerungsanlagen zwei Jahre,
  - für feuerberührte und abgasdämmende Teile von industriellen Feuerungsanlagen ein Jahr und
  - für Teile von maschinellen und elektrotechnischen/elektronischen Anlagen ohne Wartungsvertrag zwei Jahre, auch wenn für weitere Leistungen eine andere Verjährungsfrist vereinbart ist, sofern keine hiervon abweichende Verjährungsfrist im Vertrag vereinbart ist.

Welche der möglichen, auch längeren, Verjährungsfristen gelten sollen, ist im Vertrag zu regeln, § 202 BGB.

Die Frist beginnt mit Abnahme der gesamten Leistung (tatsächlicher, konkludenter oder fingierter). Nur für in sich abgeschlossene Teile der Leistung beginnt sie mit der Teilabnahme (an dem auf den der Abnahme folgenden Tag).

Unter Abnahme versteht man die Entgegennahme des Werkes und die Billigung dieses Werkes als im Wesentlichen vertragsgemäß. Grundsätzlich besteht für den Besteller eine Abnahmepflicht gemäß §640 Abs. 1 BGB. Diese kann bei wesentlichen Mängeln ausnahmsweise entfallen. Wichtig ist es, sich an dieser Stelle zu fragen, ob dem Besteller die Abhilfe mit den Gewährleistungsvorschriften zumutbar ist.

Eine Abnahme wird dann nach § 640 Abs. 2 S. 1 BGB fingiert, wenn der Unternehmer dem Besteller nach Fertigstellung des Werks eine angemessene Frist zur Abnahme gesetzt hat und diese fruchtlos verstreicht. Ist der Vertragspartner Verbraucher, dann muss auf diese Rechtsfolge ausdrücklich in Textform hingewiesen werden, § 640 Abs. 2 S. 2 BGB. Läuft die Frist ab, ohne dass der Besteller zuvor die Abnahme unter Angabe mindestens eines Mangels verweigert, gilt das Werk ebenfalls als abgenommen.

Wird die Abnahme zu Recht verweigert, wird die Frist für Mängelansprüche nicht in Gang gesetzt.

Hoch problematisch sind die Fälle der unberechtigten Abnahmeverweigerung. Die Abnahmewirkungen treten auch ein, wenn der Bauherr die Abnahme grundlos endgültig verweigert; maßgeblicher Zeitpunkt ist die Erklärung der Verweigerung, nicht

8.4 • Verjährungsfrist

etwa eine spätere gerichtliche Entscheidung über diese Frage (Werner/Pastor, Der Bauprozess, 18. Auflage, Rdn. 1788 mwN).

- **OLG Köln, Urteil vom 28.10.2020 – ▶ 17 U 44/16 (IBR 2021, 620):**

Unwesentliche Restarbeiten stehen der Abnahme nicht entgegen!
1. Nimmt der Auftraggeber das Werk nicht ab, obwohl es im Wesentlichen mangelfrei hergestellt ist (unberechtigte Abnahmeverweigerung), gilt das Werk als abgenommen.
2. Handelt es sich bei den im Abnahmeprotokoll aufgelisteten Restarbeiten nur um kleinere Nachbesserungsarbeiten und geringfügige Mängel (Reinigung, Beschilderung und Beschriftung, fehlende Steckdosen usw.), die als unwesentlich und geringfügig anzusehen sind, ist es dem Auftraggeber zuzumuten, das Werk als im Wesentlichen vertragsgemäß abzunehmen.
3. Besteht Abnahmereife, ist der Auftraggeber zur Abnahme verpflichtet. Die Abnahmereife ist danach zu beurteilen, ob der Auftraggeber wegen erkennbarer Mängel (subjektiv) Anlass dazu haben kann, die Abnahme zu verweigern.
4. Eine negative Feststellungsklage, dass ein Werk nicht abgenommen ist oder nicht als abgenommen gilt, ist zulässig.

— **Problem/Sachverhalt**

2012 stellt der Bauträger eine Wohnanlage fertig. Die Abnahme des Gemeinschaftseigentums ist durch einen von den Erwerbern zu beauftragenden Sachverständigen vorzubereiten. Auf der Grundlage seines Protokolls sollen die Erwerber die Abnahme erklären. Im August 2012 übermittelt der Bauträger das Protokoll über die technische Abnahme des Gemeinschaftseigentums und fordert die Erwerber zur Abnahme auf. Ein Erwerber verweigert aufgrund eines Privatgutachtens die Abnahme unter Berufung auf Restarbeiten/Mängel. Im Jahr 2014, nachdem die beanstandeten Restarbeiten/Mängel behoben sind, fordert der Bauträger den Erwerber erneut zur Abnahme auf, der dies verweigert. Der Bauträger erklärt dem Erwerber, dass er von einer Abnahme des Gemeinschaftseigentums ausgehe, weshalb dieser auf Feststellung klagt, dass die Abnahmewirkungen für ihn nicht eingetreten seien. 2017 treten erneut Mängel am Gemeinschaftseigentum auf.

— **Entscheidung**

Das OLG stellt zunächst unter Hinweis auf die herrschende Meinung (BGH, ▶ IBR 2019, 528) die Zulässigkeit der negativen Feststellungsklage fest, gibt aber dem Bauträger Recht. Aus den in den Leitsätzen 1 bis 3 genannten Erwägungen gelte das Gemeinschaftseigentum als abgenommen, da die gerügten Restarbeiten/Mängel als unwesentlich anzusehen seien. Zu dem Zeitpunkt, als der Bauträger den Erwerber zur Abnahme aufgefordert habe, habe der Erwerber keine objektiv erkennbaren Mängelrügen „vor Augen gehabt", weshalb auch eine fiktive Abnahme gem. § ▶ 640 Abs. 1 Satz 3 BGB a. F. vorliege. Da bei der fiktiven Abnahme auf den Zeitpunkt abzustellen sei, in dem die gesetzlichen Voraussetzungen für die Abnahmefiktion vorliegen, komme es auch nicht darauf an, dass der Erwerber seit Mai 2017 neue Mängel rüge.

Die Entscheidung ist richtig. Zwar wären nach neuem Recht die Voraussetzungen einer fiktiven Abnahme im vorliegenden Fall nicht gegeben. Gemäß § ▶ 640 Abs. 2 BGB reicht es aus, wenn der Besteller innerhalb der vom Unternehmer gesetzten angemessenen Frist unter Angabe mindestens eines auch unwesentlichen Mangels die Abnahme verweigert, um deren Fiktion zu verhindern. Gleichwohl hat der Unternehmer bei Abnahmereife Anspruch auf Abnahme, den er gegebenenfalls gerichtlich durchsetzen kann. Zudem hat der Unternehmer im Rahmen der Zustandsfeststellung gem. § ▶ 650g Abs. 1 bis 3 BGB die Möglichkeit, den Besteller zur Abnahme zu bewegen und die Gefahrtragung auf ihn zu übertragen. (Praxishinweis ▶ RA und FA für Bau- und Architektenrecht Prof. Thomas Karczewski, Hamburg)

Der Einschätzung des Bauherrn – oder seines Beraters/Architekten –, ob ein Mangel wesentlich oder unwesentlich ist, kommt daher eine erhebliche Bedeutung zu. Im Falle einer Fehlbeurteilung läuft die Verjährungsfrist, obwohl die Abnahme verweigert wurde. Der vorsichtige Bauherr/Architekt/Rechtsanwalt wird daher in Zweifelsfragen zwar die Abnahme verweigern, jedoch vorsorglich die Fristen so überwachen, dass rechtzeitig rechtserhaltende Maßnahmen (s. u.) eingeleitet werden.

Wird die Abnahme verweigert und erklärt der Bauherr in der Folgezeit, dass er nur noch auf Geld gerichtete Ansprüche geltend macht und vom Unternehmer keine (Nach-)Erfüllung mehr entgegennimmt, so wandelt sich das Vertragsverhältnis in ein reines Abrechnungsverhältnis und die ausdrückliche Abnahme wird entbehrlich. Der Verzicht auf die Erfüllungsansprüche ersetzt die Abnahme und wird als Abnahmesurrogat bezeichnet. Ab Zugang dieser Erklärung treten alle Wirkungen der Abnahme ein.

Der Zeitpunkt der Abnahme ist auch für die Verjährung von Mängelansprüchen gegen Architekten maßgeblich. Es muss die Abnahme der Architektenleistung erklärt werden, es kommt nicht auf die Abnahme der (letzten) Bauleistung an.

8.4.2 Verjährungshemmung und -unterbrechung

Die schriftliche Mangelrüge hat nach dem Werkvertragsrecht des BGB keinen Einfluss auf den Lauf der Verjährung. Anders § 13 Abs. 5 VOB/B. Danach setzt die erste schriftliche Mängelrüge (Achtung: Mängelrüge ist grundsätzlich formlos möglich, die Verjährungshemmung setzt jedoch Schriftform voraus – BGH NJW 1959, 142; 1972, 1280; Ingenstau/Korbion, 22. Aufl., Rn. 4 ff) bezüglich des beanstandeten Punktes eine neue Frist von 2 Jahren in Gang. Ob diese Regelung einer Inhaltskontrolle standhält, ist streitig (pro OLG Hamm, IBR 2008, 737; contra LG Halle IBR 2006, 252; vgl. auch Werner/Pastor, Der Bauprozess 18. Auflage 2023, Rdn. 2891).

Auch die Mahnung von Vergütungsansprüchen ist für den Lauf von Verjährungsfristen ohne Relevanz.

- **Hemmung**

Die Verjährungsfrist wird mit Beginn der Hemmung angehalten, am Ende läuft sie weiter.

Vergleich: rückwärtslaufende Stoppuhr, von 5 Min. auf 0. Bei 4:21 Min. wird die Uhr angehalten (Beginn der Hemmung). Der Zeitraum der Hemmung spielt keine Rolle. Mit ihrem Ende läuft die Uhr für die verbleibenden 4:21 Min. weiter.

Hemmungstatbestände:

§ 203 BGB: Verhandeln; Verjährung tritt frühestens 3 Monate nach Ende der Verhandlungen ein, unabhängig von der Restdauer der Verjährungsfrist nach Ende der Verhandlungen.

§ 204 BGB: Rechtsverfolgung, Hemmung endet 6 Monate nach Ende des Verfahrens.

Wichtige Rechtsverfolgungsmaßnahmen:
- selbständiges Beweisverfahren
  Achtung: Jeder Mangel hat ein eigenes Verjährungsschicksal. Gehemmt wird nur die Verjährungsfrist für den Mangel oder das Mangelsymptom, welches Gegenstand des Verfahrens ist.
- Klage
  Auch hier gilt natürlich, dass die Hemmung nur für Ansprüche wegen solcher Mängel eintritt, die mit der Klage geltend gemacht werden. Die Klage gegen einen Generalunternehmer wegen Mängeln am Dach hemmt nicht den Lauf der Verjährung der Ansprüche aus der Montage eines falschen Garagentores.

- **Unterbrechung**

Die Verjährungsfrist beginnt mit Eintritt bestimmter Ereignisse neu.

Vergleich: Die rückwärtslaufende Stoppuhr wird bei 4:21 angehalten und auf 5 Min zurückgesetzt, läuft von dort wieder rückwärts.

Unterbrechungstatbestände:

§ 212 BGB: Anerkenntnis = Durchführung von Nachbesserungsmaßnahmen.

§ 212 BGB: Vollstreckungsmaßnahme.

Grundsätzlich im Rahmen der Rechtsverfolgung, bei verjährungsbeeinflussenden Maßnahmen zu beachten:

Es muss der Berechtigte handeln und er muss den richtigen Verpflichteten in Anspruch nehmen.

Vorsicht ist bei der Abtretung, Umwandlung von Gesellschaften etc. geboten.

Nochmals: Jeder Mangel hat nach der Abnahme ein eigenes Verjährungsschicksal; vor der Abnahme gibt es dagegen nur einen Erfüllungsanspruch!

8.5 Gesamtschuldnerische Haftung

BGB § 421

Mehrere Schuldner verursachen einen Schaden. Jeder Schuldner haftet im Außenverhältnis für den gesamten Schaden – unabhängig vom Gewicht seines Verursachungsbeitrages. Der Geschädigte hat bezüglich der Inanspruchnahme ein freies Wahlrecht. Er ist aber nur zum einmaligen Fordern berechtigt, § 421 BGB.

Es liegen beiderseitige Leistungsverpflichtungen vor, die darauf gerichtet sind, ein und dieselbe Bauleistung zu erbringen.

Bauen ist das Zusammenwirken vieler Baubeteiligter mit dem gemeinsamen Ziel, ein Bauwerk funktionstauglich und zweckgerecht nach den vorgegebenen Verträgen entstehen zu lassen (Krause-Allenstein, in Rolf Kniffka u. a. ibr-online-Kommentar Bauvertragsrecht, § 634 BGB, Rdn. 148 ff.).

Fehlleistungen einzelner wirken sich vor diesem Hintergrund oft auch in anderen Bereichen aus, wenn z. B. mangelhafte Pläne umgesetzt oder mangelhafte Bauleistungen durch die Bauaufsicht nicht bemerkt werden. Alle am Bau Mitwirkenden sind für den Erfolg und damit die Mangelfreiheit im Rahmen ihrer vertraglichen Verpflichtungen verantwortlich.

Wenn für die Beseitigung eines Mangels und seiner Folgen verschiedene Baubeteiligte dem Bauherrn gegenüber in vollem Umfang einzustehen haben, spricht man von Gesamtschuldnerschaft. Die Gesamtschuld ist gesetzlich in §§ 421–427 BGB geregelt:

§421 BGB

Schulden mehrere eine Leistung in der Weise, dass jeder die ganze Leistung zu bewirken verpflichtet, der Gläubiger aber die Leistung nur einmal zu fordern berechtigt ist (Gesamtschuldner), so kann der

8.5 · Gesamtschuldnerische Haftung

Gläubiger die Leistung nach seinem Belieben von jedem der Schuldner ganz oder zu einem Teil fordern. Bis zur Bewirkung der ganzen Leistung bleiben sämtliche Schuldner verpflichtet.

Die gesamtschuldnerische Haftung bringt den Bauherrn damit in eine sehr komfortable Position. Er kann jeden einzelnen in voller Höhe in Anspruch nehmen und muss sich um Quoten oder Verursachungsbeiträge nicht scheren. Diese Fragen müssen die Mithaftenden im Rahmen des Gesamtschuldnerausgleichs unter sich austragen. Wichtig ist aber zu erwähnen, dass der Bauherr trotzdem nur einmal zur Forderung der Leistung berechtigt ist.

Die Problematik liegt in der Feststellung der Voraussetzungen der Gesamtschuld und in der Abgrenzung zur Mithaftung des Bauherrn/Bestellers, da ein solches die Ansprüche mindern oder ausschließen kann, § 254 BGB. Die Mithaftung kann sich aus unmittelbarem eigenem Verschulden oder der Verletzung eigener Mitwirkungshandlungen ergeben, insbesondere aber auf die Fehler des Erfüllungsgehilfen des Bauherrn zurückzuführen sein, da ihm diese rechtlich zugerechnet werden, § 278 BGB. Die Vorschriften gelten unmittelbar eigentlich nur für die Leistung von Schadenersatz, sind als Ausprägung eines allgemeinen Rechtsgedankens aber auch auf die werkvertragliche Nachbesserung, also bei Ansprüchen auf Kostenerstattung und Vorschuss anwendbar (BGH BauR 1981, 284; BGH BauR 1984, 395).

Keine Gesamtschuld entsteht, wenn der Mitverursacher als Erfüllungsgehilfe des Geschädigten anzusehen ist, haftungsrechtlich also „in dessen Lager" steht (Erfüllungsgehilfen sind die Personen, die mit Wissen und Wollen des Bauherrn in dessen Pflichtenkreis tätig werden).

Dies sind in erster Linie die von ihm eingeschalteten Planer und Sonderfachleute.

Verwirklichen sich Planungsfehler im Bauwerk, so haftet der Unternehmer nur dann, wenn er zusätzlich eigene Pflichten, insbesondere zur Bedenkenanmeldung verletzt hat oder wenn „in einem Aufwasch" im Rahmen der Beseitigung der Planungsfehler andere Ausführungsmängel korrigiert werden. Auch in letzteren Fällen ist seine Haftung aber beschränkt, er kann vom Bauherrn einen Zuschuss zu den Mangelbeseitigungskosten verlangen. Wegen dieses Zuschusses muss sich der Bauherr dann bei dem Mitverantwortlichen schadlos halten.

Im Unterschied zur Gesamtschuld muss der Bauherr also, wenn eine Erfüllungsgehilfeneigenschaft besteht, gegen mehrere Baubeteiligte vorgehen – ein häufig zeit- und kostenintensiver Weg. Das Gesamtschuldverhältnis besteht in diesen Fällen nur in Höhe des Haftungsanteiles, der beide Beteiligte trifft.

Nicht Erfüllungsgehilfe des Bauherrn ist der Vorunternehmer, auf dessen mangelhaftes Gewerk ein Folgeunternehmer aufbaut. Hat der Folgeunternehmer seine Prüfungs- und Hinweispflichten verletzt und schlägt die Fehlleistung auf sein Gewerk durch, so haftet er. In diesem Falle sind mangelhaft arbeitender Vorunternehmer und Folgeunternehmer Gesamtschuldner.

Der praktisch wichtigste Anwendungsfall der Gesamtschuld am Bau ist das Zusammentreffen von Ausführungs- und Überwachungsfehlern im Verhältnis zwischen dem objektüberwachenden Planer oder Sonderfachmann und dem mangelhaft arbeitenden Unternehmer. Obwohl im Grund unterschiedliche Leistungen geschuldet werden, steht der werkvertragliche Leistungserfolg im Vordergrund und das Gesamtschuldverhältnis ist anzunehmen (ständige Rechtsprechung BGH, vgl. Urteil vom 19.12.1968, VII ZR 23/66). Die gravierende und oft übersehene Konsequenz ist, dass der Bauherr, ohne den Unternehmer in Anspruch zu nehmen, vom Planer Schadenersatz in Höhe der Nachbesserungskosten verlangen und so das Nachbesserungsrecht des Unternehmers unterlaufen kann.

Auch hier gibt es eine Modifikation für Verträge, die nach dem 01. Januar 2018 abgeschlossen wurden (§ 650t BGB):

Nimmt der Bauherr den Überwacher auf Schadenersatz in Anspruch, ohne zuvor den mithaftenden Unternehmer zur Mangelbeseitigung aufgefordert zu haben, so kann der Überwacher die Schadenersatzzahlung verweigern, bis diese Fristsetzung nachgeholt wurde.

Kommt der Unternehmer seiner Mangelbeseitigungsverpflichtung nach, entfällt natürlich der Schadenersatzanspruch.

Es genügt nach dem eindeutigen Gesetzeswortlaut die Aufforderung; der Bauherr muss die Ansprüche gegen den Unternehmer nicht gerichtlich verfolgen.

8.5.1 Gesamtschuldnerausgleich

Der zahlende Gesamtschuldner kann von dem/den Übrigen Ausgleich je nach Verursachungsbeitrag verlangen. Für diesen Gesamtschuldnerausgleich kommen zwei unterschiedliche Anspruchsgrundlagen mit jeweils eigenen Voraussetzungen in Betracht.

Das Gesetz sieht einen ausdrücklichen Anspruch aus der Gesamtschuld als gesetzlichem Schuldverhältnis in § 426 I BGB **(Anspruchgrundlage 1)** vor. Mit Begründung der Schuld entsteht der Ausgleichsanspruch, nicht erst mit der Befriedigung des Gläubigers. Solange noch keine Zahlung an den Bauherrn erfolgt ist, ist der Anspruch auf Freistellung von der Verbindlichkeit gegenüber dem Bauherrn gerichtet, nach Befriedigung des Bauherrn wandelt er sich in einen Zahlungsanspruch um.

Mit der Zahlung geht kraft Gesetzes auch der Anspruch des Bauherrn gegen den mithaftenden Baubeteiligten auf den Leistenden über, § 426 II BGB **(Anspruchsgrundlage 2)**. Wichtig ist dieser Forderungsübergang neben dem oben schon dargestellten gesetzlichen Anspruch, weil er auch Sicherungsrechte wie beispielsweise Ansprüche aus Gewährleistungsbürgschaften umfasst.

Damit ist zunächst festzuhalten, dass dem Gesamtschuldner, der zufällig oder aus einer Laune des Bauherrn zuerst in Anspruch genommen wird, nicht allein aufgrund der Reihenfolge der Inanspruchnahme ein Nachteil entsteht. Allein deshalb bleibt er auf dem Gesamtschaden nicht „sitzen". Ebenso klar muss aber auch sein, dass der Leistende, zum Beispiel der Architekt, nicht automatisch den vollen Betrag von den Mithaftenden zurückerhalten kann. Dies würde eine endlose Regresskette in Gang setzen. Das Gesetz beschränkt den Regressanspruch, und zwar sowohl den aus gesetzlichem Schuldverhältnis (§ 426 I BGB) als auch den aus übergegangenem Recht nach der Zahlung (§ 426 II BGB). Es soll eine Haftungsteilung nach Kopfteilen erfolgen, wenn, so der wörtliche Gesetzestext, „nicht ein anderes bestimmt ist". Diese abweichende Bestimmung bemisst sich in den Baumängelfällen nach einhelliger Meinung in Literatur und Rechtsprechung nach dem Maß der Verursachung. Es ist zu berücksichtigen, inwieweit Mängel und eventuelle Schäden hauptsächlich von dem einen oder dem anderen Gesamtschuldner verursacht worden sind (BGH, Urteil vom 19.12.1968 – VII ZR 23/66).

Feste Prozentsätze für eine Aufteilung lassen sich aus diesen unbestimmten Rechtsbegriffen nicht ableiten. Insbesondere die häufig anzutreffende Einschätzung, dass derjenige, der die eigentliche Ursache für einen Mangel gesetzt habe, in wesentlich höherem Maße oder gar allein im Verhältnis zu dem haften solle, den nur eine Verletzung einer Verpflichtung zur Bedenkenanmeldung oder Aufsicht treffe, kann nach neuerer Rechtsprechung keinen Bestand mehr haben. Auch der unsorgfältig prüfende Nachunternehmer oder überwachende Architekt setzt eine wesentliche Ursache für das Entstehen der Mängel, insbesondere aber für weitere Schäden. Dieser Tatsache ist bei einer Verschuldensabwägung erhebliches Gewicht beizumessen (BGH, Urt. v. 11.10.1990, VII ZR 228/89; BGH, Urt. v. 27.11.2008 – VII ZR 206/06; Kniffka/Jurgeleit, ibr-online-Kommentar, § 634 Rn. 159).

Im Ergebnis bedeutet dies, dass „im Normalfall" Mithaftungsquoten des Überwachers von mindestens 20 % angenommen werden müssen, dass diese aber auch durchaus bis zu einer Kopfteilung gehen können. Anders wird man dies beurteilen müssen, wenn der Unternehmer bei der Ausführung schon erkannt hat, dass er mangelhaft arbeitet, wenn er also vorsätzlich gehandelt hat. Dann haftet er im Innenverhältnis allein, es sei denn, auch der Überwachende hat den Fehler bemerkt und geschwiegen.

Das einfache Beispiel zeigt schon, dass sich keine festen Regeln aufstellen lassen. Die exakte Quotierung wird immer den Besonderheiten des Einzelfalles Rechnung tragen müssen.

Besondere Probleme können sich im Rahmen des Gesamtschuldnerausgleiches aufgrund individuell unterschiedlicher Rechtspositionen der Mithaftenden gegenüber dem anspruchsberechtigten Bauherrn ergeben.

Zum besseren Verständnis ein Beispielsfall:

Eine Kelleraußenwand wird durch den entsprechend beauftragten Rohbauer grob fehlerhaft abgedichtet. Der mit der Bauüberwachung beauftragte Architekt übersieht den Fehler. Der Bauherr fordert den Unternehmer fruchtlos zur Beseitigung auf und verlangt danach die Nachbesserungskosten von € 100.000,– von beiden als Gesamtschuldnern. Die Haftungsquote im Innenverhältnis wird in diesem Fall bei 75 % zu Lasten des Unternehmers und 25 % zu Lasten des Bauleiters betragen.

1. Variante:

Der Architekt zahlt den vollen Betrag und verlangt nun 80 % vom Bauunternehmer zurück. Dieser verweigert die Bezahlung mit dem Argument, ihm gegenüber seien Mängelansprüche verjährt.

2. Variante:

Der Bauherr erhält vom Bauunternehmer aufgrund eines mit diesem abgeschlossenen Vergleiches 50 % des Schadens. Der Architekt wird auf die Restsumme in Anspruch genommen. Muss er zahlen, wenn ja wie viel?

Es gilt der Grundsatz, dass Vorrechte einzelner Schuldner im Verhältnis zum Gläubiger den Ausgleichungsberechtigten nicht benachteiligen dürfen. Hierbei spielt es keine Rolle, ob die Privilegierung vor oder nach Entstehung der Gesamtschuld durch Gesetz oder Vertrag bzw. Vereinbarung entstanden ist. Zu prüfen ist deshalb immer nur, ob die Haftungsprivilegierung schon zugunsten der anderen Schuldner wirkt und deshalb deren Inanspruchnahme durch den Gläubiger ausschließt. Wird diese Frage verneint, läuft die Begünstigung für den bessergestellten Gesamtschuldner letztendlich leer, weil er im Innenverhältnis im Rahmen seiner Haftungsquote in Anspruch genommen werden kann.

Im Ergebnis sind die Verjährungseinrede und regelmäßig auch der Hinweis auf die eigene Nachbesserungsbereitschaft solche nicht durchschlagenden Privilegierungen.

Zur Verjährung ist im Regressfalle nur zu prüfen, ob der selbständige Gesamtschuldnerausgleichsanspruch noch nicht verjährt ist. Hier läuft eine Frist von drei Jahren ab dem Jahresende, in dem der Mithaftende von den Umständen und der Per-

8.5 · Gesamtschuldnerische Haftung

son des Gesamtschuldners Kenntnis erlangt hat. Maßgeblich ist der Zeitpunkt, ab dem Freistellung verlangt werden konnte (s. o.). Ob und wann der Verpflichtete tatsächlich gezahlt hat, ist irrelevant. Auf die Verjährung des Anspruches des Bauherrn gegen den Bauunternehmer kommt es dann nicht mehr an.

Auch die eigene Nachbesserungsbereitschaft schützte den Bauunternehmer nach altem Recht regelmäßig nicht. Zunächst müsste sich der Architekt im Prozess mit dem Bauherrn mit diesem Argument verteidigen. Nach der Rechtsprechung wird er damit kaum Gehör finden, grundsätzlich hat der Bauherr – dies ist die Natur der Gesamtschuld – ein Wahlrecht, gegen wen er Mängelansprüche geltend machen will. Keinesfalls muss er sich, so die Rechtsprechung, nennenswerten Schwierigkeiten bei der Durchsetzung seines Anspruches gegen den Unternehmer aussetzen, um den Architekten zu schonen. Die Grenze bildet der Rechtsmissbrauch, also die Inanspruchnahme des einen gezielt mit der Absicht, diesem das Regressrisiko aufzubürden. Übersetzt heißt dies, dass der Bauherr, obwohl der (wirtschaftlich schwache) Unternehmer ihm die Nachbesserung angeboten hat, gleichwohl den Architekten in Anspruch nimmt und dies auch nur deshalb tut, damit dieser mit seinem auf Zahlung gerichteten Regressanspruch ausfällt.

Diese Fallgestaltung wird praktisch nicht vorkommen – jedenfalls nicht beweisbar sein.

Hier ist jedoch für Verträge ab dem 01. Januar 2018 das Leistungsverweigerungsrecht des Überwachers zu beachten (s. o. § 650t BGB).

Mehr Diskussionsstoff und Erfolgsaussichten ergeben sich aus Fallgestaltungen der Variante 2.

Schließt der Bauherr mit dem Unternehmer einen Vergleich, so stellt sich die Frage, welche Auswirkungen dies auf die Haftung der übrigen Gesamtschuldner hat. Können sich diese Gesamtschuldner auf den Vergleich berufen und jegliche Zahlung oder zumindest Zahlungen über den im Innenverhältnis von ihnen zu tragenden Betrag verweigern?

Im Beispiel: Muss der Architekt nichts mehr zahlen, nur noch „seinen Anteil" von 20 % oder den rechnerischen Restschaden von 50 %?

Ein Vergleich mit einem der Gesamtschuldner kann als Vertrag zugunsten Dritter, § 328 BGB, auch Wirkung für die anderen Gesamtschuldner entfalten. Bedauerlicherweise wird dies jedoch nur selten ausdrücklich in den Vergleichsvereinbarungen geregelt, so dass der Wille der Beteiligten durch eine Auslegung der Vereinbarung ermittelt werden muss, §§ 133, 157 BGB. Eine sog. Gesamtwirkung, dass mit dem Vergleich grundsätzlich auch alle Ansprüche gegen andere Gesamtschuldner erledigt sein sollen, wird man ohne ausdrückliche Regelung nicht unterstellen können.

In der Regel gewollt ist jedoch eine Regelung dahingehend, dass die Verbindlichkeit des nicht an der Vereinbarung beteiligten Schuldners jedenfalls in der Höhe erlischt, in der diese den eigenen Innenanteil übersteigt (sog. beschränkte Gesamtwirkung, vgl. hierzu OLG Dresden, BauR 2005, 1954; OLG Brandenburg, IBR 2010, 403; OLG Celle, IBR 2008, 92).

Könnte der Architekt im Beispielsfall noch auf die fehlenden 50 % in Anspruch genommen werden, so würde er sich seinerseits beim Bauunternehmer wieder in Höhe von 30 % schadlos halten. Der Vergleich wäre für diesen weitgehend unsinnig gewesen. Deshalb führt dieser Vergleich als Vertrag zugunsten Dritter dazu, dass die Haftung des Architekten auf die im Endeffekt von ihm zu tragenden 20 % beschränkt wird und damit ein Regress gegen den Bauunternehmer ausgeschlossen wird.

Der gesetzliche Gesamtschuldnerausgleichsanspruch unterliegt der kurzen Verjährung des § 195 BGB, verjährt also in drei Jahren ab Kenntnis der Mitverantwortung und Möglichkeit einer Freistellungsklage.

Der Anspruch aus übergegangenem Recht nach Zahlung unterliegt den für ihn geltenden Regeln. Zur Erinnerung: Hierbei handelt es sich um den Vorschuss-, Ersatzvornahmekosten- oder Schadenersatzanspruch mit grds. fünfjähriger Verjährung. Zu berücksichtigen sind hierbei aber auch etwaige Hemmungs- und Unterbrechungstatbestände zugunsten des früheren Anspruchsinhabers, also des Bauherrn oder auch gesonderte Verjährungsfristen, wenn der Anspruch des Bauherrn gegen die Mithaftenden durch Urteil festgestellt ist. Im letzteren Fall beträgt die Verjährungsfrist sogar 30 Jahre.

8.5.2 Haftungsbegrenzung

- **Mängelansprüche**
I. Individualvereinbarung: § 639 BGB, ein Haftungsausschluss ist möglich, solange nicht Arglist vorliegt oder Garantie übernommen wurde.
II. AGB: § 309 Nr. 8 b): ein völliger Ausschluss ist unwirksam, eine Beschränkung auf die Nacherfüllung ist nur möglich, wenn bei einem Fehlschlagen gemindert werden kann, der Rücktritt kann indes ausgeschlossen werden.

- **Schadenersatzansprüche**
I. Individualvereinbarung: Hier gilt § 276 III BGB, die Vorsatzhaftung kann nicht ausgeschlossen werden, im Umkehrschluss kann demnach aber die Haftung für leichte und auch für grobe Fahrlässigkeit ausgeschlossen werden.

II. AGB: Für Schadenersatz gilt § 309 Nr. 7 BGB, die Haftung für leichte Fahrlässigkeit kann ausgeschlossen werden.

- **Verjährung**
I. Individualvereinbarung: § 202 BGB, die Verjährung kann bei (besser: für die Fälle einer Haftung wegen) Haftung für Vorsatz nicht im Voraus durch Rechtsgeschäft erleichtert werden.
II. AGB: § 309 Nr. 8 b) ff) BGB: eine Erleichterung der Verjährung, d. h. Verkürzung von Gewährleistungsfristen auf weniger als ein Jahr ab dem gesetzlichen Verjährungsbeginn ist nicht zulässig.

8.5.3 Schwarzarbeit und Mindestlohn

- **§ 1 Abs. 2 SchwarzArbG:**

Schwarzarbeit leistet, wer Dienst- oder Werkleistungen erbringt oder ausführen lässt und dabei
1. als ArbG, Unternehmer oder versicherungspflichtiger Selbstständiger seine sich auf Grund der Dienst- oder Werkleistungen ergebenden sozialversicherungsrechtlichen Melde-, Beitrags- oder Aufzeichnungspflichten nicht erfüllt,
2. als Stpfl. seine sich auf Grund der Dienst- oder Werkleistungen ergebenden steuerlichen Pflichten nicht erfüllt,
3. als Empfänger von Sozialleistungen seine sich auf Grund der Dienst- oder Werkleistungen ergebenden Mitteilungspflichten gegenüber dem Sozialleistungsträger nicht erfüllt,
4. als Erbringer von Dienst- oder Werkleistungen seiner sich daraus ergebenden Verpflichtung zur Anzeige vom Beginn des selbstständigen Betriebes eines stehenden Gewerbes (§ 14 GewO) nicht nachgekommen ist oder die erforderliche Reisegewerbekarte (§ 55 GewO) nicht erworben hat,
5. als Erbringer von Dienst- oder Werkleistungen ein zulassungspflichtiges Handwerk als stehendes Gewerbe selbstständig betreibt, ohne in der Handwerksrolle eingetragen zu sein (§ 1 HwO).

Schwarzarbeit leistet auch, wer vortäuscht, eine Dienst- oder Werkleistung zu erbringen oder ausführen zu lassen, und wenn er selbst oder ein Dritter dadurch Sozialleistungen nach dem Zweiten oder Dritten Buch Sozialgesetzbuch zu Unrecht bezieht. Die ◘ Abb. 8.3 zeigt ein Diagramm zu dem Umfang der Schattenwirtschaft in Deutschland von 2006 bis 2023.

Bauleistungen richten sich überwiegend nach Werkvertragsrecht und Bauvertragsrecht. Die Leistungen sind für den Auftragnehmer also immer umsatzsteuer- und ertragssteuerpflichtig.

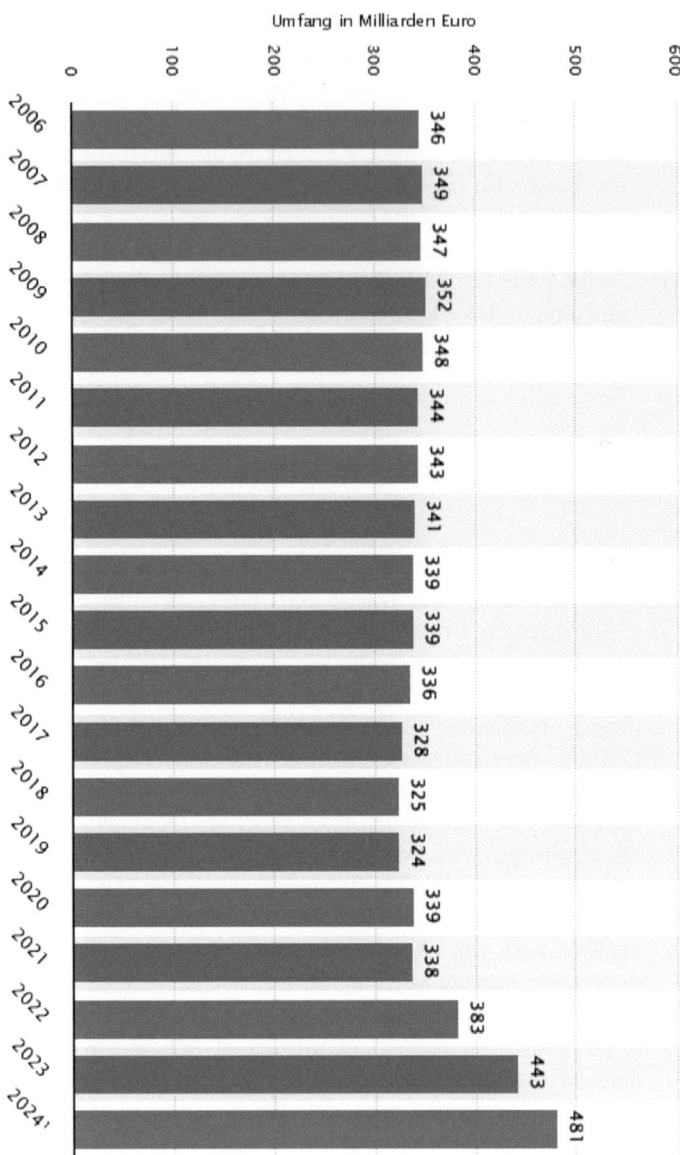

☐ **Abb. 8.3** Umfang der Schattenwirtschaft in Deutschland von 2006 bis 2023. (Quelle: ▶ https://de.statista.com/statistik/daten/studie/20063/umfrage/entwicklung-des-umfangs-der-schattenwirtschaft-seit-1995/)

Die Vereinbarung von Schwarzarbeit hat weitreichende rechtliche Folgen.

- **Strafrechtliche Konsequenzen**

Grundsätzlich ist Schwarzarbeit nach § 8 III SchwarzArbG nur eine Ordnungswidrigkeit, die mit einem Bußgeld von bis zu 500.000 € bestraft wird, § 8 VI SchwarzArbG.

Bei illegaler Beschäftigung (§ 1 Abs. 3 SchwarzArbG) sind indes auch meist Straftaten wie Beitragsbetrug, § 263 StGB, und Beitragsvorenthaltung, § 266a StGB, gegeben, da Sozialabgaben nicht abgeführt werden.

Zudem ist der Tatbestand der Steuerhinterziehung nach § 370 AO erfüllt, da meist dem Staat die Umsatzsteuer und die Ertragssteuern wie Gewerbesteuer und Einkommensteuer vorenthalten werden. Sanktioniert wird dies mit einer Freiheitsstrafe von bis zu fünf Jahren oder Geldstrafe, § 370 I AO.

Bei besonders schwerem Fall nach § 370 Abs. 3 AO beträgt die Freiheitsstrafe mindestens ein halbes Jahr bis zu zehn Jahren. Ein besonders schwerer Fall liegt beispielsweise bei einem großem Ausmaß vor, § 370 Nr. 1 AO. Von einem „großen Ausmaß" spricht man in der Regel, wenn ein Betrag von über 50.000 € steuerlich hinterzogen wird.

- **Zivilrechtliche Konsequenzen (vertraglich)**

Eine Absprache nach § 1 Abs. 2 Ziff. 2 SchwarzArbG führt dazu, dass der (Architekten-)Vertrag aufgrund Verstoßes gegen ein gesetzliches Verbot gem. § 134 BGB nichtig ist. Dies führt zum Ausschluss jeglicher Rechte aus dem Vertrag (Werklohnforderung, Mängelansprüche…).

Diese Konsequenzen gelten auch bei nachträglicher Vereinbarung von Schwarzarbeit.

Selbst wenn die Schwarzarbeitabrede nur für einen bestimmten Leistungsabschnitt getroffen wurde, ist der Vertrag als Ganzes nichtig, denn die geschuldete Funktionalität des Werkes bildet eine Einheit, die sich aus der ordnungsgemäßen Erfüllung aller dafür erforderlichen Einzelleistungen zusammensetzt.

- **Zusatzproblem:**

Wurde der Architektenvertrag gesetzeskonform geschlossen, der Bauvertrag hingegen schwarz, würde die konsequente Anwendung der Rechtsprechung des BGH bedeuten, dass der Architekt keinen gesamtschuldnerischen Regress beim Bauunternehmer nehmen kann,

§ 650t BGB, da letzterer vertraglich nicht haftet.

Es erscheint angebracht, dass die vertragliche Haftung des Architekten gegenüber dem AG insoweit ausscheidet, wie dem Architekten aufgrund der Vertragsnichtigkeit des Bauvertrages Regressansprüche aus § 426 Abs. 1 S. 1 BGB gegen den Bauunternehmer nicht zustehen. Höchstrichterlich ist dies aber noch nicht entschieden.

Praxishinweis: Bemerkt der Architekt, dass der Bauherr mit Bauunternehmen Schwarzarbeit vereinbart, kann man an ein außerordentliches Kündigungsrecht wegen wichtigen Grundes denken. Höchstrichterlich indes nicht geklärt. Bei dahingehenden Anzeichen rechtliche Beratung notwendig. Wird der Architekt zum Mitwisser, gefährdet er seine Rechte und seinen Versicherungsschutz.

- **LG Bonn, Urteil vom 08.03.2018 – ▶ 18 O 250/13 (IBR 2018, 573):**

Bauvertrag wegen Schwarzgeldabrede nichtig: Architekt haftet nicht für Überwachungsfehler!

1. Bei einer Bauaufsichtspflichtverletzung des Architekten haftet der Bauunternehmer im Innenverhältnis in der Regel allein.
2. Stehen dem Bauherrn wegen eines nichtigen Vertrags mit dem Bauunternehmer (hier: Schwarzgeldabrede) keine Gewährleistungsansprüche gegen den Unternehmer zu, entfällt gem. § ▶ 242 BGB auch die Haftung des Architekten wegen einer Verletzung seiner Bauaufsicht.

— **Problem/Sachverhalt**

Der Auftraggeber beauftragt den Architekten mit der Planung und Bauüberwachung für Bauarbeiten an einem Gebäude. Die zur Herstellung erforderlichen Arbeiten vergibt der Auftraggeber an einen Bauunternehmer. Die Vergütung für diese Bauleistung soll in bar ohne Rechnung bezahlt werden. Später treten Mängel an den Arbeiten des Bauunternehmers auf, die der Architekt bei seiner Bauüberwachung nicht erkennt. Daher verlangt der Auftraggeber vom Architekten Schadensersatz.

— **Entscheidung**

Ohne Erfolg! Dem Auftraggeber ist es gem. § ▶ 242 BGB verwehrt, Ansprüche wegen Bauüberwachungsfehlern gegen den Architekten geltend zu machen. Derjenige Besteller, der eine Schwarzgeldabrede trifft, soll keine Gewährleistungsrechte in Anspruch nehmen können. Dadurch soll erreicht werden, dass Verstöße gegen das Schwarzarbeitsgesetz und Steuerstraftaten möglichst unattraktiv gemacht und dadurch unterbunden werden. Dass der ausführende Bauunternehmer dem Besteller aufgrund einer Schwarzgeldabrede nicht wegen Mängeln haftet, wirkt sich auf die Haftung des Architekten für Bauüberwachungsfehler bezogen auf das von der Schwarzgeldabrede betroffene Gewerk aus. In dem Fall, dass keine Schwarzgeldabrede vorläge und daher gem. § ▶ 421 BGB eine Gesamtschuld zwischen dem Bauunternehmer und dem Architekten bestünde, müsste er nach § ▶ 426 BGB im Innenverhältnis zum Architekten grundsätzlich die zumindest überwiegende, wenn nicht die alleinige Haftung für die mangelhafte Ausführung tragen (OLG Köln, Urteil vom 07.04.1993 – ▶ 11 U 277/92, ▶ IBRRS 1993, 0005). Aufgrund des nichtigen Vertrags zwischen dem AG und dem Bauunternehmer besteht jedoch vorliegend kein Gesamtschuldverhältnis i. S. d. § ▶ 421 BGB zwischen dem Bauunternehmer und dem beklagten Architekten. Zwischen dem Auftraggeber und dem Bauunternehmer ist gerade kein wirksames Schuldverhältnis begründet worden, aus dem der Auftraggeber Rechte gegenüber dem Bauunternehmer geltend machen könnte. Daher entfällt die Möglichkeit des Architekten, im Innenverhältnis beim Unternehmer Regress nach § ▶ 426 BGB zu nehmen. Es würde den Grundsätzen von Treu und Glauben widersprechen, wenn der Architekt ganz oder zum Teil für den Ausführungsfehler des Unternehmers haftet, ohne dass er einen Regressanspruch gegen diesen hat. Dieses Ergebnis ist auch nicht unbillig. Der Besteller hat sich durch sein rechtswidriges Verhalten selbst in die Gefahr begeben, dass er in dem Fall, dass das Bauunternehmen einen Ausführungsfehler macht, gegen niemanden einen Ersatzanspruch hat.

Die – mutige – Entscheidung des Landgerichts steht im Einklang mit vergleichbaren Lösungen in einem gestörten Gesamtschuldverhältnis. So darf eine bereits eingetretene Verjährung im Verhältnis zwischen dem Besteller als Gläubiger und einem einzelnen Gesamtschuldner nicht den weiteren Gesamtschuldner benachteiligen (BGH, ▶ IBR 2009, 592). Weiteres Beispiel: Werden in einem Vergleich Werklohn und Mängelansprüche für erledigt erklärt, so stellt dies eine Aufrechnung dar; der Mängelanspruch ist erledigt mit der Konsequenz, dass im Umfang der Erfüllungswirkung auch kein Innenausgleich nach § ▶ 426 Abs. 1 BGB stattfinden kann. (Praxishinweis von RA und FA für Bau- und Architektenrecht, FA für Verwaltungsrecht Prof. Dr. Mathias Preussner, Konstanz)

- **Zivilrechtliche Konsequenzen (bereicherungsrechtlich)**

Ein bereits gezahlter Werklohn des AG kann nicht vom AN zurückverlangt werden, selbst wenn die Werkleistung mangelhaft ist, da § 817 S. 2 BGB wegen beiderseitigem Gesetzesverstoß einen bereicherungsrechtlichen Ausgleich bei „Ohne-Rechnung" Abreden ausschließt.

Eine offene Vergütung kann der Unternehmer/Architekt nicht verlangen.

BGH: *„Wer bewusst gegen das Schwarzarbeitsbekämpfungsgesetz verstößt, soll nach der Intention des Gesetzgebers schutzlos bleiben."* (BGH VII ZR 6/13)

- **Zivilrechtliche Konsequenzen (deliktisch)**

Ansprüche aus Delikt kommen nur bei vom Besteller zur Verfügung gestellten Materialien in Betracht, da andernfalls – also bei vom Unternehmer gestellten Materialien – der Besteller zu keiner Zeit mangelfreies Eigentum erlangt hat, sodass insoweit keine Rechtsgutsverletzung i. S. d. § 823 Abs. 1 BGB gegeben ist.

Der Tatbestand des § 823 Abs. 1 BGB ist bei unsachgemäßem und die Materialien des Bestellers beschädigendem Einbau gegeben.

Der Anspruchsumfang aber beschränkt sich auf den Ersatz fehlerfreier Materialien; bei vollständiger Naturalrestitution würde der Schutzzweck des SchwarzArbG unterlaufen, da dann u. U. auch ordnungsgemäßer Aus- und Einbau geschuldet wäre.

- **Mindestlohn**

Das Gesetz zur Regelung eines allgemeinen Mindestlohns (MiLoG) trat am 16. August 2014 in Kraft. Es soll angemessene Arbeitsbedingungen sicherstellen. Der Mindestlohn beträgt brutto 12,82 € je Zeitstunde (seit dem 1. Januar 2025), § 1 MiLoV4.

§ 1 Abs. 1 MiLoG begründet einen gesetzlichen und nicht abdingbaren Anspruch auf Zahlung des Mindestlohns gegen den Arbeitgeber. Nach § 20 MiLoG besteht die Pflicht so lange, wie ein Arbeitnehmer im Inland beschäftigt wird, selbst wenn der Arbeitgeber seinen Sitz im Ausland hat.

Nach § 13 MiLoG i. V. m. § 14 des Arbeitnehmer-Entsendegesetzes (AEntG) haftet ein Unternehmer, der einen anderen Unternehmer mit der Erbringung von Werk- oder Dienstleistungen beauftragt, für die Verpflichtungen dieses Unternehmers, eines Nachunternehmers oder eines von dem Unternehmer oder einem Nachunternehmer beauftragten Verleihers zur Zahlung des Mindestentgelts an Arbeitnehmer wie ein Bürge, der auf die Einrede der Vorausklage verzichtet hat. Die Haftung umfasst das Nettoentgelt, § 14 Satz 2 AentG.

> ▶ **Beispiel:**
> Das Unternehmen A – eine Trockenbaufirma – hat sich verpflichtet einige Trockenbauwände in einem Architektenbüro zu errichten. Diese Arbeiten lässt es durch das Unternehmen B ausführen. Zahlt das Unternehmen B seinen Arbeitnehmern nicht den gesetzlichen Mindestlohn, so haben diese einen Anspruch auf Zahlung des Netto-Mindestlohns gegen A, ohne dass sie dazu angehalten sind, sich vorher an ihren Arbeitgeber (B) zu wenden. ◀

Sinn und Zweck dieser Bürgenhaftung: Ein Unternehmer, der sich selbst gegenüber dem Auftraggeber zur Erbringung von Werk- oder Dienstleistungen verpflichtet hat und sich zur Erfüllung dieser Pflicht fremder Arbeitskraft bedienen will, soll dazu angehalten werden, im eigenen Interesse verstärkt darauf zu achten, dass die Subunternehmen die geltenden zwingenden Arbeitsbedingungen einhalten. Er soll sich durch die Beauftragung von Subunternehmen nicht den eigenen Verpflichtungen aus dem MiLoG und AEntG entziehen können.

Die Bürgenhaftung betrifft folglich nicht jeden Unternehmer im Sinne des § 14 Abs. 1 BGB, der eine eigene Bauleistung in Auftrag gibt. Ein Anwalt, der Malerarbeiten in seiner Kanzlei beauftragt, muss also nicht fürchten in Anspruch genommen zu werden, wenn der Maler seinen Arbeitnehmern nicht den Mindestlohn zahlt.

In Rechtsprechung und Literatur wird oftmals der Begriff des Generalunternehmers im Zusammenhang mit § 14 AEntG benutzt. Dies kann zu begrifflicher Verwirrung führen. Denn maßgebend ist allein, dass sich ein Unternehmer zu Werk- oder Dienstleistungen verpflichtet und zur Erfüllung dieser Pflichten eines Subunternehmers bedient. Der Unternehmerbegriff i. S. d. § 14 AEntG ist insoweit gegenüber dem allgemeinen Unternehmerbegriff des § 14 Abs. 1 BGB eingeschränkt.

Bedient man sich also zur Erfüllung seiner Pflichten fremder Arbeitskraft, so ist sicherzustellen, dass der Subunternehmer seinen Angestellten den Mindestlohn zahlt.

Die Bürgenhaftung greift jedenfalls für den Fall, dass der Subunternehmer aufgrund von Leistungsunwilligkeit den Mindestlohn nicht zahlt. Nicht höchstrichterlich entschieden ist, ob die Bürgenhaftung auch greift, wenn der Subunternehmer insolvenzbedingt keinen Mindestlohn mehr zahlen kann. Obergerichtlich wurde dies bereits bejaht. Anerkannt ist zumindest, dass eine Bürgenhaftung der Höhe nach insoweit entfällt, als durch die Bundesagentur für Arbeit an die Arbeitnehmer des Subunternehmers Insolvenzgeld gezahlt wird.

- **Bußgeldrechtliche Haftung**

Beauftragt der (Haupt-)Unternehmer einen Subunternehmer, von dem er weiß oder fahrlässig nicht weiß, dass dieser bei Erfüllung des Auftrages den Mindestlohn nicht oder nicht rechtzeitig zahlt, stellt dies nach § 21 Abs. 2 Nr. 1 MiLoG eine Ordnungswidrigkeit dar.

Selbiges gilt nach § 21 Abs. 2 Nr. 2 MiLoG, wenn der Unternehmer weiß oder fahrlässig nicht weiß, dass der Subunternehmer seinerseits einen Nachunternehmer einsetzt oder wenn der Unternehmer es zulässt, dass ein weiterer Nachunternehmer tätig wird, der den Mindestlohn nicht zahlt.

→ Geldbuße bis zu € 500.000 (Abs. 3)

Maßgebend sind Kenntnis oder fahrlässige Unkenntnis des Hauptunternehmers. Welche Anforderungen daran zu stellen sind, die Mindestlohnzahlung des Subunternehmers zu kontrollieren, ist einzelfallabhängig. Vom Unternehmer kann zumindest eine Plausibilitätsprüfung von Preisangeboten dahingehend verlangt werden, ob die Einhaltung des gesetzlichen Mindestlohns wirtschaftlich möglich ist.

Einschränkend setzt § 21 Abs. 2 MiLoG zudem voraus, dass der Unternehmer Werk- oder Dienstleistungen in „erheblichem

Umfang" von dem Subunternehmer ausführen lässt. Dies ist bereits ab einem Auftragsvolumen von ca. € 10.000 gegeben.

Erlangt der Unternehmer durch das ordnungswidrige Verhalten des Subunternehmers einen geldwerten Vorteil (idR erhöhter Gewinn), so kann ferner der entsprechende Geldbetrag gem. § 29a Abs. 2 OWiG einbezogen werden.

- **Vergaberechtliche Konsequenzen**

Bei einem Verstoß gegen § 21 MiLoG droht der Ausschluss von der Vergabe öffentlicher Aufträge (§ 19 MiLoG).

Versicherungen

Inhaltsverzeichnis

9.1 Versicherungen des Bauherrn – 151
9.1.1 Bauleistungsversicherung – 151
9.1.2 Bauherren-Haftpflichtversicherung – 152
9.1.3 Gebäude-Feuerversicherung – 153
9.1.4 Haus- und Grundbesitzer-Haftpflichtversicherung – 154

9.2 Versicherungen des Architekten und des Ingenieurs – 154
9.2.1 Haftpflichtversicherung von Architekten und Bauingenieuren – 154
9.2.2 Haftpflichtversicherung von sonstigen Planungsbeteiligten – 157

9.3 Versicherungen des Bauunternehmers – 157
9.3.1 Betriebshaftpflichtversicherung – 157
9.3.2 Bauleistungsversicherung – 158

9.4 Projekt- oder allrisk-Versicherung/ Erweiterte Bauträgerhaftpflicht – 158

© Der/die Herausgeber bzw. der/die Autor(en), exklusiv lizenziert an Springer Fachmedien Wiesbaden GmbH, ein Teil von Springer Nature 2025
B. Rode, W. Weller, *AVA-Handbuch*, https://doi.org/10.1007/978-3-658-48052-3_9

Es gibt eine Reihe von Versicherungen, die die Baubeteiligten von Risiken bzw. Schänden freistellen, die diese während der Planung und/oder Ausführung eines Bauvorhabens erleiden oder zu tragen haben.

Man unterscheidet allgemein zwischen Sachversicherungen und Haftpflichtversicherungen.

Sachversicherungen schützen Sachwerte der Versicherten – also bewegliche und unbewegliche Gegenstände. Bei Beschädigung oder Verlust von versicherten Gegenständen erhalten Versicherungsnehmer eine Entschädigung.

Hierzu zählen die Bauleistungsversicherung und die Gebäudeversicherung, in der das sog. Feuerrohbaurisiko regelmäßig mitversichert ist.

Die Haftpflichtversicherung schützt im Gegensatz dazu den Versicherungsnehmer vor der Inanspruchnahme durch einen Dritten aufgrund gesetzlicher Haftungsregelungen. Zu den Haftpflichtversicherungen gehören die Haftpflichtversicherung der Architekten und Ingenieure, die Betriebshaftpflichtversicherung der Baufirmen, die Bauträgerhaftpflichtversicherung und die Bauherrenhaftpflichtversicherung. Es gibt schließlich kombinierte Versicherungsmodelle wie die (erweiterte) Bauträger-Haftpflicht oder die all-risk – oder Projektversicherung.

Allen Versicherungen liegen (Regulierungs-)Bedingungen zugrunde, die Art und Umfang der Eintrittspflicht regeln. Für die Haftpflichtversicherungen gibt es beispielsweise die „Allgemeinen Bedingungen für die Haftpflichtversicherung" (AHB). Dazu existieren Musterbedingungen des Gesamtverbandes der Deutschen Versicherungswirtschaft (Stand Februar 2016), welche öffentlich zugänglich sind. Letztlich entscheidend sind aber immer die im individuellen Vertragsverhältnis zwischen Versicherer und Versichertem vereinbarten Bedingungen und Risikobeschreibungen, welche besondere Einschränkungen oder besondere Erweiterung/Einschlüsse enthalten können und schlussendlich auch die Deckungssummen und etwaige Selbstbehalte/Selbstbeteiligungen regeln.

Diese Bedingungen müssen also der Versicherte – und ggf. auch derjenige, welcher sich den Versicherungsschutz nachweisen lässt, kennen (vgl. dazu Kuffer/Wirth, Handbuch Bau- und Architektenrecht; 7. Aufl., Kapitel 13 Rn. 1 ff.).

Nachfolgend wird ein Überblick über übliche Reichweiten und Regelungen vermittelt; Einzelheiten müssen aber jeweils den konkreten Versicherungsbedingungen entnommen werden.

9.1 Versicherungen des Bauherrn

Der Bauherr hat während der Bauausführung und nach Fertigstellung eine Reihe von Risiken zu tragen, gegen die er sich versichern kann oder muss.

9.1.1 Bauleistungsversicherung

Zu nennen ist die sog. Bauleistungsversicherung (früher Bauwesenversicherung).

Diese deckt Sachschäden am entstehenden Bauwerk, etwa durch Unfälle, Beschädigung oder Diebstahl. Versichert sind in den Bauleistungen auch sämtliche Baustoffe und Bauteile.

Geht man von der gesetzlichen Risikoverteilung (Gefahrtragung) nach § 644 BGB aus, so wäre es eigentlich Sache des Unternehmers, dieses Risiko zu versichern. Er muss, wenn die noch nicht abgenommene Werkleistung beschädigt oder zerstört wird, diese auf eigene Kosten ein zweites Mal wiederherstellen. Es besteht daher auch die Möglichkeit für den Unternehmer, für sein Gewerk eine Bauleistungsversicherung abzuschließen.

Beim VOB/B – Vertrag trägt jedoch der Bauherr das Risiko unter bestimmten Umständen (§ 7 VOB/B). Auch für bereits abgenommen Einzelgewerke im Rahmen eines Gesamtbauvorhabens hat der Bauherr keine Zugriffsmöglichkeit mehr auf den Unternehmer. Letztlich kommt hinzu, dass selbst im Falle der Eintrittspflicht des Unternehmers dieser auch entsprechend wirtschaftlich leistungsfähig sein muss.

Die Empfehlung kann daher nur sein, dass der Bauherr eine eigene Bauleistungsversicherung abschließt und aufgrund der mitversicherten Risiken der Unternehmer eine prozentuale Prämienumlegung auf diese im Werkvertrag vereinbart.

Grundlage sind die Allgemeine Bedingungen für die Bauleistungsversicherung durch Auftraggeber (ABN).

ABN 2011

ABN Abschnitt A § 2 Versicherte Gefahren: Unvorhergesehen eingetretene Schäden an Bauleistungen, Baustoffen und Bauteilen für den Roh- und Ausbau oder für den Umbau einschließlich wesentlicher Einrichtungen (Ausschlüsse!) und die Außenanlagen (Ausschlüsse!), Diebstahl eingebauter Materialien und Bauteile (sofern vereinbart) und weitere gegebenenfalls besonders einzuschließende Risiken.

ABN Abschnitt B § 2 bis zur Bezugsfertigkeit oder dem Ablauf von 6 Werktagen seit Beginn der Benutzung oder mit dem Tage der behördlichen Gebrauchsabnahme, wobei der früheste dieser Zeitpunkte maßgebend ist. Beim Einschluss des Altbaurisikos ist der Ganz- oder Teileinsturz dieses Altbaus mitversichert.

ABN Abschnitt A § 5 Versicherungswert/Versicherungssumme/Unterversicherung: Gesamte Herstellkosten sollen in der Versicherungssumme vereinbart sein (Neubau); Altbauten: vereinbarte Umbaukosten.

ABN Abschnitt A §§ 1, 2 Wichtige Ausschlüsse: Diebstahl nicht mit dem Gebäude verbundener Materialien, Mängel der versicherten Lieferungen und Leistungen, Schäden durch normale Witterungseinflüsse, Schäden durch Kriegsereignisse, innere Unruhen o. Ä., mangelhafte Baustoffe oder Bauteile, die durch die Prüfstelle beanstandet oder noch nicht geprüft wurden, Bearbeitungsschäden an Glas- und Kunststofffassaden.

Prämien: Abhängig von der Höhe der Baukosten nach Angebot des Versicherers (z. B. 0,075 bis 0,25 %). Sie kann anteilig auf die Unternehmer umgelegt werden (Regelung im Vertrag erforderlich).

Selbstbehalt: Höhe nach Vereinbarung, gilt bei mehreren Schäden jeweils einzeln. Bei Umbauten müssen besondere Regeln für den Bestand getroffen werden.

> ▶ **Beispiel eines Schadens:**
> Einbrecher stehlen aus einem abgeschlossenen, kurz vor der Bezugsfertigkeit stehenden Gebäude fertig eingebaute Heizkörper. Dabei tritt aus dem Rohrleitungssystem eine große Menge Wasser aus, das den Teppichbodenbelag unbrauchbar macht und den Estrich aufwölbt, so dass er herausgerissen und ersetzt werden muss. ◀

> ▶ **Beispiel eines Schadens:**
> Bei Unterfangarbeiten an einem Nachbargiebel wird ordnungsgemäß gearbeitet und abgesteift. Bei einem starken Wolkenbruch wird die Absteifung trotzdem fortgeschwemmt, der Nachbargiebel stürzt teilweise ein. Hierbei treten erhebliche Schäden am Nachbargebäude ein, Deckensenkungen usw.; der gesamte Giebel muss neu gemauert werden. Versichert ist die Abfangung sofern sie Bestandteil der Versicherungssumme ist. Der Nachbargiebel ist als ein Drittschaden nicht versichert (Thema Haftpflichtversicherung). ◀

9.1.2 Bauherren-Haftpflichtversicherung

AHB (AHB)

Grundlage: Allgemeine Bedingungen für die Haftpflichtversicherungen.

Versicherte Risiken: Personenschäden und Sachschäden, für die der Bauherr kraft gesetzlicher Regelung haftet, z. B. wegen Verletzung von Verkehrssicherungspflichten.

Es muss seitens des Bauherrn oder seiner Vertreter unbedingt auf den Einschluss der grundsätzlich verschuldensunabhängigen nachbarrechtlichen Ausgleichsansprüche des Nachbarn, wie z. B Rissbildungen am Nachbargebäude aufgrund von Setzungen oder Erschütterungen (§ 906 BGB) geachtet werden.

Deckungssummen: nach Vereinbarung.

Wichtige Ausschlüsse: Schäden am eigenen Bauwerk, an geliehenen oder gemieteten Sachen. Schäden, die Verwandte des Versicherungsnehmers betreffen, sowie die Ausschlüsse der AHB.

AHB § 7

Prämie: Abhängig von der Höhe der Baukosten nach Angebot des Versicherers (z. B. 0,012 bis 0,030 % je nach Bausumme).

> ▶ Beispiel eines Schadens:
> Der stolze Bauherr führt Bekannte sonntags durch seinen Neubau. Einer stürzt in eine ungesicherte Bodenöffnung und zieht sich dabei erhebliche Verletzungen zu. Der Bauherr muss für diesen Personenschaden aufkommen. ◀

9.1.3 Gebäude-Feuerversicherung

Die Gebäudeversicherung wird meistens als gebündelte Versicherung abgeschlossen, und zwar für Feuer, Sturm, Hagel und Leitungswasser, wobei die Sturm- und Leitungswasser-Versicherung erst mit Beendigung des Baues in Kraft tritt.

Grundlage: Gesetzliche Bestimmungen und Allgemeine Wohngebäude-Versicherungsbedingungen (VGB 88) und eventuelle Haftungserweiterungen. Für andere Gebäudearten als Wohngebäude gelten besondere Bedingungen.

VGB

Versicherte Risiken: Schäden durch Brand, Löscharbeiten, Blitzschlag, Explosion oder durch Abprall von Luftfahrzeugen oder Luftfahrzeugteilen, in Zusammenhang damit erforderliche Aufräumungs- oder Abbrucharbeiten, sowie Mieteinnahmeverluste oder Ausfall der eigenen Nutzung von Wohnräumen bis zu höchstens 12 Monaten ab dem Eintritt des Versicherungsfalles.

Versicherungssumme: a) Zeitwert des Gebäudes nach besonderer Berechnung. b) Neuwert des Gebäudes nach besonderer Berechnung. c) Gemeiner Wert.

Wichtige Ausschlüsse: Beispielsweise Schäden durch Krieg, Erdbeben, Sturm, Hagel, Hochwasser, und Kern-(Atom-)energie, gemäß VGB § 9.

VGB § 9

Prämie: wird nach der Versicherungssumme (ortsüblicher Neubauwert) ermittelt.

> ▶ Beispiel eines Schadens:
> Blitzschlag in einen gedeckten Rohbau verursacht Dachstuhlbrand. Das ganze Gebälk, die Dacheindeckung und das Mauerwerk im Dachbereich sind nach Abräumen der Trümmer neu herzustellen. ◀

> ▶ Beispiel eines Schadens:
> Durch Sturm wird das Haus abgedeckt und muss wieder neu eingedeckt werden. ◀

9.1.4 Haus- und Grundbesitzer-Haftpflichtversicherung

AHB

Die Haus- und Grundbesitzer-Haftpflichtversicherung ist bei Bestehen einer üblichen Privathaftpflichtversicherung dann eingeschlossen, wenn der Hausbesitzer lediglich ein Einfamilien- oder Wochenendhaus oder eine Eigentumswohnung hat. Bei Häusern mit zwei oder mehr Wohnungen ist eine Haus-Haftpflichtversicherung abzuschließen, wobei diese aus der Bauherren-Haftpflichtversicherung übergeleitet werden kann.
Grundlage: AHB.
Versicherte Risiken: Anspruch auf Schadensersatz aufgrund gesetzlicher Haftpflichtbestimmungen privatrechtlichen Inhalts.
Deckungssummen nach Vereinbarung.
Wichtige Ausschlüsse: Umweltschäden, Eigenschäden und solche, die Angehörige des Versicherers erleiden. Schäden an gemieteten oder geliehenen Sachen.

> ▶ **Beispiel eines Schadens:**
> Auf einem wegrutschenden, auf glatter Unterlage liegenden Fußabstreifer an der Hauseingangstür kommt ein Besucher zu Fall und ist aufgrund der erlittenen Verletzung längere Zeit arbeitsunfähig. Der Hausbesitzer haftet. ◀

9.2 Versicherungen des Architekten und des Ingenieurs

Für Architekten und Ingenieure ist die Berufshaftpflichtversicherung, auch aus der Sicht des Auftraggebers, die wohl wichtigste Versicherung. Sie wird darum hier als einzige behandelt. Geschäfts- und Unfallversicherungen bleiben in diesem AVA-Problemkreis unberücksichtigt. Die Verträge zwischen AG und Architekt/Ingenieur sind so zu fassen, dass sie mit den Versicherungsbedingungen vereinbar sind und die versicherten Risiken nicht einschränken.

9.2.1 Haftpflichtversicherung von Architekten und Bauingenieuren

Grundlage: Musterbedingungen GDV für Berufshaftpflichtversicherung von Architekten, Bauingenieuren und Beratenden Ingenieuren (AVB Arch./Ing.; Stand: Mai 2020).
Versicherte Risiken: Personenschäden und sonstige Schäden (Sach- und Vermögensschäden) als Folge von Verstößen bei der Ausübung der Berufstätigkeit einschließlich der Leistungen der übrigen an der Planung und Ausführung Beteiligten.

9.2 · Versicherungen des Architekten und des Ingenieurs

Die Architektengesetze der Länder regeln, dass Kammermitglieder und Berufsgesellschaften sich ausreichend gegen Haftpflichtansprüche zu versichern haben. Das Nähere regelt ggf. die Berufsordnung. So ist bspw. in Baden-Württemberg dort ein Mindestversicherungsschutz in Abschnitt 1 Abs. 9 festgelegt. Die Mindestversicherungssumme für jeden Versicherungsfall muss danach 1.500.000 € für Personenschäden sowie 250.000 € für Sach- und Vermögensschäden betragen. Die Leistung des Versicherers für alle innerhalb eines Versicherungsjahres verursachten Schäden dürfen auf den zweifachen Betrag der Mindestversicherungssumme begrenzt werden.

Höhere Deckungssummen werden bereits im Jahresvertrag empfohlen oder können durch sog. Excedenten-Versicherungen vereinbart werden.

Form der Versicherung: Durchlaufende Jahresversicherung oder reine Objektversicherung, jeweils mit oder ohne Excedent.

Die Selbstbeteiligung beträgt mittlerweile in jedem Schadensfall mindestens 5.000,– EUR, oft auch bereits 10.000,– EUR. Auch dies kann individuell vereinbart werden und hat massiven Einfluss auf die Versicherungsprämie.

Auf folgende, regelmäßig vereinbarte Ausschlüsse ist hinzuweisen. Ausgeschlossen sind Ansprüche wegen Schäden.

1. aus Überschreitung der Bauzeit sowie eigener Fristen und eigener Termine,
2. aus der Überschreitung von Kostenschätzungen, Kostenberechnungen oder Kostenanschlägen im Sinne der DIN 276 oder gleichartiger Bestimmungen anderer Länder, soweit es sich hierbei um Aufwendungen handelt, die bei ordnungsgemäßer Planung und Erstellung des Objektes ohnehin angefallen wären. Dies gilt auch für Ansprüche aus der Überschreitung von Baukostenobergrenzen sowie für Ansprüche aus Bausummengarantien oder Festpreisabreden des Versicherungsnehmers oder Dritter,
3. aus der Verletzung von gewerblichen Schutzrechten und Urheberrechten,
4. aus der Vergabe von Lizenzen,
5. aus dem Abhandenkommen von Sachen einschließlich Geld, Wertpapieren und Wertsachen,
6. die der Versicherungsnehmer oder ein Mitversicherter durch ein bewusst gesetz-, vorschrifts- oder sonst pflichtwidriges Verhalten (Tun oder Unterlassen) verursacht hat,
7. aus der Vermittlung von Geld-, Kredit-, Grundstücks- oder ähnlichen Geschäften sowie aus der Vertretung bei solchen Geschäften,
8. aus Zahlungsvorgängen aller Art, aus der Kassenführung sowie Untreue und Unterschlagung,
9. die nachweislich auf Kriegsereignissen, anderen feindseligen Handlungen, Aufruhr, inneren Unruhen, Generalstreik, il-

legalem Streik oder unmittelbar auf Verfügungen oder Maßnahmen von hoher Hand beruhen; das Gleiche gilt für Schäden durch höhere Gewalt, soweit sich elementare Naturkräfte ausgewirkt haben.

Nicht versicherte Risiken: Leistungen, die über das Berufsbild eines Architekten, Bauingenieurs oder Beratenden Ingenieurs hinausgehen. Wenn der Versicherte oder sein Ehepartner oder ein Unternehmen, an dem diese beteiligt sind oder das von ihnen geführt wird, Bauten ganz oder teilweise
- im eigenen Namen und für eigene Rechnung,
- im eigenen Namen und für fremde Rechnung,
- im fremden Namen und für eigene Rechnung erstellen lässt,

sowie selbst Bauleistungen erbringt oder Baustoffe liefert.

Vom Versicherungsschutz ausgeschlossen bleiben Ansprüche wegen Schäden aus selbstständigen Zusagen über Aufwendungen (z. B. Mengen und Kosten) mit denen der Versicherungsnehmer die Gewähr dafür übernimmt, dass die Maßnahme mit einem von ihm ermittelten Betrag durchgeführt werden kann. Gemeint sind hier insbesondere Baukosten- oder Termingarantien.

Prämien: Inhaber- und eventuelle Teilhaberprämie zuzüglich des prozentualen Anteils der Jahresgehaltssumme der sonstigen Mitarbeiter zzgl. evtl. prozentualer Anteil des Wertes der an andere Büros in eigenem Namen weitervergebenen Aufträge.

> ▶ **Beispiele von Schäden:**
> a) Planungsfehler: Ein Architekt hat bei der Planung eines Hallenschwimmbades die Durchlüftung des Dachraumes falsch geplant und entsprechend verkehrt ausführen lassen. Als Folge dieses Fehlers treten Tauwasserbildung, erhebliche Durchfeuchtungen und Schäden an Bauteilen ein. Die Beseitigung der Feuchtigkeitsschäden und die Kosten für die Mangelbeseitigung am Dach sind versichert. Der Bauunternehmer ist jedoch mitverantwortlich, da er als Fachunternehmen den Planungsmangel hätte erkennen müssen.
> b) Mangelhafte Überwachung: Ein mit der Bauüberwachung beauftragter Bauingenieur übersieht beim Betonieren, dass der Bauunternehmer in dem Plan vorgesehene Bewehrungseisen nicht in einer Stahlbetonkonstruktion eingebaut hat. Die Kosten für die Mangelbeseitigung, Abriss und Neubau der Decke, sind versichert. Der Bauunternehmer ist mitverantwortlich, da er sich als Fachunternehmen nicht an den Plan gehalten hat. ◀

9.2.2 Haftpflichtversicherung von sonstigen Planungsbeteiligten

Die vorstehenden Bedingungen und Regelwerke gelten grundsätzlich auch für die sonstigen an der Planung Beteiligten. Jedoch sind die Haftungsrisiken bei diesen oft erheblich geringer als bei Architekten, Bauingenieuren und Beratenden Ingenieuren, so dass die Versicherungssummen und die Prämien jeweils gesondert zu vereinbaren sind. Zu den sonst an der Planung Beteiligten gehören der Garten- und Landschaftsplaner, der Innenarchitekt, der Stadtplaner sowie Sonderfachleute für Akustik, Bauphysik und Vertragsgestaltung.

9.3 Versicherungen des Bauunternehmers

9.3.1 Betriebshaftpflichtversicherung

Die wichtigste Versicherung des Bauunternehmers im Bauhaupt- und Nebengewerbe ist dessen Betriebshaftpflichtversicherung.
  Grundlage: AHB.
  Versicherte Risiken: Personenschäden und Sachschäden, die Dritten im Zusammenhang mit der Ausführung der Bauarbeiten entstehen.
  Deckungssummen und Selbstbehalte nach Vereinbarung.
  Besonders hinzuweisen ist auf die in den AHB bestimmten Ausschlüsse hinsichtlich der Nacherfüllung. Die Haftpflicht des Bauunternehmers übernimmt (regelmäßig) keine Nacherfüllungs- oder Mangelbeseitigungskosten.

> ▶ **Beispiel eines versicherten Schadens:**
> Eine Baugrubenböschung bricht aufgrund mangelhafter Absicherung ein und zerstört ein Stück der nachbarlichen Gartenmauer. Diese ist nach Verfüllen des Arbeitsraumes neu herzustellen. Der Schaden des Dritten (Nachbar) wird ersetzt. ◀

> ▶ **Beispiel eines im Normalfall nicht versicherten Schadens (der jedoch als sogenannter Bearbeitungsschaden mitversichert werden kann):**
> Bei den Stemmarbeiten in Mauerwerk im Zusammenhang mit der Anbringung eines Stahlgeländers beschädigt ein Schlosser eine unter Putz verlegte Wasserleitung, die dadurch undicht wird. Sie ist über eine längere Strecke zu erneuern einschl. des Putzes. ◀

9.3.2 Bauleistungsversicherung

Wie oben bereits aufgeführt kann auch der Bauunternehmer eine Bauleistungsversicherung abschließen, die entweder eine einzelne Baustelle oder seinen gesamten Jahresumsatz abdeckt. Die Einzelheiten, wie Prämiensatz, Höhe der Deckungssummen, die versicherbaren Risiken und Anschlüsse sind für den jeweiligen Fall zu regeln.

9.4 Projekt- oder allrisk-Versicherung/ Erweiterte Bauträgerhaftpflicht

Ursprünglich für Großprojekte entwickelt ist dieser Versicherungstyp mittlerweile für Baumaßnahmen nahezu aller Größenordnungen verfügbar.

Versicherungsnehmer der Versicherung ist der Bauherr. Die Besonderheit liegt darin, dass mit einer Versicherung übergreifend die Risiken der am Bauprojekt beteiligten Parteien erfasst werden, vom Bauherrn über Architekten, alle sonstigen Planer und Sonderfachleute, Bauunternehmer, Subunternehmer und weitere. Die Vorteile für den Bauherrn als Versicherungsnehmer sind die Transparenz über Versicherungsbedingungen und die von ihm steuerbaren Prämien- und Entschädigungszahlungen und die Umlagemöglichkeit der Prämie auf die Projektbeteiligten.

Aufgrund des regelmäßig vereinbarten generellen Regressverzichts unter den Projektbeteiligten oder deren Versicherungsverträgen entfällt die Motivation für wechselseitige Schuldzuweisungen.

Neben der Bauleistungs-Versicherung sind in der allrisk regelmäßig auch die Umweltschadensversicherung sowie die jeweilige Haftpflicht-Versicherung für die Projektbeteiligten enthalten. Auch Verzögerungsschäden aufgrund verspäteter Fertigstellung und sonstige Deckungserweiterungen sind versicherbar.

Die Prämie ist bausummenabhängig und liegt je nach Selbstbeteiligung bei ca. 0,75 % der Bausumme.

Zu erwähnen ist schließlich noch die die für Bauträger und Generalübernehmer konzipierte „erweiterte Bauträgerhaftpflichtversicherung". Diese spricht Unternehmen an, die durch eigenes Personal oder durch Firmen, die personell oder finanziell mit dem Bauträger oder dem Generalübernehmer verbunden sind, Architekten- oder Ingenieurleistungen erbringen. Die einfache Architektenhaftpflicht oder Unternehmerhaftpflicht ist hier nicht ausreichend, da Objektschäden, die durch eigene Architekten- oder Ingenieurleistungen verursacht wurden, nicht unter den Versicherungsschutz fallen. Auch eine Berufshaftpflichtversicherung ist für solche Architekten-/Ingenieurleistungen nicht ausreichend, da diese Leistungen dort vom Versicherungsschutz ausgeschlossen sind. In der Erweiterten Bauträgerhaftpflichtversicherung erfolgt die Beitragsberechnung über die gewünschte Versicherungssumme für Personen-, Sach-, und Vermögensschäden, die Höhe der gewählten Selbstbeteiligung und die Höhe der Jahresnettobausumme (Bausumme abzüglich Mehrwertsteuer).

Unternehmensformen und -funktionen

Inhaltsverzeichnis

10.1 Einzelunternehmen – 162

10.2 Personengesellschaften – 162
10.2.1 Gesellschaft bürgerlichen Rechts – GbR – 162
10.2.2 Offene Handelsgesellschaft – OHG – 163
10.2.3 Kommanditgesellschaft – KG – 163
10.2.4 Gesellschaft mit beschränkter Haftung und Companie, Kommanditgesellschaft – GmbH & Co. KG – 164

10.3 Kapitalgesellschaften – 164
10.3.1 Gesellschaft mit beschränkter Haftung – GmbH – 164
10.3.2 Aktiengesellschaft – AG – 164
10.3.3 Kommanditgesellschaft auf Aktien – KGaA – 165

10.4 Die Partnerschaftsgesellschaft – 166

10.5 Unternehmereinsatzformen – 167

© Der/die Herausgeber bzw. der/die Autor(en), exklusiv lizenziert an Springer Fachmedien Wiesbaden GmbH, ein Teil von Springer Nature 2025
B. Rode, W. Weller, *AVA-Handbuch*, https://doi.org/10.1007/978-3-658-48052-3_10

Bei Bauherrn, Architekten und Ingenieuren hat man es häufig mit verschiedenen Unternehmensformen und -funktionen zu tun.

Neben dem Einzelunternehmen gibt es die Gesellschaftsunternehmen, die ihrerseits in Personengesellschaften und Kapitalgesellschaften zu unterscheiden sind.

10.1 Einzelunternehmen

Bei vielen der freiberuflich tätigen Architekten, Ingenieure und selbstständigen Bauhandwerkern handelt es sich um Einzelunternehmen.

Ein Einzelunternehmen bezeichnet ein Unternehmen, bei der eine einzelne natürliche Person Betriebsinhaber und ggf. als Einzelkaufmann im Handelsregister eingetragen ist. Diese leitet das Unternehmen und ihr verbleibt der erzielte Gewinn. Der Nachteil ist, dass die natürliche Person für Verbindlichkeiten aus dem Vertrag voll mit ihrem gesamten (auch privaten) Vermögen haftet.

10.2 Personengesellschaften

Personengesellschaften sind demgegenüber ein Zusammenschluss von mindestens zwei Personen. Durch den Zusammenschluss soll ein bestimmter Zweck in der Rechtsform der Gesellschaft verwirklicht werden.

10.2.1 Gesellschaft bürgerlichen Rechts – GbR

Bei der GbR handelt es sich um die Grundform der Personengesellschaften.

BGB § 705

Im Rahmen der GbR sind die Gesellschafter gegenseitig dazu verpflichtet, die Erreichung eines gemeinsamen Zweckes zu fördern und dazu die vereinbarten Beträge zu leisten, § 705 BGB. Der Gesellschaftszweck kann wirtschaftlicher oder ideeller Art sein. Die Gesellschaft wird durch den Abschluss des Gesellschaftsvertrages errichtet.

Die GbR ist eine rechtsfähige Gesellschaft, wenn sie nach dem gemeinsamen Willen der Gesellschafter am Rechtsverkehr teilnehmen soll. Dann kann sie selbst Rechte erwerben und Verbindlichkeiten eingehen, § 705 Abs. 2 Fall 1 BGB.

Sie kann aber auch lediglich den Gesellschaftern zur Ausgestaltung ihres Rechtsverhältnisses untereinander dienen. Sodann würde es sich um eine nicht rechtsfähige Gesellschaft handeln, § 705 Abs. 2 Fall 2.

BGB § 721

Im Außenverhältnis haften neben der GbR die Gesellschafter der GbR gesamtschuldnerisch mit ihrem gesamten Vermögen, § 721 BGB,

Der Gewinn der GbR wird zu gleichen Teilen auf alle Gesellschafter ausgeschüttet, wenn nicht im Gesellschaftsvertrag etwas anderes vereinbart wurde. Gleiches gilt für die Verlustverteilung, § 709 Abs. 3 BGB.

Die Geschäftsführung erfolgt je nach Vereinbarung entweder gemeinschaftlich, § 709 Abs. 3 BGB, oder durch einen Gesellschafter.

- Typische Gesellschaften bürgerlichen Rechts sind:
- Architekten-Gemeinschaften (Sozietät),
- Arbeitsgemeinschaften mehrerer Bauunternehmer (ARGE)

10.2.2 Offene Handelsgesellschaft – OHG

Die OHG ist in das Handelsregister unter Angabe aller Gesellschafter einzutragen, §§ 105 ff. HGB.

HGB § 105 ff.

Das Vermögen der OHG gehört den Gesellschaftern entsprechend ihrem Eigenkapitalanteil, §§ 120 ff. HGB. Allerdings haften die Gesellschafter der OHG gegenüber den Gesellschaftsgläubigern voll mit ihrem privaten Vermögen, §§ 126, 128 HGB.

Neben den internen Regelungen des jeweiligen Gesellschaftsvertrages gelten die Bestimmungen des HGB und ergänzend die des BGB über die Gesellschaft. Wenn der Gesellschaftsvertrag nichts anderes bestimmt, ist jeder Gesellschafter für sich zur vollen Geschäftsführung in der Firma berechtigt und verpflichtet.

Die gesetzliche Regelung über die Verteilung von Gewinn und Verlust kann durch Gesellschaftsvertragsvereinbarungen anders bestimmt werden. Allerdings darf durch den Gesellschaftsvertrag die Haftung für keinen Gesellschafter begrenzt werden, § 105 Abs. 1 HGB.

10.2.3 Kommanditgesellschaft – KG

Auch die KG ist in das Handelsregister unter Angabe aller Kommanditisten und der Beträge ihrer Einlagen einzutragen, §§ 161 ff. HGB.

HGB § 161 ff.

Das Vermögen der KG gehört den Gesellschaftern entsprechend den Regelungen zur OHG anteilig der Höhe ihrer Einlagen.

Bei der KG unterscheidet man bei den Gesellschaftern zwischen Kommanditisten und Komplementären.

Kommanditist: Seine Haftung ist auf die Höhe seiner Einlage beschränkt, dafür ist er allerdings von der Geschäftsführung ausgeschlossen; er hat lediglich ein Kontrollrecht inne.

Komplementär: Er haftet persönlich mit seinem gesamten Vermögen voll. Außerdem obliegt ihm die Leitung der KG.

10.2.4 Gesellschaft mit beschränkter Haftung und Companie, Kommanditgesellschaft – GmbH & Co. KG

HGB § 161 ff.

Die GmbH & Co. KG hat die Rechtsform einer KG (Personengesellschaft). Deshalb ist auch sie in das Handelsregister einzutragen, §§ 161 ff. HGB.

Der Unterschied zur KG ist, dass als Komplementär keine natürliche Person fungiert, sondern die (auf das Gesellschaftsvermögen und die Stammeinlage haftungsbeschränkte) GmbH, der auch die Geschäftsführung obliegt.

10.3 Kapitalgesellschaften

Kapitalgesellschaften sind eigene Rechtspersönlichkeiten (juristische Person).

10.3.1 Gesellschaft mit beschränkter Haftung – GmbH

GmbHG

Zur Gründung einer GmbH ist wenigstens ein Gesellschafter, ein Mindest-Stammkapital von 25.000 € und eine Stammeinlage von mindestens 100 € erforderlich.

Die Haftung der einzelnen Gesellschafter ist auf die Höhe ihrer jeweiligen Kapitaleinlage beschränkt und das Eigentum an der Gesellschaft gehört den Gesellschaftern entsprechend der Höhe ihres Anteils am Stammkapital.

Die Leitung der GmbH erfolgt durch den Geschäftsführer, der durch die Gesellschafter zu bestellen ist. Der Geschäftsführer kann aber auch selbst Gesellschafter sein, § 35 GmbHG.

Die Verteilung des Gewinns erfolgt auf Beschluss der Gesellschafterversammlung als Prozentsatz auf den Anteil am Stammkapital.

Zur Gründung der GmbH bedarf es eines notariell beurkundeten Gesellschaftsvertrages und der Handelsregistereintragung.

10.3.2 Aktiengesellschaft – AG

AktG

Bei der AG handelt es sich um eine zweckmäßige Rechtsform für eine Gesellschaft mit einer großen Zahl (wechselnder) Gesellschafter, welche durch die Hauptversammlung gegründet wird.

Für die Verbindlichkeiten der Gesellschaft haftet den Gläubigern nur das Gesellschaftsvermögen, § 1 Abs. 1 S. 2 AktG.

Für die Gründung ist ein Grundkapital von mindestens 50.000 €, § 7 AktG, erforderlich, das in Anteilen mit einem Mindestnennwert von 1,0 €, den Aktien, einzubringen ist, § 8 Abs. 2 AktG.

Beispiel:

Eine neue Aktiengesellschaft wird von vier Gründern gegründet und gibt Anteile im Wert von 1 Mio. € aus. Jeder Anteil, also jede Aktie, hat einen Wert von 2 € und jeder der Gründer erhält Aktien im Wert von 250.000 €. Auf jeden der vier entfallen somit 125.000 Aktien. Während des Gründungsprozesses müssen die Gründer die Aktien übernehmen, also die Einlagen dafür leisten. Erst durch diesen Vorgang werden sie tatsächlich Anteilseigner des Unternehmens. Jeder besitzt nun 25 % am Grundkapital der AG und damit am Unternehmen. Der Nennwert der Aktien ist in dem Beispiel nur zufällig gewählt. Jedoch gelten Regeln: Der Wert muss in ganzen Euro angegeben werden und darf daher auch einen Euro nicht unterschreiten.

In diesem Beispiel hätte der Nennwert pro Aktie auch ein Euro sein können, dann hätte jeder der Gründer 125.000 anstatt 250.000 Aktien übernommen. Oder der Nennwert der Aktie hätte 250.000 € betragen, dann wäre auf jeden Gründer nur eine Aktie entfallen, aber das wäre unpraktisch und unrealistisch.

Der Vorteil von Aktien mit kleinen Nennwerten ist die hohe Handelbarkeit.

(Quelle: ▶ https://www.firma.de/firmengruendung/das-grundkapital-der-ag/)

Die Aktionäre haften nur in Höhe des Wertes ihres Anteils am Grundkapital. Aktien können an den Börsen gehandelt werden. Die Leitung obliegt dem Vorstand, der vom Aufsichtsrat bestellt wird. Der Gewinn einer AG wird anteilig auf die Aktien nach Beschluss der Hauptversammlung ausgeschüttet (Dividende).

10.3.3 Kommanditgesellschaft auf Aktien – KGaA

Die KGaA ist eine Mischform aus Personen- und Kapitalgesellschaft, §§ 278 ff. AktG.

Dabei erfolgt die Haftung wie bei der KG. Einige Gesellschafter haften als Komplementäre, welche auch die Geschäftsführung innehaben, wohingegen die Übrigen Gesellschafter als Kommanditaktionäre nur mit ihrer Einlage haften, die durch die Aktie verbrieft ist.

Die Hauptversammlung wird durch Kommanditaktionäre durchgeführt.

10.4 Die Partnerschaftsgesellschaft

PartGG

Die Partnerschaftsgesellschaft ist eine Gesellschaft, in der sich Angehörige freier Berufe zur Ausübung ihrer Berufe zusammenschließen, § 1 I PartGG.

Das Gesetz über die Partnerschaftsgesellschaften Angehöriger freier Berufe vom 25. Juli 1994 erlaubt den Zusammenschluss in einer Gesellschaftsform, welche auf ihre Bedürfnisse ausgerichtet ist. Sie ist für Architekten und Ingenieure daher geeignet.

Soweit das PartGG nichts anderes bestimmt gelten für die Partnerschaft die Bestimmungen des BGB über die Gesellschaft.

Es ist den Partnern jedoch abweichend von den BGB-Bestimmungen gestattet, Ansprüche aus fehlerhafter Berufsausübung auf denjenigen zu beschränken, der innerhalb der Partnerschaft die berufliche Leistung zu erbringen oder verantwortlich zu leiten und zu überwachen hat, § 8 Abs. 2 PartGG.

Der Name der Partnerschaft muss den Namen mindestens eines Partners, den Zusatz „und Partner" oder „Partnerschaft" sowie die Berufsbezeichnung aller in der Partnerschaft vertretenen Berufe enthalten, § 2 Abs. 1 PartGG.

Seit 2024 wurde § 3 PartGG gestrichen, sodass die Regelungen für die Gesellschaft des bürgerlichen Rechts für den Inhalt eines Partnerschaftsvertrages entsprechend gelten. Haftung:

Für Verbindlichkeiten der Partnerschaft haften die Partner neben der Partnerschaft als Gesamtschuldner, § 8 I PartGG. Waren nur einzelne Partner mit der Bearbeitung befasst, haften nur sie, § 8 II PartGG.

Eine weitere und den Partner einer Architektengesellschaft absolut anzuratende Haftungsbeschränkung erlaubt § 8 Abs. 4 PartGG mit der „Partnerschaftsgesellschaft mit beschränkter Berufshaftung" (abgekürzt als Partnerschaft mbB, PartG mbB, PartGmbB, Part mbB oder PartmbB). Vergleichbar mit der anglo-amerikanischen Limited Liability Partnership (LLP) ist damit für die freien Berufe die Möglichkeit geschaffen, die Berufshaftung zu beschränken, ohne dass hierzu eine Kapitalgesellschaft erforderlich ist. Bei der Partnerschaft mbB kann die Haftung für Verbindlichkeiten aus Schäden wegen fehlerhafter Berufsausübung auf das Gesellschaftsvermögen begrenzt werden (§ 8 Absatz 4 PartGG). Bedingung für die Beschränkung der Haftung ist, dass die Gesellschaft eine zu diesem Zweck erhöhte Berufshaftpflichtversicherung abschließt und dass die Partnerschaft den Zusatz „mit beschränkter Berufshaftung" oder eine allgemeinverständliche Abkürzung dieser Bezeichnung führt.

Die Mindestversicherungssumme beträgt bspw. bei Anwälten € 2,5 Mio. für jeden Versicherungsfall (§ 51a Absatz 2 Satz 1 BRAO).

Zur Mindestdeckung der Architektenhaftpflicht muss die jeweilige landesrechtliche Regelung geprüft werden:

So regelt beispielsweise § 9 Abs. 5 des rheinland-pfälzischen Architektengesetzes:
„Partnerschaften mit beschränkter Berufshaftung gemäß § 8 Abs. 4 PartGG müssen für die Dauer ihrer Eintragung in das Gesellschaftsverzeichnis eine ausreichende Berufshaftpflichtversicherung unterhalten, die Haftpflichtgefahren für Personen und Sach- und Vermögensschäden wegen fehlerhafter Berufsausübung abdeckt und eine fünfjährige Nachhaftung vorsieht. Die Absätze 1, 2 und 3 Satz 2 und 4 sowie die Absätze 6 und 7 gelten entsprechend. Die Leistungen des Versicherers für alle innerhalb eines Versicherungsjahres verursachten Schäden können auf den Betrag der Mindestversicherungssumme, vervielfacht mit der Zahl der Partner, mindestens jedoch auf den vierfachen Betrag der Mindestversicherungssumme begrenzt werden."

Nach § 2 a Abs. 4 ArchG Ba.-Wü. muss für die PartGmbB und für die Partner eine Berufshaftpflichtversicherung zur Deckung der sich aus der Berufstätigkeit der Partner und der Angestellten ergebenden Haftpflichtgefahren abgeschlossen und für die Dauer der Eintragung der Gesellschaft in das Verzeichnis der Architektenpartnerschaften aufrechterhalten werden. Die Berufshaftpflichtversicherung muss eine fünfjährige Nachhaftung vorsehen. Die Mindesthaftpflichtversicherungssummen müssen für jeden einzelnen Versicherungsfall 1,5 Mio. € für Personenschäden und 300.000 € für sonstige Schäden umfassen. Die Leistungen des Versicherers für alle innerhalb eines Versicherungsjahres verursachten Schäden können auf den mit der Zahl der Partner vervielfachten Betrag der Mindestversicherungssumme begrenzt werden, müssen jedoch den dreifachen Betrag der Mindestversicherungssumme erreichen. Sogenannte Maximierung.

Die persönliche Haftung der Partner für sonstige Verbindlichkeiten bleibt bestehen; zu diesen Verbindlichkeiten zählen beispielsweise die Bezüge der Mitarbeiter, Mieten oder Versicherungsbeiträge.

10.5 Unternehmereinsatzformen

Die rechtliche Ausgestaltung der Zusammenarbeit im Rahmen von Bauvorhaben jeglicher Art kann auf verschiedenste Weisen erfolgen, wie in ◘ Abb. 10.1 schematisch dargestellt.

Folgende Begriffe sollten geläufig sein:

- **1. Generalübernehmer**

Er übernimmt die gesamte Verantwortung für die Planung und Ausführung eines Bauprojekts, ohne selbst Bauarbeiten durchzuführen.

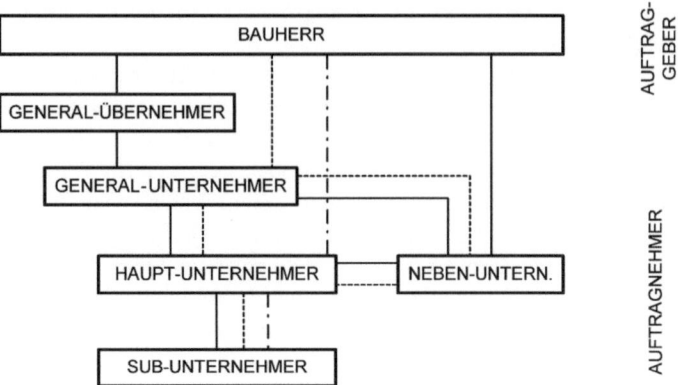

◘ Abb. 10.1 Rechtliche Beziehung zwischen Auftraggeber und Auftragnehmer

- **2. Generalunternehmer**

Er führt ein Bauprojekt selbst aus und übernimmt dabei sowohl zumindest Teile der Bauleistungen als auch die Koordination von Subunternehmern. Er ist für die vollständige Umsetzung des Projekts verantwortlich.

- **3. Hauptunternehmer (Erstunternehmer)**

Der Hauptunternehmer erbringt im Auftrag des Auftraggebers selbst Bauleistungen.

- **4. Subunternehmer (Nachunternehmer)**

Hierbei wird von einem Hauptunternehmer ein Subunternehmen beauftragt, welches keine Rechtsbeziehung zum Bauherrn hat.

Der Subunternehmereinsatz ist beim VOB/B-Vertrag unter den Voraussetzungen des § 4 Abs. 8 VOB/B zulässig: Bei Leistungen, auf die der Betrieb des Hauptunternehmers nicht eingerichtet ist, ist der Subunternehmereinsatz ohne Zustimmung zulässig, sonst nur mit Zustimmung des Bauherrn. Beim BGB-Vertrag ist der Hauptunternehmer auch ohne Zustimmung des Bauherrn zum Subunternehmereinsatz berechtigt, denn die Werkleistung ist keine höchstpersönliche Verpflichtung (Werner/Pastor, Der Bauprozess, 17. Auflage 2020, Rdn. 1262).

Es gilt dennoch das Prinzip der Selbständigkeit der Vertragsbeziehungen, welches nur durch § 641 Abs. 2 BGB, § 16 Abs. 6 VOB/B und ggf. deliktischer Haftung des Subunternehmers gegenüber dem Bauherrn durchbrochen werden kann.

- **5. Bauträger nach § 650u BGB u. MaBV**

Ein Bauträgervertrag verpflichtet den Unternehmer (Bauträger), im eigenen Namen und auf eigene Rechnung auf einem eigenen Grundstück ein Bauwerk zu errichten und dieses dann an den Erwerber zu übergeben und zu übereignen. Den Erwerber trifft die Verpflichtung, das Bauwerk mit Grundstück nach der Errichtung zu übernehmen.

Für den Bauträgervertrag ist eine notarielle Beurkundung erforderlich, § 311b Abs. 1 BGB, und es gibt ein besonderes gesetzliches Sicherungsmittel: die Vergütung darf erst gefordert werden, wenn eine Auflassungsvormerkung eingetragen ist und ein Freigabeversprechen der den Bauträger finanzierenden Bank oder – alternativ – eine Bürgschaft vorliegt.

Dieser Vertragstyp kombiniert Elemente des Kauf- und Werkvertragsrechts und wird typischerweise bei Errichtung von Wohnungseigentumsanlagen gewählt. Neben den werkvertraglichen Fragestellungen sind hier insbesondere hinsichtlich der Mitsprache- bzw. Änderungsrechte in der Bauzeit auch im Bereich der Mängelrechte eine Vielzahl von Besonderheiten zu beachten. Zu unterscheiden ist streng zwischen Sonder- und Gemeinschaftseigentum. Alles was innerhalb der Wohnung liegt, ist Sondereigentum, solange es nicht zum Bestand oder der Benutzbarkeit der übrigen Wohnungen benötigt wird. Alles andere ist Gemeinschaftseigentum. Bezüglich des Sondereigentums kann jeder Erwerber Mängelrechte uneingeschränkt geltend machen. Bezüglich des Gemeinschaftseigentums kann nur Nacherfüllung oder Kostenvorschuss auf Zahlung an die Gemeinschaft gefordert werden. Über die Mängelrechte Minderung oder Schadenersatz kann nur die Gemeinschaft entscheiden.

- **6. ARGE (Arbeitsgemeinschaft)**

Mehrere Unternehmer verpflichten sich gemeinsam zur Durchführung eines einzelnen Bauauftrages und haften gesamtschuldnerisch.

Der Zusammenschluss kann insbesondere für Großbaustellen bzw. im Planungsbereich für komplexe Großprojekte praktisch sein.

Die ARGE ist eine Gesellschaft bürgerlichen Rechtes. Rechtlich sind in dieser Fallgestaltung mit dem Auftraggeber alle hier beschriebenen Vertragstypen denkbar. Zusätzlich ist auf Auftragnehmerseite eine sorgfältige Regelung des Innenverhältnisses notwendig (technische u. kaufmännische Geschäftsführung; Vergütungsverteilung im Innenverhältnis, Haftungs- und Risikoverteilung im Innenverhältnis, Sicherheiten im Innen- und Außenverhältnis etc.).

Die ARGE, siehe ◘ Abb. 10.2, wird im Außenverhältnis zumeist als selbstständiges Steuerobjekt behandelt.

- **7. Erwerb eines Fertighauses mit Errichtungsverpflichtung**

Hierbei handelt es sich um einen Werkvertrag (anders Bausatzvertrag, Kaufvertrag ggf. auch mit Rücktrittsrecht bei Teilzahlungen).

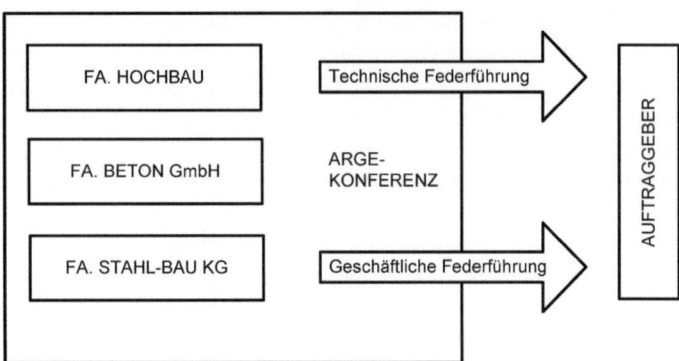

Abb. 10.2 Arbeitsgemeinschaft von Unternehmen

AVA im Leistungsbild des Architekten

Inhaltsverzeichnis

11.1 Architektenleistungen – 172

11.2 Vorbereitung der Vergabe – 173

11.3 Mitwirkung bei der Vergabe – 174

11.4 Objektüberwachung (Bauüberwachung) – 175

11.5 Objektbetreuung – 176

11.6 Arbeitsteilung: Bauplanung/Bauabwicklung – 177

© Der/die Herausgeber bzw. der/die Autor(en), exklusiv lizenziert an Springer Fachmedien Wiesbaden GmbH, ein Teil von Springer Nature 2025
B. Rode, W. Weller, *AVA-Handbuch*, https://doi.org/10.1007/978-3-658-48052-3_11

11.1 Architektenleistungen

Die Honorarordnung für Architekten und Ingenieure (HOAI Fassung vom 01.01.2021) regelt deren Leistungen und Honorare bei der Planung und Abwicklung von Gebäuden, Freianlagen und Innenräumen. Die in dem Leistungsbild Objektplanung, Flächenplanung und Fachplanung beschriebenen Leistungen gelten für Neubauten, Neuanlagen, Wiederaufbauten, Erweiterungsbauten, Umbauten, Modernisierungen, Raumbildende Ausbauten, Instandhaltungen und Instandsetzungen. Der Beginn der Architektenleistungen im AVA-Bereich setzt einen bestimmten Planungsstand voraus. Die Planung muss so weit fortgeschritten sein, dass sichere qualitative und quantitative Aussagen möglich sind. Deshalb braucht man für die auszuschreibenden Leistungen bei Hochbauten in der Regel

- Ausführungspläne, Maßstab 1:50 oder 1:100,
- Details bis Maßstab 1:1 mit Materialangaben und Hinweisen für die Ausführung,
- Baubeschreibung mit ausführlichen Angaben der Materialien und der Qualität,
- Raumbuch, das die Angaben über die Ausbaumerkmale jedes Raumes enthält.

Diese Planungsunterlagen müssen den Vorgaben des Bauherrn/Auftraggebers entsprechen, mit ihm im Einzelnen abgestimmt und von ihm genehmigt sein. Sie haben dem gesetzten Baukostenrahmen zu genügen und sie müssen den gewünschten Qualitätsstandard wiedergeben.

Im Rahmen seines mit dem Bauherrn (Auftraggeber) geschlossenen Werkvertrags erbringt der Architekt die zur Ausschreibung, Vergabe und Abrechnung gehörenden Teile der HOAI-Gesamtleistungen. Er fungiert dabei stets im Interesse seines Bauherrn, jedoch „erteilt" er „keine Aufträge" von sich aus, sondern bereitet die Annahme von Bieterangeboten (Auftrag) vor. Auftraggeber von Bauleistungen ist stets der Bauherr. Das Leistungsbild unterscheidet Grundleistungen und Besondere Leistungen.

Grundleistungen umfassen die Leistungen, die zur ordnungsgemäßen Erfüllung eines Auftrags im Allgemeinen erforderlich und in Bezug auf Honorare verbindlich geregelt sind.

Besondere Leistungen können zu den Grundleistungen hinzu oder an deren Stelle treten, wenn besondere Anforderungen an die Ausführung des Auftrages gestellt werden, die über die allgemeinen Leistungen hinausgehen oder diese ändern. Sie können in Bezug auf die Honorare frei vereinbart werden.

Die vom Architekten bei Ausschreibung, Vergabe und Abrechnung zu erbringenden Leistungen sind in den folgenden Leistungsbeschreibungen der HOAI wiedergegeben.

11.2 Vorbereitung der Vergabe

- **Anlage 10 (zu § 34 Absatz 4 und § 35 Absatz 7)**
Grundleistungen im Leistungsbild Gebäude und Innenräume, Besondere Leistungen, Objektlisten.

Grundleistungen	Besondere Leistungen
LPH 6 Vorbereitung der Vergabe	
a) Aufstellen eines Vergabeterminplans b) Aufstellen von Leistungsbeschreibungen mit Leistungsverzeichnissen nach Leistungsbereichen, Ermitteln und Zusammenstellen von Mengen auf der Grundlage der Ausführungsplanung unter Verwendung der Beiträge anderer an der Planung fachlich Beteiligter c) Abstimmen und Koordinieren der Schnittstellen zu den Leistungsbeschreibungen der an der Planung fachlich Beteiligten d) Ermitteln der Kosten auf der Grundlage vom Planer bepreister Leistungsverzeichnisse e) Kostenkontrolle durch Vergleich der vom Planer bepreisten Leistungsverzeichnisse mit der Kostenberechnung f) Zusammenstellen der Vergabeunterlagen für alle Leistungsbereiche	Aufstellen von Leistungsbeschreibungen mit Leistungsprogramm auf der Grundlage der detaillierten Objektbeschreibung*) Aufstellen von alternativen Leistungsbeschreibungen für geschlossene Leistungsbereiche Aufstellung von vergleichenden Kostenübersichten unter Auswertung der Beiträge anderer an der Planung fachlich Beteiligter
*) Diese Besondere Leistung wird bei Leistungsbeschreibungen mit Leistungsprogramm ganz oder teilweise Grundleistung. In diesem Falle entfallen die entsprechenden Grundleistungen dieser Leistungsphase	

Zur Vorbereitung der Vergabe gehört auch die Verwendung von Beiträgen anderer an der Planung fachlich Beteiligter. Unter solchen Beiträgen sind Planungsleistungen zu verstehen, welche in anderen Planungsdisziplinen erbracht werden, jedoch vom Architekten für die vollständige und richtige Erbringung seiner eigenen Leistung zu verwerten sind.
1. Beispiel: Einarbeiten der Aussagen von Planungsleistungen des Tragwerksplaners in die Ausschreibung der Rohbauarbeiten; bei Stahlbetonarbeiten Aussagen über Betonqualität, Stahlqualität, Stahlmengen usw.

2. Beispiel: Einarbeiten von Aussagen des Fachgutachtens des Bauphysikers in die Leistungsverzeichnisse verschiedener Gewerke hinsichtlich Wärmedämmung, Feuerwiderstandsklasse, Schallschutz, Bauwerksabdichtung und dgl.

11.3 Mitwirkung bei der Vergabe

- **Anlage 10 (zu § 34 Absatz 4 und § 35 Absatz 7)**

Grundleistungen	Besondere Leistungen
LPH 7 Mitwirkung bei der Vergabe	
a) Koordinieren der Vergaben der Fachplaner b) Einholen von Angeboten c) Prüfen und Werten der Angebote einschließlich Aufstellen eines Preisspiegels nach Einzelpositionen oder Teilleistungen, Prüfen und Werten der Angebote zusätzlicher und geänderter Leistungen der ausführenden Unternehmen und der Angemessenheit der Preise d) Führen von Bietergesprächen e) Erstellen der Vergabevorschläge, Dokumentation des Vergabeverfahrens f) Zusammenstellen der Vertragsunterlagen für alle Leistungsbereiche g) Vergleichen der Ausschreibungsergebnisse mit den vom Planer bepreisten Leistungsverzeichnissen oder der Kostenberechnung h) Mitwirken bei der Auftragserteilung	Prüfen und Werten von Nebenangeboten mit Auswirkungen auf die abgestimmte Planung Mitwirken bei der Mittelabflussplanung Fachliche Vorbereitung und Mitwirken bei Nachprüfungsverfahren Mitwirken bei der Prüfung von bauwirtschaftlich begründeten Nachtragsangeboten Prüfen und Werten der Angebote aus Leistungsbeschreibung mit Leistungsprogramm einschließlich Preisspiegel *) Aufstellen, Prüfen und Werten von Preisspiegeln nach besonderen Anforderungen
*) Diese Besondere Leistung wird bei Leistungsbeschreibungen mit Leistungsprogramm ganz oder teilweise Grundleistung. In diesem Falle entfallen die entsprechenden Grundleistungen dieser Leistungsphase.	

Besonders beim Prüfen und Werten der Angebote ist das Mitwirken aller an der Ausschreibung und Vergabe fachlich Beteiligten erforderlich, weil es deren spezifischen Fachwissens und ihrer Erfahrung bedarf, um Prüfungen und Wertungen vorzunehmen, für die der Architekt üblicherweise die nötige Ausbildung, Kenntnisse und Erfahrungen nicht besitzt.

1. Beispiel: Beurteilung der technischen Daten einer vom LV abweichend angebotenen Heizkesselanlage durch den Ingenieur für technische Ausrüstung.
2. Beispiel: Beurteilung eines konstruktiven Sondervorschlags eines Rohbauunternehmers durch den Ingenieur für Tragwerksplanung und durch den Bauphysiker.

11.4 Objektüberwachung (Bauüberwachung)

- **Anlage 10 (zu § 34 Absatz 4 und § 35 Absatz 7)**

Grundleistungen	Besondere Leistungen
LPH 8 Objektüberwachung (Bauüberwachung und Dokumentation)	
a) Überwachen der Ausführung des Objekts auf Übereinstimmung mit der öffentlich-rechtlichen Genehmigung oder Zustimmung, den Verträgen mit ausführenden Unternehmen, den Ausführungsunterlagen, den einschlägigen Vorschriften sowie mit den allgemeinen Regeln der Technik b) Überwachen der Ausführung von Tragwerken mit sehr geringen und geringen Planungsanforderungen auf Übereinstimmung mit dem Standsicherheitsnachweis c) Koordinieren der an der Objektüberwachung fachlich Beteiligten d) Aufstellen, Fortschreiben und Überwachen eines Terminplans (Balkendiagramm) e) Dokumentation des Bauablaufs (zum Beispiel Bautagebuch) f) Gemeinsames Aufmaß mit den ausführenden Unternehmen g) Rechnungsprüfung einschließlich Prüfen der Aufmaße der bauausführenden Unternehmen h) Vergleich der Ergebnisse der Rechnungsprüfungen mit den Auftragssummen einschließlich Nachträgen i) Kostenkontrolle durch Überprüfen der Leistungsabrechnung der bauausführenden Unternehmen im Vergleich zu den Vertragspreisen j) Kostenfeststellung, z. B. nach DIN 276 k) Organisation der Abnahme der Bauleistungen unter Mitwirkung anderer an der Planung und Objektüberwachung fachlich Beteiligter, Feststellung von Mängeln, Abnahmeempfehlung für den Auftraggeber l) Antrag auf öffentlich-rechtliche Abnahmen und Teilnahme daran m) Systematische Zusammenstellung der Dokumentation, zeichnerischen Darstellungen und rechnerischen Ergebnissen des Objekts n) Übergabe des Objekts o) Auflisten der Verjährungsfristen für Mängelansprüche p) Überwachen der Beseitigung der bei der Abnahme festgestellten Mängel	– Aufstellen, Überwachen und Fortschreiben eines Zahlungsplanes – Aufstellen, Überwachen und Fortschreiben von differenzierten Zeit-, Kosten- oder Kapazitätsplänen – Tätigkeit als verantwortlicher Bauleiter, soweit diese Tätigkeit nach jeweiligem Landesrecht über die Grundleistungen der LPH 8 hinausgeht

In diesem Leistungsbereich überwiegen die vom Architekten in der Funktion des Bauleiters zu erbringenden Tätigkeiten. Bei der Bauüberwachung zählen zum AVA-Bereich das Aufmaß, die Rechnungsprüfung und die weitere kaufmännische und rechtliche Abwicklung aller in Zusammenhang mit der Zahlung stehenden Vorgänge. Diese sind in der HOAI nicht besonders beschrieben, da sie nicht einheitlich sind. Ihre formalen Einzelheiten sind von Art und Größe des Bauwerks, der Art des Bauherrn (z. B. Behörde, Industriebetrieb, privater Bauherr) sowie von den dem jeweiligen Vertragsverhältnis zugrundeliegenden besonderen oder zusätzlichen Vertragsbedingungen abhängig.

Bei der Abrechnung von Bauten erweist sich die Qualität der Ausschreibung. Ob das Abrechnungsergebnis eines Projekts oder eines Gewerks dem Auftragswert nahe kommt oder entspricht, hängt im Allgemeinen vor allem von diesen Fakten ab:

- Vollständigkeit der auszuführenden Einzelleistungen im Leistungsverzeichnis (sonst Nachträge und Mehrkosten).
- Richtigkeit der Mengen der Ausschreibung (sonst Preisänderungen, Nachträge, Kostenerhöhungen, Bauzeitveränderung usw.).
- Genauigkeit der Leistungsbeschreibung (sonst Qualitätsänderungen, Nachträge, Kostenerhöhungen usw.).
- Eindeutigkeit der besonderen oder der zusätzlichen Vertragsbedingungen, sowie der zusätzlichen technischen Vorschriften (sonst Missverständnisse, Fehleinschätzungen, Streit, Mehrkosten usw.).

Außerdem soll der Anteil der Tagelohnarbeiten an der Abrechnungssumme möglichst gering sein, denn oft werden im Leistungsverzeichnis vergessene Leistungen im Tagelohn ausgeführt.

11.5 Objektbetreuung

In dieser Leistungsphase überwiegen ebenfalls die organisatorischen Leistungen und Abwicklungsaufgaben des Bauleiters. Die Abwicklung der Freigabe von Sicherheitsleistungen ist von den vertraglichen Vereinbarungen abhängig. Die Durchführung der sonstigen Leistungen im AVA-Bereich ist wie in der Leistungsphase 8 – Objektüberwachung (Bauüberwachung) – von Fall zu Fall besonders zu regeln.

Besondere Leistungen bei Umbauten und Modernisierungen: Maßliches, technisches und verformungsgerechtes Aufmaß, Schadenskartierung, Ermitteln von Schadensursachen.

Grundleistungen	Besondere Leistungen
LPH 9 Objektbetreuung	
a) Fachliche Bewertung der innerhalb der Verjährungsfristen für Gewährleistungsansprüche festgestellten Mängel, längstens jedoch bis zum Ablauf von fünf Jahren seit Abnahme der Leistung, einschließlich notwendiger Begehungen b) Objektbegehung zur Mängelfeststellung vor Ablauf der Verjährungsfristen für Mängelansprüche gegenüber den ausführenden Unternehmen c) Mitwirken bei der Freigabe von Sicherheitsleistungen	– Überwachen der Mängelbeseitigung innerhalb der Verjährungsfrist – Erstellen einer Gebäudebestandsdokumentation – Aufstellen von Ausrüstungs- und Inventarverzeichnissen – Erstellen von Wartungs- und Pflegeanweisungen – Erstellen eines Instandhaltungskonzepts – Objektbeobachtung – Objektverwaltung – Baubegehungen nach Übergabe – Aufbereiten der Planungs- und Kostendaten für eine Objektdatei oder Kostenrichtwerte – Evaluieren von Wirtschaftlichkeitsberechnungen

11.6 Arbeitsteilung: Bauplanung/Bauabwicklung

Bei mittleren und großen Bauprojekten vergeben viele Bauherren häufig die Architektenleistungen nach HOAI nicht in eine Hand. Man beauftragt einen Architekten mit der Bauplanung, ein anderes Architekturbüro mit der Bauabwicklung, siehe ◘ Abb. 11.1. Dabei können sowohl die in der HOAI beschriebenen Leistungsbilder jeweils als Ganzes oder in Teilen vergeben werden. Besonders wegen der Verantwortung für Qualität, Kosten und Termine vergibt man alle den AVA-Bereich betreffenden Teilleistungen in die Hand des mit der Bauabwicklung Beauftragten.

Generell empfiehlt sich, bei der arbeitsteiligen Beauftragung das Gesamtleistungsbild in der Form des Beispiels in ◘ Abb. 11.1 aufzuteilen.

Für viele Auftraggeber sind die besseren Erfahrungen, welche sie bei großen Bauvorhaben mit der arbeitsteiligen Vergabe gemacht haben, dafür maßgebend, dieses Modell zu handhaben. Weil in der überwiegenden Zahl aller Fälle die Bedeutung der Einhaltung von Kosten, Terminen und Qualität vorrangig ist, betraut man mit der Bauabwicklung auf diesem Gebiet besonders leistungsfähige Architekturbüros. Diese Arbeitsteilung ist nicht neu, sie existierte in der Geschichte des Bauens immer und der Architekt, auch in früherer Zeit, ist nicht als der alles beherrschende Generalist nach Ausbildung, Funktion und Stand anzusehen.

Die Anwendung neuer Arbeitstechniken im Leistungsbereich Bauabwicklung, besonders der Einsatz der elektronischen Datenverarbeitung bei Ausschreibung, Vergabe und Abrechnung, hat die Leistungsfähigkeit der auf diesem Gebiet tätigen Architekturbüros im Laufe der letzten Jahre sehr gesteigert. Ergänzt durch computerunterstützte Managementmethoden hat sich ein eigener, leistungsfähiger Berufszweig unter den Architekten herausgebildet.

Auftraggeber nennen aus ihrer Sicht für die Arbeitsteilung in Bauplanung und Bauabwicklung erstrangig diese Gründe:
- Auswahl und Einsatz der Architekten nach deren individueller größter Leistungsfähigkeit und Erfahrung,
- gegenseitige fachliche Kontrolle der arbeitsteilig beauftragten Architekten,
- klare Verantwortungsteilung und Haftungsabgrenzung für Planung einerseits und Bauabwicklung andererseits,
- größerer Versicherungsschutz der arbeitsteilig Beauftragten für eventuelle Haftungsfälle im Planungs- und/oder Abwicklungsbereich,
- keine Honorarmehrkosten trotz erheblicher Vorteile für den Bauherrn.

Nach HOAI ist es ausdrücklich möglich, nicht alle Leistungsphasen sowie nicht alle Leistungen einer Leistungsphase in eine Hand zu vergeben. Die Berechnung des Honorars hat entsprechend den Leistungsanteilen zu erfolgen

11.6 · Arbeitsteilung: Bauplanung/Bauabwicklung

	Bau-Planung			Bauabwicklung
1.	Grundlagenermittlung	– ganz –	1.	–
2.	Vorplanung	– teilweise, bis auf	2.	Vorplanung-Teilleistung: Kostenschätzung nach DIN 276 oder nach dem wohnungsrechtlichen Berechnungsrecht
3.	Entwurfsplanung	– teilweise, bis auf	3.	Entwurfsplanung-Teilleistung: Kostenberechnung nach DIN 276 oder nach dem wohnungsrechtlichen Berechnungsrecht
4.	Genehmigungsplanung		4.	–
5.	Ausführungsplanung	– ganz oder alternativ	5.	Ausführungsplanung – ganz –
6.	–		6.	Vorbereitung der Vergabe – ganz –
7.	–		7.	Mitwirkung bei der Vergabe – ganz –
8.	–		8.	Objektübrewachung (Bauüberwachung) – ganz –
9.	–		9.	Objektbetreuung

◘ **Abb. 11.1** Beispiel einer arbeitsteiligen Beauftragung von Architekten bei großen Bauvorhaben

Anhang

Inhaltsverzeichnis

12.1	Vergabe- und Vertragsordnung für Bauleistungen (VOB/Teil A) – 183	
12.2	Vergabe- und Vertragsordnung für Bauleistungen (VOB/Teil B) – 216	
12.3	Vergabe- und Vertragsordnung für Bauleistungen (VOB/Teil C) – 238	
12.4	Übersicht über die aktuellen Regelungen der VOB 2019 inklusive Ergänzungsband 2023 – 247	
12.5	Übersicht über die Leistungsbereiche des Standardleistungsbuches für das Bauwesen STLB-Bau – 249	
12.6	Wichtige Paragraphen des BGB und StGB – 252	
12.6.1	Geschäftsfähigkeit – 252	
12.6.2	Willenserklärung – 253	
12.6.3	Vertrag – 255	
12.6.4	Fristen, Termine – 257	
12.6.5	Verjährung – 258	
12.6.6	Rechtsfolgen der Verjährung – 261	
12.6.7	Sicherheitsleistung – 261	
12.6.8	Schuldverhältnisse/Verpflichtung zur Leistung – 262	
12.6.9	Gestaltung rechtsgeschäftlicher Schuldverhältnisse durch Allgemeine Geschäftsbedingungen – 266	
12.6.10	Vertragsstrafe – 278	
12.6.11	Gesamtschuldner – 279	
12.6.12	Dienstvertrag – 280	

© Der/die Herausgeber bzw. der/die Autor(en), exklusiv lizenziert an Springer Fachmedien Wiesbaden GmbH, ein Teil von Springer Nature 2025
B. Rode, W. Weller, *AVA-Handbuch*, https://doi.org/10.1007/978-3-658-48052-3_12

12.6.13 Werkvertrag – 281
12.6.14 Bürgschaft – 290
12.6.15 Unerlaubte Handlungen – 291
12.6.16 StGB – 292

12.1 Vergabe- und Vertragsordnung für Bauleistungen (VOB/Teil A)

Teil A
Allgemeine Bestimmungen für die Vergabe von Bauleistungen
– Fassung 2019 –

Bekanntmachung vom 31. Januar 2019
(BAnz AT 19.02.2019 B2)

zuletzt geändert durch die Bekanntmachung der Änderung der Vergabe- und Vertragsordnung für Bauleistungen Teil A (VOB/A) vom 06.09.2023 (BAnz AT 25.09.2023 B4), anwendbar seit dem 14.02.2024 gem. Verordnung vom 07.02.2024 (BGBl. 2024 I Nr. 39)

- **Abschnitt 1:** ▶ Basisparagrafen (§§ ▶ 1–▶ 23)

§ 1 Bauleistungen
Bauleistungen sind Arbeiten jeder Art, durch die eine bauliche Anlage hergestellt, instand gehalten, geändert oder beseitigt wird.

§ 2 Grundsätze
(1) Bauleistungen werden im Wettbewerb und im Wege transparenter Verfahren vergeben. Dabei werden die Grundsätze der Wirtschaftlichkeit und der Verhältnismäßigkeit gewahrt. Wettbewerbsbeschränkende und unlautere Verhaltensweisen sind zu bekämpfen.
(2) Bei der Vergabe von Bauleistungen darf kein Unternehmen diskriminiert werden.
(3) Bauleistungen werden an fachkundige, leistungsfähige und zuverlässige Unternehmen zu angemessenen Preisen vergeben.
(4) Auftraggeber, Bewerber, Bieter und Auftragnehmer wahren die Vertraulichkeit aller Informationen und Unterlagen nach Maßgabe dieser Vergabeordnung oder anderer Rechtsvorschriften.
(5) Die Durchführung von Vergabeverfahren zum Zwecke der Markterkundung ist unzulässig.
(6) Der Auftraggeber soll erst dann ausschreiben, wenn alle Vergabeunterlagen fertig gestellt sind und wenn innerhalb der angegebenen Fristen mit der Ausführung begonnen werden kann.
(7) Es ist anzustreben, die Aufträge so zu erteilen, dass die ganzjährige Bautätigkeit gefördert wird.

§ 3 Arten der Vergabe
Die Vergabe von Bauleistungen erfolgt nach Öffentlicher Ausschreibung, Beschränkter Ausschreibung mit oder ohne Teilnahmewettbewerb oder nach Freihändiger Vergabe.
1. Bei Öffentlicher Ausschreibung werden Bauleistungen im vorgeschriebenen Verfahren nach öffentlicher Aufforderung einer unbeschränkten Zahl von Unternehmen zur Einreichung von Angeboten vergeben.
2. Bei Beschränkten Ausschreibungen (Beschränkte Ausschreibung mit oder ohne Teilnahmewettbewerb) werden Bauleistungen im vorgeschriebenen Verfahren nach Aufforderung einer beschränkten Zahl von Unternehmen zur Einreichung von Angeboten vergeben.
3. Bei Freihändiger Vergabe werden Bauleistungen in einem vereinfachten Verfahren vergeben.

§ 3a Zulässigkeitsvoraussetzungen
(1) Dem Auftraggeber stehen nach seiner Wahl die Öffentliche Ausschreibung und die Beschränkte Ausschreibung mit Teilnahmewettbewerb zur Verfügung. Die anderen Verfahrensarten stehen nur zur Verfügung, soweit dies nach den Absätzen zwei und drei gestattet ist.
(2) Beschränkte ohne Teilnahmewettbewerb kann erfolgen,
1. bis zu folgendem Auftragswert der Bauleistung ohne Umsatzsteuer:
    a) 50.000 € für Ausbaugewerke (ohne Energie- und Gebäudetechnik), Landschaftsbau und Straßenausstattung,
    b) 150.000 € für Tief-, Verkehrswege- und Ingenieurbau,
    c) 100.000 € für alle übrigen Gewerke,
2. wenn eine Öffentliche Ausschreibung kein annehmbares Ergebnis gehabt hat,
3. wenn die Öffentliche Ausschreibung aus anderen Gründen (z. B. Dringlichkeit, Geheimhaltung) unzweckmäßig ist.
(3) Freihändige Vergabe ist zulässig, wenn die Öffentliche Ausschreibung oder Beschränkte Ausschreibungen unzweckmäßig sind, besonders,
1. wenn für die Leistung aus besonderen Gründen (z. B. Patentschutz, besondere Erfahrung oder Geräte) nur ein bestimmtes Unternehmen in Betracht kommt,
2. wenn die Leistung besonders dringlich ist,
3. wenn die Leistung nach Art und Umfang vor der Vergabe nicht so eindeutig und erschöpfend festgelegt werden kann, dass hinreichend vergleichbare Angebote erwartet werden können,

12.1 · Vergabe- und Vertragsordnung für Bauleistungen (VOB/Teil A)

   4. wenn nach Aufhebung einer Öffentlichen Ausschreibung oder Beschränkten Ausschreibung eine erneute Ausschreibung kein annehmbares Ergebnis verspricht,
   5. wenn es aus Gründen der Geheimhaltung erforderlich ist,
   6. wenn sich eine kleine Leistung von einer vergebenen größeren Leistung nicht ohne Nachteil trennen lässt.

Freihändige Vergabe kann außerdem bis zu einem Auftragswert von 10.000 € ohne Umsatzsteuer erfolgen.

(4) Bauleistungen bis zu einem voraussichtlichen Auftragswert von 3000 € ohne Umsatzsteuer können unter Berücksichtigung der Haushaltsgrundsätze der Wirtschaftlichkeit und Sparsamkeit ohne die Durchführung eines Vergabeverfahrens beschafft werden (Direktauftrag). Der Auftraggeber soll zwischen den beauftragten Unternehmen wechseln.

§ 3b Ablauf der Verfahren

(1) Bei einer Öffentlichen Ausschreibung fordert der Auftraggeber eine unbeschränkte Anzahl von Unternehmen öffentlich zur Abgabe von Angeboten auf. Jedes interessierte Unternehmen kann ein Angebot abgeben.

(2) Bei Beschränkter Ausschreibung mit Teilnahmewettbewerb erfolgt die Auswahl der Unternehmen, die zur Angebotsabgabe aufgefordert werden, durch die Auswertung des Teilnahmewettbewerbs. Dazu fordert der Auftraggeber eine unbeschränkte Anzahl von Unternehmen öffentlich zur Abgabe von Teilnahmeanträgen auf. Die Auswahl der Bewerber erfolgt anhand der vom Auftraggeber festgelegten Eignungskriterien. Die transparenten, objektiven und nichtdiskriminierenden Eignungskriterien für die Begrenzung der Zahl der Bewerber, die Mindestzahl und gegebenenfalls Höchstzahl der einzuladenden Bewerber gibt der Auftraggeber in der Auftragsbekanntmachung des Teilnahmewettbewerbs an. Die vorgesehene Mindestzahl der einzuladenden Bewerber darf nicht niedriger als fünf sein. Liegt die Zahl geeigneter Bewerber unter der Mindestzahl, darf der Auftraggeber das Verfahren mit dem oder den geeigneten Bewerber(n) fortführen.

(3) Bei Beschränkter Ausschreibung ohne Teilnahmewettbewerb sollen mehrere, im Allgemeinen mindestens drei geeignete Unternehmen aufgefordert werden.

(4) Bei Beschränkter Ausschreibung ohne Teilnahmewettbewerb und Freihändiger Vergabe soll unter den Unternehmen möglichst gewechselt werden.

§ 4 Vertragsarten
(1) Bauleistungen sind so zu vergeben, dass die Vergütung nach Leistung bemessen wird (Leistungsvertrag), und zwar:
   1. in der Regel zu Einheitspreisen für technisch und wirtschaftlich einheitliche Teilleistungen, deren Menge nach Maß, Gewicht oder Stückzahl vom Auftraggeber in den Vertragsunterlagen anzugeben ist (Einheitspreisvertrag),
   2. in geeigneten Fällen für eine Pauschalsumme, wenn die Leistung nach Ausführungsart und Umfang genau bestimmt ist und mit einer Änderung bei der Ausführung nicht zu rechnen ist (Pauschalvertrag).
(2) Abweichend von Absatz 1 können Bauleistungen geringeren Umfangs, die überwiegend Lohnkosten verursachen, im Stundenlohn vergeben werden (Stundenlohnvertrag).
(3) Das Angebotsverfahren ist darauf abzustellen, dass der Bieter die Preise, die er für seine Leistungen fordert, in die Leistungsbeschreibung einzusetzen oder in anderer Weise im Angebot anzugeben hat.
(4) Das Auf- und Abgebotsverfahren, bei dem vom Auftraggeber angegebene Preise dem Auf- und Abgebot der Bieter unterstellt werden, soll nur ausnahmsweise bei regelmäßig wiederkehrenden Unterhaltungsarbeiten, deren Umfang möglichst zu umgrenzen ist, angewandt werden.

§ 4a Rahmenvereinbarungen
(1) Rahmenvereinbarungen sind Aufträge, die ein oder mehrere Auftraggeber an ein oder mehrere Unternehmen vergeben können, um die Bedingungen für Einzelaufträge, die während eines bestimmten Zeitraumes vergeben werden sollen, festzulegen, insbesondere über den in Aussicht genommenen Preis. Das in Aussicht genommene Auftragsvolumen ist so genau wie möglich zu ermitteln und bekannt zu geben, braucht aber nicht abschließend festgelegt zu werden. Eine Rahmenvereinbarung darf nicht missbräuchlich oder in einer Art angewendet werden, die den Wettbewerb behindert, einschränkt oder verfälscht. Die Laufzeit einer Rahmenvereinbarung darf vier Jahre nicht überschreiten, es sei denn, es liegt ein im Gegenstand der Rahmenvereinbarung begründeter Ausnahmefall vor.
(2) Die Erteilung von Einzelaufträgen ist nur zulässig zwischen den Auftraggebern, die ihren voraussichtlichen Bedarf für das Vergabeverfahren gemeldet haben, und den Unternehmen, mit denen Rahmenvereinbarungen abgeschlossen wurden.

12.1 · Vergabe- und Vertragsordnung für Bauleistungen (VOB/Teil A)

§ 5 Vergabe nach Losen, Einheitliche Vergabe
(1) Bauleistungen sollen so vergeben werden, dass eine einheitliche Ausführung und zweifelsfreie umfassende Haftung für Mängelansprüche erreicht wird; sie sollen daher in der Regel mit den zur Leistung gehörigen Lieferungen vergeben werden.
(2) Bauleistungen sind in der Menge aufgeteilt (Teillose) und getrennt nach Art oder Fachgebiet (Fachlose) zu vergeben. Bei der Vergabe kann aus wirtschaftlichen oder technischen Gründen auf eine Aufteilung oder Trennung verzichtet werden.

§ 6 Teilnehmer am Wettbewerb
(1) Der Wettbewerb darf nicht auf Unternehmen beschränkt werden, die in bestimmten Regionen oder Orten ansässig sind.
(2) Bietergemeinschaften sind Einzelbietern gleichzusetzen, wenn sie die Arbeiten im eigenen Betrieb oder in den Betrieben der Mitglieder ausführen.
(3) Am Wettbewerb können sich nur Unternehmen beteiligen, die sich gewerbsmäßig mit der Ausführung von Leistungen der ausgeschriebenen Art befassen.

§ 6a Eignungsnachweise
(1) Zum Nachweis ihrer Eignung ist die Fachkunde, Leistungsfähigkeit und Zuverlässigkeit der Bewerber oder Bieter zu prüfen. Bei der Beurteilung der Zuverlässigkeit werden Selbstreinigungsmaßnahmen in entsprechender Anwendung des § 6f EU Absatz 1 und 2 berücksichtigt.
(2) Der Nachweis umfasst die folgenden Angaben:
   1. den Umsatz des Unternehmens jeweils bezogen auf die letzten drei abgeschlossenen Geschäftsjahre, soweit er Bauleistungen und andere Leistungen betrifft, die mit der zu vergebenden Leistung vergleichbar sind, unter Einschluss des Anteils bei gemeinsam mit anderen Unternehmen ausgeführten Aufträgen,
   2. die Ausführung von Leistungen in den letzten bis zu fünf abgeschlossenen Kalenderjahren, die mit der zu vergebenden Leistung vergleichbar sind. Um einen ausreichenden Wettbewerb sicherzustellen, kann der Auftraggeber darauf hinweisen, dass auch einschlägige Bauleistungen berücksichtigt werden, die mehr als fünf Jahre zurückliegen,
   3. die Zahl der in den letzten drei abgeschlossenen Kalenderjahren jahresdurchschnittlich beschäftigten Arbeitskräfte, gegliedert nach Lohngruppen mit gesondert ausgewiesenem technischen Leitungspersonal,

4. die Eintragung in das Berufsregister ihres Sitzes oder Wohnsitzes,

sowie Angaben,
   5. ob ein Insolvenzverfahren oder ein vergleichbares gesetzlich geregeltes Verfahren eröffnet oder die Eröffnung beantragt worden ist oder der Antrag mangels Masse abgelehnt wurde oder ein Insolvenzplan rechtskräftig bestätigt wurde,
   6. ob sich das Unternehmen in Liquidation befindet,
   7. dass nachweislich keine schwere Verfehlung begangen wurde, die die Zuverlässigkeit als Bewerber in Frage stellt,
   8. dass die Verpflichtung zur Zahlung von Steuern und Abgaben sowie der Beiträge zur gesetzlichen Sozialversicherung ordnungsgemäß erfüllt wurde,
   9. dass sich das Unternehmen bei der Berufsgenossenschaft angemeldet hat.
(3) Andere, auf den konkreten Auftrag bezogene zusätzliche, insbesondere für die Prüfung der Fachkunde geeignete Angaben können verlangt werden.
(4) Der Auftraggeber wird andere ihm geeignet erscheinende Nachweise der wirtschaftlichen und finanziellen Leistungsfähigkeit zulassen, wenn er feststellt, dass stichhaltige Gründe dafür bestehen.
(5) Der Auftraggeber kann bis zu einem Auftragswert von 10.000 € auf Angaben nach Absatz 2 Nummer 1 bis 3, 5 und 6 verzichten, wenn dies durch Art und Umfang des Auftrags gerechtfertigt ist.

§ 6b Mittel der Nachweisführung, Verfahren
(1) Der Nachweis der Eignung kann mit der vom Auftraggeber direkt abrufbaren Eintragung in die allgemein zugängliche Liste des Vereins für die Präqualifikation von Bauunternehmen e. V. (Präqualifikationsverzeichnis) erfolgen.
(2) Die Angaben können die Bewerber oder Bieter auch durch Einzelnachweise erbringen. Der Auftraggeber kann dabei vorsehen, dass für einzelne Angaben Eigenerklärungen ausreichend sind. Eigenerklärungen, die als vorläufiger Nachweis dienen, sind von den Bietern, deren Angebote in die engere Wahl kommen, durch entsprechende Bescheinigungen der zuständigen Stellen zu bestätigen.
(3) Der Auftraggeber verzichtet auf die Vorlage von Nachweisen, wenn die den Zuschlag erteilende Stelle bereits im Besitz dieser Nachweise ist.
(4) Bei Öffentlicher Ausschreibung sind in der Aufforderung zur Angebotsabgabe die Nachweise zu bezeichnen, deren Vorlage mit dem Angebot verlangt oder deren spätere Anfor-

12.1 • Vergabe- und Vertragsordnung für Bauleistungen (VOB/Teil A)

derung vorbehalten wird. Bei Beschränkter Ausschreibung nach Öffentlichem Teilnahmewettbewerb ist zu verlangen, dass die Nachweise bereits mit dem Teilnahmeantrag vorgelegt werden.

(5) Bei Beschränkter Ausschreibung und Freihändiger Vergabe ist vor der Aufforderung zur Angebotsabgabe die Eignung der Unternehmen zu prüfen. Dabei sind die Unternehmen auszuwählen, deren Eignung die für die Erfüllung der vertraglichen Verpflichtungen notwendige Sicherheit bietet; dies bedeutet, dass sie die erforderliche Fachkunde, Leistungsfähigkeit und Zuverlässigkeit besitzen und über ausreichende technische und wirtschaftliche Mittel verfügen.

§ 7 Leistungsbeschreibung

(1) 1. Die Leistung ist eindeutig und so erschöpfend zu beschreiben, dass alle Bewerber die Beschreibung im gleichen Sinne verstehen müssen und ihre Preise sicher und ohne umfangreiche Vorarbeiten berechnen können.
2. Um eine einwandfreie Preisermittlung zu ermöglichen, sind alle sie beeinflussenden Umstände festzustellen und in den Vergabeunterlagen anzugeben.
3. Dem Auftragnehmer darf kein ungewöhnliches Wagnis aufgebürdet werden für Umstände und Ereignisse, auf die er keinen Einfluss hat und deren Einwirkung auf die Preise und Fristen er nicht im Voraus schätzen kann.
4. Bedarfspositionen sind grundsätzlich nicht in die Leistungsbeschreibung aufzunehmen. Angehängte Stundenlohnarbeiten dürfen nur in dem unbedingt erforderlichen Umfang in die Leistungsbeschreibung aufgenommen werden.
5. Erforderlichenfalls sind auch der Zweck und die vorgesehene Beanspruchung der fertigen Leistung anzugeben.
6. Die für die Ausführung der Leistung wesentlichen Verhältnisse der Baustelle, z. B. Boden- und Wasserverhältnisse, sind so zu beschreiben, dass der Bewerber ihre Auswirkungen auf die bauliche Anlage und die Bauausführung hinreichend beurteilen kann.
7. Die „Hinweise für das Aufstellen der Leistungsbeschreibung" in Abschnitt 0 der Allgemeinen Technischen Vertragsbedingungen für Bauleistungen, DIN 18299 ff., sind zu beachten.

(2) In technischen Spezifikationen darf nicht auf eine bestimmte Produktion oder Herkunft oder ein besonderes Verfahren, das die von einem bestimmten Unternehmen bereitgestellten Produkte charakterisiert, oder auf Marken, Patente, Typen oder einen bestimmten Ursprung

oder eine bestimmte Produktion verwiesen werden, es sei denn,
1. dies ist durch den Auftragsgegenstand gerechtfertigt oder
2. der Auftragsgegenstand kann nicht hinreichend genau und allgemein verständlich beschrieben werden; solche Verweise sind mit dem Zusatz „oder gleichwertig" zu versehen.
(3) Bei der Beschreibung der Leistung sind die verkehrsüblichen Bezeichnungen zu beachten.

§ 7a Technische Spezifikationen
(1) Die technischen Anforderungen (Spezifikationen – siehe Anhang TS Nummer 1) an den Auftragsgegenstand müssen allen Unternehmen gleichermaßen zugänglich sein.
(2) Die technischen Spezifikationen sind in den Vergabeunterlagen zu formulieren:
1. entweder unter Bezugnahme auf die in Anhang TS definierten technischen Spezifikationen in der Rangfolge
    a) nationale Normen, mit denen europäische Normen umgesetzt werden,
    b) europäische technische Zulassungen,
    c) gemeinsame technische Spezifikationen,
    d) internationale Normen und andere technische Bezugsysteme, die von den europäischen Normungsgremien erarbeitet wurden oder,
    e) falls solche Normen und Spezifikationen fehlen, nationale Normen, nationale technische Zulassungen oder nationale technische Spezifikationen für die Planung, Berechnung und Ausführung von Bauwerken und den Einsatz von Produkten.

Jede Bezugnahme ist mit dem Zusatz „oder gleichwertig" zu versehen;
2. oder in Form von Leistungs- oder Funktionsanforderungen, die so genau zu fassen sind, dass sie den Unternehmen ein klares Bild vom Auftragsgegenstand vermitteln und dem Auftraggeber die Erteilung des Zuschlags ermöglichen;
3. oder in Kombination von Nummer 1 und Nummer 2, das heißt
    a) in Form von Leistungs- oder Funktionsanforderungen unter Bezugnahme auf die Spezifikationen gemäß Nummer 1 als Mittel zur Vermutung der Konformität mit diesen Leistungs- oder Funktionsanforderungen;
    b) oder mit Bezugnahme auf die Spezifikationen gemäß Nummer 1 hinsichtlich bestimmter Merk-

12.1 • Vergabe- und Vertragsordnung für Bauleistungen (VOB/Teil A)

male und mit Bezugnahme auf die Leistungs- oder Funktionsanforderungen gemäß Nummer 2 hinsichtlich anderer Merkmale.

(3) Verweist der Auftraggeber in der Leistungsbeschreibung auf die in Absatz 2 Nummer 1 genannten Spezifikationen, so darf er ein Angebot nicht mit der Begründung ablehnen, die angebotene Leistung entspräche nicht den herangezogenen Spezifikationen, sofern der Bieter in seinem Angebot dem Auftraggeber nachweist, dass die von ihm vorgeschlagenen Lösungen den Anforderungen der technischen Spezifikation, auf die Bezug genommen wurde, gleichermaßen entsprechen. Als geeignetes Mittel kann eine technische Beschreibung des Herstellers oder ein Prüfbericht einer anerkannten Stelle gelten.

(4) Legt der Auftraggeber die technischen Spezifikationen in Form von Leistungs- oder Funktionsanforderungen fest, so darf er ein Angebot, das einer nationalen Norm entspricht, mit der eine europäische Norm umgesetzt wird, oder einer europäischen technischen Zulassung, einer gemeinsamen technischen Spezifikation, einer internationalen Norm oder einem technischen Bezugssystem, das von den europäischen Normungsgremien erarbeitet wurde, entspricht, nicht zurückweisen, wenn diese Spezifikationen die geforderten Leistungs- oder Funktionsanforderungen betreffen. Der Bieter muss in seinem Angebot mit geeigneten Mitteln dem Auftraggeber nachweisen, dass die der Norm entsprechende jeweilige Leistung den Leistungs- oder Funktionsanforderungen des Auftraggebers entspricht. Als geeignetes Mittel kann eine technische Beschreibung des Herstellers oder ein Prüfbericht einer anerkannten Stelle gelten.

(5) Schreibt der Auftraggeber Umwelteigenschaften in Form von Leistungs- oder Funktionsanforderungen vor, so kann er die Spezifikationen verwenden, die in europäischen, multinationalen oder anderen Umweltzeichen definiert sind, wenn
  1. sie sich zur Definition der Merkmale des Auftragsgegenstands eignen,
  2. die Anforderungen des Umweltzeichens auf Grundlage von wissenschaftlich abgesicherten Informationen ausgearbeitet werden,
  3. die Umweltzeichen im Rahmen eines Verfahrens erlassen werden, an dem interessierte Kreise – wie z. B. staatliche Stellen, Verbraucher, Hersteller, Händler und Umweltorganisationen – teilnehmen können, und
  4. wenn das Umweltzeichen für alle Betroffenen zugänglich und verfügbar ist.

Der Auftraggeber kann in den Vergabeunterlagen angeben, dass bei Leistungen, die mit einem Umweltzeichen ausgestattet sind, vermutet wird, dass sie den in der Leistungsbeschreibung festgelegten technischen Spezifikationen genügen. Der Auftraggeber muss jedoch auch jedes andere geeignete Beweismittel, wie technische Unterlagen des Herstellers oder Prüfberichte anerkannter Stellen, akzeptieren. Anerkannte Stellen sind die Prüf- und Eichlaboratorien sowie die Inspektions- und Zertifizierungsstellen, die mit den anwendbaren europäischen Normen übereinstimmen. Der Auftraggeber erkennt Bescheinigungen von in anderen Mitgliedstaaten ansässigen anerkannten Stellen an.

§ 7b Leistungsbeschreibung mit Leistungsverzeichnis
(1) Die Leistung ist in der Regel durch eine allgemeine Darstellung der Bauaufgabe (Baubeschreibung) und ein in Teilleistungen gegliedertes Leistungsverzeichnis zu beschreiben.
(2) Erforderlichenfalls ist die Leistung auch zeichnerisch oder durch Probestücke darzustellen oder anders zu erklären, z. B. durch Hinweise auf ähnliche Leistungen, durch Mengen- oder statische Berechnungen. Zeichnungen und Proben, die für die Ausführung maßgebend sein sollen, sind eindeutig zu bezeichnen.
(3) Leistungen, die nach den Vertragsbedingungen, den Technischen Vertragsbedingungen oder der gewerblichen Verkehrssitte zu der geforderten Leistung gehören (§ 2 Absatz 1 VOB/B), brauchen nicht besonders aufgeführt zu werden.
(4) Im Leistungsverzeichnis ist die Leistung derart aufzugliedern, dass unter einer Ordnungszahl (Position) nur solche Leistungen aufgenommen werden, die nach ihrer technischen Beschaffenheit und für die Preisbildung als in sich gleichartig anzusehen sind. Ungleichartige Leistungen sollen unter einer Ordnungszahl (Sammelposition) nur zusammengefasst werden, wenn eine Teilleistung gegenüber einer anderen für die Bildung eines Durchschnittspreises ohne nennenswerten Einfluss ist.

§ 7c Leistungsbeschreibung mit Leistungsprogramm
(1) Wenn es nach Abwägen aller Umstände zweckmäßig ist, abweichend von § 7b Absatz 1 zusammen mit der Bauausführung auch den Entwurf für die Leistung dem Wettbewerb zu unterstellen, um die technisch, wirtschaftlich und gestalterisch beste sowie funktionsgerechteste Lösung der Bauaufgabe zu ermitteln, kann die Leistung durch ein Leistungsprogramm dargestellt werden.
(2) 1. Das Leistungsprogramm umfasst eine Beschreibung der Bauaufgabe, aus der die Unternehmen alle für die Entwurfsbearbeitung und ihr Angebot maßgebenden Bedingungen und Umstände erkennen können und in der sowohl der Zweck der fertigen Leistung als auch

die an sie gestellten technischen, wirtschaftlichen, gestalterischen und funktionsbedingten Anforderungen angegeben sind, sowie gegebenenfalls ein Musterleistungsverzeichnis, in dem die Mengenangaben ganz oder teilweise offen gelassen sind.
2. § 7b Absatz 2 bis 4 gilt sinngemäß.
(3) Von dem Bieter ist ein Angebot zu verlangen, das außer der Ausführung der Leistung den Entwurf nebst eingehender Erläuterung und eine Darstellung der Bauausführung sowie eine eingehende und zweckmäßig gegliederte Beschreibung der Leistung – gegebenenfalls mit Mengen- und Preisangaben für Teile der Leistung – umfasst. Bei Beschreibung der Leistung mit Mengen- und Preisangaben ist vom Bieter zu verlangen, dass er
1. die Vollständigkeit seiner Angaben, insbesondere die von ihm selbst ermittelten Mengen, entweder ohne Einschränkung oder im Rahmen einer in den Vergabeunterlagen anzugebenden Mengentoleranz vertritt, und dass er
2. etwaige Annahmen, zu denen er in besonderen Fällen gezwungen ist, weil zum Zeitpunkt der Angebotsabgabe einzelne Teilleistungen nach Art und Menge noch nicht bestimmt werden können (z. B. Aushub-, Abbruch- oder Wasserhaltungsarbeiten) – erforderlichenfalls anhand von Plänen und Mengenermittlungen – begründet.

§ 8 Vergabeunterlagen
(1) Die Vergabeunterlagen bestehen aus
1. dem Anschreiben (Aufforderung zur Angebotsabgabe gemäß Absatz 2 Nummer 1 bis 3), gegebenenfalls Teilnahmebedingungen (Absatz 2 Nummer 6) und
2. den Vertragsunterlagen (§§ 7 bis 7c und 8a).
(2) 1. Das Anschreiben muss alle Angaben nach § 12 Absatz 1 Nummer 2 enthalten, die außer den Vertragsunterlagen für den Entschluss zur Abgabe eines Angebots notwendig sind, sofern sie nicht bereits veröffentlicht wurden.
2. In den Vergabeunterlagen kann der Auftraggeber die Bieter auffordern, in ihrem Angebot die Leistungen anzugeben, die sie an Nachunternehmen zu vergeben beabsichtigen.
3. Der Auftraggeber hat anzugeben:
   a) ob er Nebenangebote nicht zulässt,
   b) ob er Nebenangebote ausnahmsweise nur in Verbindung mit einem Hauptangebot zulässt.
Die Zuschlagskriterien sind so festzulegen, dass sie sowohl auf Hauptangebote als auch auf Nebenangebote anwendbar sind. Es ist dabei auch zulässig, dass der Preis das einzige Zuschlagskriterium ist.

Von Bietern, die eine Leistung anbieten, deren Ausführung nicht in Allgemeinen Technischen Vertragsbedingungen oder in den Vergabeunterlagen geregelt ist, sind im Angebot entsprechende Angaben über Ausführung und Beschaffenheit dieser Leistung zu verlangen.
4. Der Auftraggeber kann in den Vergabeunterlagen angeben, dass er die Abgabe mehrerer Hauptangebote nicht zulässt.
5. Der Auftraggeber hat an zentraler Stelle in den Vergabeunterlagen abschließend alle Unterlagen im Sinne von § 16a Absatz 1 mit Ausnahme von Produktangaben anzugeben.
6. Auftraggeber, die ständig Bauleistungen vergeben, sollen die Erfordernisse, die die Unternehmen bei der Bearbeitung ihrer Angebote beachten müssen, in den Teilnahmebedingungen zusammenfassen und dem Anschreiben beifügen.

§ 8a Allgemeine, Besondere und Zusätzliche Vertragsbedingungen
(1) In den Vergabeunterlagen ist vorzuschreiben, dass die Allgemeinen Vertragsbedingungen für die Ausführung von Bauleistungen (VOB/B) und die Allgemeinen Technischen Vertragsbedingungen für Bauleistungen (VOB/C) Bestandteile des Vertrags werden. Das gilt auch für etwaige Zusätzliche Vertragsbedingungen und etwaige Zusätzliche Technische Vertragsbedingungen, soweit sie Bestandteile des Vertrags werden sollen.
(2) 1. Die Allgemeinen Vertragsbedingungen bleiben grundsätzlich unverändert. Sie können von Auftraggebern, die ständig Bauleistungen vergeben, für die bei ihnen allgemein gegebenen Verhältnisse durch Zusätzliche Vertragsbedingungen ergänzt werden. Diese dürfen den Allgemeinen Vertragsbedingungen nicht widersprechen.
2. Für die Erfordernisse des Einzelfalles sind die Allgemeinen Vertragsbedingungen und etwaige Zusätzliche Vertragsbedingungen durch Besondere Vertragsbedingungen zu ergänzen. In diesen sollen sich Abweichungen von den Allgemeinen Vertragsbedingungen auf die Fälle beschränken, in denen dort besondere Vereinbarungen ausdrücklich vorgesehen sind und auch nur soweit es die Eigenart der Leistung und ihre Ausführung erfordern.
(3) Die Allgemeinen Technischen Vertragsbedingungen bleiben grundsätzlich unverändert. Sie können von Auftraggebern, die ständig Bauleistungen vergeben, für die bei ihnen allgemein gegebenen Verhältnisse durch Zusätzli-

che Technische Vertragsbedingungen ergänzt werden. Für die Erfordernisse des Einzelfalles sind Ergänzungen und Änderungen in der Leistungsbeschreibung festzulegen.

(4) 1. In den Zusätzlichen Vertragsbedingungen oder in den Besonderen Vertragsbedingungen sollen, soweit erforderlich, folgende Punkte geregelt werden:
   a) Unterlagen (§ 8b Absatz 3; § 3 Absatz 5 und 6 VOB/B),
   b) Benutzung von Lager- und Arbeitsplätzen, Zufahrtswegen, Anschlussgleisen, Wasser- und Energieanschlüssen (§ 4 Absatz 4 VOB/B),
   c) Weitervergabe an Nachunternehmen (§ 4 Absatz 8 VOB/B),
   d) Ausführungsfristen (§ 9; § 5 VOB/B),
   e) Haftung (§ 10 Absatz 2 VOB/B),
   f) Vertragsstrafen und Beschleunigungsvergütungen (§ 9a; § 11 VOB/B),
   g) Abnahme (§ 12 VOB/B),
   h) Vertragsart (§§ 4, 4a), Abrechnung (§ 14 VOB/B),
   i) Stundenlohnarbeiten (§ 15 VOB/B),
   j) Zahlungen, Vorauszahlungen (§ 16 VOB/B),
   k) Sicherheitsleistung (§ 9c; § 17 VOB/B),
   l) Gerichtsstand (§ 18 Absatz 1 VOB/B),
   m) Lohn- und Gehaltsnebenkosten,
   n) Änderung der Vertragspreise (§ 9d).
2. Im Einzelfall erforderliche besondere Vereinbarungen über die Mängelansprüche sowie deren Verjährung (§ 9b; § 13 Absatz 1, 4 und 7 VOB/B) und über die Verteilung der Gefahr bei Schäden, die durch Hochwasser, Sturmfluten, Grundwasser, Wind, Schnee, Eis und dergleichen entstehen können (§ 7 VOB/B), sind in den Besonderen Vertragsbedingungen zu treffen. Sind für bestimmte Bauleistungen gleichgelagerte Voraussetzungen im Sinne von § 9b gegeben, so dürfen die besonderen Vereinbarungen auch in Zusätzlichen Technischen Vertragsbedingungen vorgesehen werden.

§ 8b Kosten- und Vertrauensregelung, Schiedsverfahren

(1) 1. Bei Öffentlicher Ausschreibung kann eine Erstattung der Kosten für die Vervielfältigung der Leistungsbeschreibung und der anderen Unterlagen sowie für die Kosten der postalischen Versendung verlangt werden.
2. Bei Beschränkter Ausschreibung und Freihändiger Vergabe sind alle Unterlagen unentgeltlich abzugeben.

(2) 1. Für die Bearbeitung des Angebots wird keine Entschädigung gewährt. Verlangt jedoch der Auftraggeber, dass der Bewerber Entwürfe, Pläne, Zeichnungen,

statische Berechnungen, Mengenberechnungen oder andere Unterlagen ausarbeitet, insbesondere in den Fällen des § 7c, so ist einheitlich für alle Bieter in der Ausschreibung eine angemessene Entschädigung festzusetzen. Diese Entschädigung steht jedem Bieter zu, der ein der Ausschreibung entsprechendes Angebot mit den geforderten Unterlagen rechtzeitig eingereicht hat.
2. Diese Grundsätze gelten für die Freihändige Vergabe entsprechend.

(3) Der Auftraggeber darf Angebotsunterlagen und die in den Angeboten enthaltenen eigenen Vorschläge eines Bieters nur für die Prüfung und Wertung der Angebote (§§ 16c und 16d) verwenden. Eine darüber hinausgehende Verwendung bedarf der vorherigen schriftlichen Vereinbarung.

(4) Sollen Streitigkeiten aus dem Vertrag unter Ausschluss des ordentlichen Rechtswegs im schiedsrichterlichen Verfahren ausgetragen werden, so ist es in besonderer, nur das Schiedsverfahren betreffender Urkunde zu vereinbaren, soweit nicht § 1031 Absatz 2 der Zivilprozessordnung (ZPO) auch eine andere Form der Vereinbarung zulässt.

§ 9 Einzelne Vertragsbedingungen, Ausführungsfristen
(1) 1. Die Ausführungsfristen sind ausreichend zu bemessen; Jahreszeit, Arbeitsbedingungen und etwaige besondere Schwierigkeiten sind zu berücksichtigen. Für die Bauvorbereitung ist dem Auftragnehmer genügend Zeit zu gewähren.
2. Außergewöhnlich kurze Fristen sind nur bei besonderer Dringlichkeit vorzusehen.
3. Soll vereinbart werden, dass mit der Ausführung erst nach Aufforderung zu beginnen ist (§ 5 Absatz 2 VOB/B), so muss die Frist, innerhalb derer die Aufforderung ausgesprochen werden kann, unter billiger Berücksichtigung der für die Ausführung maßgebenden Verhältnisse zumutbar sein; sie ist in den Vergabeunterlagen festzulegen.

(2) 1. Wenn es ein erhebliches Interesse des Auftraggebers erfordert, sind Einzelfristen für in sich abgeschlossene Teile der Leistung zu bestimmen.
2. Wird ein Bauzeitenplan aufgestellt, damit die Leistungen aller Unternehmen sicher ineinandergreifen, so sollen nur die für den Fortgang der Gesamtarbeit besonders wichtigen Einzelfristen als vertraglich verbindliche Fristen (Vertragsfristen) bezeichnet werden.

(3) Ist für die Einhaltung von Ausführungsfristen die Übergabe von Zeichnungen oder anderen Unterlagen wichtig, so soll hierfür ebenfalls eine Frist festgelegt werden.

(4) Der Auftraggeber darf in den Vertragsunterlagen eine Pauschalierung des Verzugsschadens (§ 5 Absatz 4 VOB/B) vorsehen; sie soll fünf Prozent der Auftragssumme nicht überschreiten. Der Nachweis eines geringeren Schadens ist zuzulassen.

§ 9a Vertragsstrafen, Beschleunigungsvergütung
Vertragsstrafen für die Überschreitung von Vertragsfristen sind nur zu vereinbaren, wenn die Überschreitung erhebliche Nachteile verursachen kann. Die Strafe ist in angemessenen Grenzen zu halten. Beschleunigungsvergütung (Prämien) sind nur vorzusehen, wenn die Fertigstellung vor Ablauf der Vertragsfristen erhebliche Vorteile bringt.

§ 9b Verjährung der Mängelansprüche
Andere Verjährungsfristen als nach § 13 Absatz 4 VOB/B sollen nur vorgesehen werden, wenn dies wegen der Eigenart der Leistung erforderlich ist. In solchen Fällen sind alle Umstände gegeneinander abzuwägen, insbesondere, wann etwaige Mängel wahrscheinlich erkennbar werden und wieweit die Mängelursachen noch nachgewiesen werden können, aber auch die Wirkung auf die Preise und die Notwendigkeit einer billigen Bemessung der Verjährungsfristen für Mängelansprüche.

§ 9c Sicherheitsleistung
(1) Auf Sicherheitsleistung soll ganz oder teilweise verzichtet werden, wenn Mängel der Leistung voraussichtlich nicht eintreten. Unterschreitet die Auftragssumme 250.000 € ohne Umsatzsteuer, ist auf Sicherheitsleistung für die Vertragserfüllung und in der Regel auf Sicherheitsleistung für die Mängelansprüche zu verzichten. Bei Beschränkter Ausschreibung sowie bei Freihändiger Vergabe sollen Sicherheitsleistungen in der Regel nicht verlangt werden.
(2) Die Sicherheit soll nicht höher bemessen und ihre Rückgabe nicht für einen späteren Zeitpunkt vorgesehen werden, als nötig ist, um den Auftraggeber vor Schaden zu bewahren. Die Sicherheit für die Erfüllung sämtlicher Verpflichtungen aus dem Vertrag soll fünf Prozent der Auftragssumme nicht überschreiten. Die Sicherheit für Mängelansprüche soll drei Prozent der Abrechnungssumme nicht überschreiten.

§ 9d Änderung der Vergütung
Sind wesentliche Änderungen der Preisermittlungsgrundlagen zu erwarten, deren Eintritt oder Ausmaß ungewiss ist, so kann eine angemessene Änderung der Vergütung in den Vertragsunterlagen vorgesehen werden. Die Einzelheiten der Preisänderungen sind festzulegen.

§ 10 Angebots-, Bewerbungs-, Bindefristen
(1) Für die Bearbeitung und Einreichung der Angebote ist eine ausreichende Angebotsfrist vorzusehen, auch bei Dringlichkeit nicht unter zehn Kalendertagen. Dabei ist insbesondere der zusätzliche Aufwand für die Besichtigung von Baustellen oder die Beschaffung von Unterlagen für die Angebotsbearbeitung zu berücksichtigen.
(2) Bis zum Ablauf der Angebotsfrist können Angebote in Textform zurückgezogen werden.
(3) Für die Einreichung von Teilnahmeanträgen bei Beschränkter Ausschreibung nach Öffentlichem Teilnahmewettbewerb ist eine ausreichende Bewerbungsfrist vorzusehen.
(4) Der Auftraggeber bestimmt eine angemessene Frist, innerhalb der die Bieter an ihre Angebote gebunden sind (Bindefrist). Diese soll so kurz wie möglich und nicht länger bemessen werden, als der Auftraggeber für eine zügige Prüfung und Wertung der Angebote (§§ 16 bis 16d) benötigt. Eine längere Bindefrist als 30 Kalendertage soll nur in begründeten Fällen festgelegt werden. Das Ende der Bindefrist ist durch Angabe des Kalendertages zu bezeichnen.
(5) Die Bindefrist beginnt mit dem Ablauf der Angebotsfrist.
(6) Die Absätze 4 und 5 gelten bei Freihändiger Vergabe entsprechend.

§ 11 Grundsätze der Informationsübermittlung
(1) Der Auftraggeber gibt in der Auftragsbekanntmachung oder den Vergabeunterlagen an, auf welchem Weg die Kommunikation erfolgen soll. Für den Fall der elektronischen Kommunikation gelten die Absätze 2 bis 6 sowie § 11a. Eine mündliche Kommunikation ist jeweils zulässig, wenn sie nicht die Vergabeunterlagen, die Teilnahmeanträge oder die Angebote betrifft und wenn sie in geeigneter Weise ausreichend dokumentiert wird.
(2) Vergabeunterlagen sind elektronisch zur Verfügung zu stellen.
(3) Der Auftraggeber gibt in der Auftragsbekanntmachung eine elektronische Adresse an, unter der die Vergabeunterlagen unentgeltlich, uneingeschränkt, vollständig und direkt abgerufen werden können. Absatz 7 bleibt unberührt.
(4) Die Unternehmen übermitteln ihre Angebote und Teilnahmeanträge in Textform mithilfe elektronischer Mittel.
(5) Der Auftraggeber prüft im Einzelfall, ob zu übermittelnde Daten erhöhte Anforderungen an die Sicherheit stellen. Soweit es erforderlich ist, kann der Auftraggeber verlangen, dass Angebote und Teilnahmeanträge zu versehen sind mit

12.1 • Vergabe- und Vertragsordnung für Bauleistungen (VOB/Teil A)

1. einer fortgeschrittenen elektronischen Signatur,
2. einer qualifizierten elektronischen Signatur,
3. einem fortgeschrittenen elektronischen Siegel oder
4. einem qualifizierten elektronischen Siegel.

(6) Der Auftraggeber kann von jedem Unternehmen die Angabe einer eindeutigen Unternehmensbezeichnung sowie einer elektronischen Adresse verlangen (Registrierung). Für den Zugang zur Auftragsbekanntmachung und zu den Vergabeunterlagen darf der Auftraggeber keine Registrierung verlangen. Eine freiwillige Registrierung ist zulässig.

(7) Enthalten die Vergabeunterlagen schutzwürdige Daten, kann der Auftraggeber Maßnahmen zum Schutz der Vertraulichkeit der Informationen anwenden. Der Auftraggeber kann den Zugriff auf die Vergabeunterlagen insbesondere von der Abgabe einer Verschwiegenheitserklärung abhängig machen. Die Maßnahmen sind in der Auftragsbekanntmachung anzugeben.

§ 11a Anforderungen an elektronische Mittel

(1) Elektronische Mittel und deren technische Merkmale müssen allgemein verfügbar, nichtdiskriminierend und mit allgemein verbreiteten Geräten und Programmen der Informations- und Kommunikationstechnologie kompatibel sein. Sie dürfen den Zugang von Unternehmen zum Vergabeverfahren nicht einschränken. Der Auftraggeber gewährleistet die barrierefreie Ausgestaltung der elektronischen Mittel nach den §§ 4, 12a und 12b des Behindertengleichstellungsgesetzes vom 27. April 2002 (BGBl. I S. 1467, 1468) in der jeweils geltenden Fassung.

(2) Der Auftraggeber verwendet für das Senden, Empfangen, Weiterleiten und Speichern von Daten in einem Vergabeverfahren ausschließlich solche elektronischen Mittel, die die Unversehrtheit, die Vertraulichkeit und die Echtheit der Daten gewährleisten.

(3) Der Auftraggeber muss den Unternehmen alle notwendigen Informationen zur Verfügung stellen über
1. die in einem Vergabeverfahren verwendeten elektronischen Mittel,
2. die technischen Parameter zur Einreichung von Teilnahmeanträgen, Angeboten mithilfe elektronischer Mittel und
3. verwendete Verschlüsselungs- und Zeiterfassungsverfahren.

(4) Der Auftraggeber legt das erforderliche Sicherheitsniveau für die elektronischen Mittel fest. Elektronische Mittel, die vom Auftraggeber für den Empfang von Angeboten

und Teilnahmeanträgen verwendet werden, müssen gewährleisten, dass
1. die Uhrzeit und der Tag des Datenempfanges genau zu bestimmen sind,
2. kein vorfristiger Zugriff auf die empfangenen Daten möglich ist,
3. der Termin für den erstmaligen Zugriff auf die empfangenen Daten nur von den Berechtigten festgelegt oder geändert werden kann,
4. nur die Berechtigten Zugriff auf die empfangenen Daten oder auf einen Teil derselben haben,
5. nur die Berechtigten nach dem festgesetzten Zeitpunkt Dritten Zugriff auf die empfangenen Daten oder auf einen Teil derselben einräumen dürfen,
6. empfangene Daten nicht an Unberechtigte übermittelt werden und
7. Verstöße oder versuchte Verstöße gegen die Anforderungen gemäß den Nummern 1 bis 6 eindeutig festgestellt werden können.

(5) Die elektronischen Mittel, die von dem Auftraggeber für den Empfang von Angeboten und Teilnahmeanträgen genutzt werden, müssen über eine einheitliche Datenaustauschschnittstelle verfügen. Es sind die jeweils geltenden Interoperabilitäts- und Sicherheitsstandards der Informationstechnik gemäß § 3 Absatz 1 des Vertrags über die Errichtung des IT-Planungsrats und über die Grundlagen der Zusammenarbeit beim Einsatz der Informationstechnologie in den Verwaltungen von Bund und Ländern vom 1. April 2010 zu verwenden.

(6) Der Auftraggeber kann im Vergabeverfahren die Verwendung elektronischer Mittel, die nicht allgemein verfügbar sind (alternative elektronische Mittel), verlangen, wenn er
1. Unternehmen während des gesamten Vergabeverfahrens unter einer Internetadresse einen unentgeltlichen, uneingeschränkten, vollständigen und direkten Zugang zu diesen alternativen elektronischen Mitteln gewährt und
2. diese alternativen elektronischen Mittel selbst verwendet.

(7) Der Auftraggeber kann für die Vergabe von Bauleistungen und für Wettbewerbe die Nutzung elektronischer Mittel im Rahmen der Bauwerksdatenmodellierung verlangen. Sofern die verlangten elektronischen Mittel für die Bauwerksdatenmodellierung nicht allgemein verfügbar sind, bietet der Auftraggeber einen alternativen Zugang zu ihnen gemäß Absatz 6 an.

§ 12 Auftragsbekanntmachung

(1) 1. Öffentliche Ausschreibungen sind bekannt zu machen, z. B. in Tageszeitungen, amtlichen Veröffentlichungsblättern oder auf unentgeltlich nutzbaren und direkt zugänglichen Internetportalen; sie können auch auf ▶ www.service.bund.de veröffentlicht werden.
2. Diese Auftragsbekanntmachungen sollen folgende Angaben enthalten:
   a) Name, Anschrift, Telefon-, Telefaxnummer sowie E-Mail-Adresse des Auftraggebers (Vergabestelle),
   b) gewähltes Vergabeverfahren,
   c) gegebenenfalls Auftragsvergabe auf elektronischem Wege und Verfahren der Ver- und Entschlüsselung,
   d) Art des Auftrags,
   e) Ort der Ausführung,
   f) Art und Umfang der Leistung,
   g) Angaben über den Zweck der baulichen Anlage oder des Auftrags, wenn auch Planungsleistungen gefordert werden,
   h) falls der Auftrag in mehrere Lose aufgeteilt ist, Art und Umfang der einzelnen Lose und Möglichkeit, Angebote für eines, mehrere oder alle Lose einzureichen,
   i) Zeitpunkt, bis zu dem die Bauleistungen beendet werden sollen oder Dauer des Bauleistungsauftrags; sofern möglich, Zeitpunkt, zu dem die Bauleistungen begonnen werden sollen,
   j) gegebenenfalls Angaben nach § 8 Absatz 2 Nummer 3 zur Zulässigkeit von Nebenangeboten,
   k) gegebenenfalls Angaben nach § 8 Absatz 2 Nummer 4 zur Nichtzulassung der Abgabe mehrerer Hauptangebote,
   l) Name und Anschrift, Telefon- und Telefaxnummer, E-Mail-Adresse der Stelle, bei der die Vergabeunterlagen und zusätzliche Unterlagen angefordert und eingesehen werden können; bei Veröffentlichung der Auftragsbekanntmachung auf einem Internetportal die Angabe einer Internetadresse, unter der die Vergabeunterlagen unentgeltlich, uneingeschränkt, vollständig und direkt abgerufen werden können; § 11 Absatz 7 bleibt unberührt,
   m) gegebenenfalls Höhe und Bedingungen für die Zahlung des Betrags, der für die Unterlagen zu entrichten ist,
   n) bei Teilnahmeantrag: Frist für den Eingang der Anträge auf Teilnahme, Anschrift, an die diese Anträge zu richten sind, Tag, an dem die Aufforderungen zur Angebotsabgabe spätestens abgesandt werden,

o) Frist für den Eingang der Angebote und die Bindefrist,
p) Anschrift, an die die Angebote zu richten sind, gegebenenfalls auch Anschrift, an die Angebote elektronisch zu übermitteln sind,
q) Sprache, in der die Angebote abgefasst sein müssen,
r) die Zuschlagskriterien, sofern diese nicht in den Vergabeunterlagen genannt werden, und gegebenenfalls deren Gewichtung,
s) Datum, Uhrzeit und Ort des Eröffnungstermins sowie Angabe, welche Personen bei der Eröffnung der Angebote anwesend sein dürfen,
t) gegebenenfalls geforderte Sicherheiten,
u) wesentliche Finanzierungs- und Zahlungsbedingungen und/oder Hinweise auf die maßgeblichen Vorschriften, in denen sie enthalten sind,
v) gegebenenfalls Rechtsform, die die Bietergemeinschaft nach der Auftragsvergabe haben muss,
w) verlangte Nachweise für die Beurteilung der Eignung des Bewerbers oder Bieters,
x) Name und Anschrift der Stelle, an die sich der Bewerber oder Bieter zur Nachprüfung behaupteter Verstöße gegen Vergabebestimmungen wenden kann.

(2) 1. Bei Beschränkter Ausschreibung nach Öffentlichem Teilnahmewettbewerb sind die Unternehmen durch Bekanntmachungen, z. B. in Tageszeitungen, amtlichen Veröffentlichungsblättern oder auf unentgeltlich nutzbaren und direkt zugänglichen Internetportalen, aufzufordern, ihre Teilnahme am Wettbewerb zu beantragen. Die Auftragsbekanntmachung kann auch auf ▶ www.service.bund.de veröffentlicht werden.
2. Diese Auftragsbekanntmachungen sollen die Angaben gemäß § 12 Absatz 1 Nummer 2 enthalten.

(3) Teilnahmeanträge sind auch dann zu berücksichtigen, wenn sie durch Telefax oder in sonstiger Weise elektronisch übermittelt werden, sofern die sonstigen Teilnahmebedingungen erfüllt sind.

§ 12a Versand der Vergabeunterlagen

(4) Soweit die Vergabeunterlagen nicht elektronisch im Sinne von § 11 Absatz 2 und 3 zur Verfügung gestellt werden, sind sie
1. den Unternehmen unverzüglich in geeigneter Weise zu übermitteln.
2. bei Beschränkter Ausschreibung und Freihändiger Vergabe an alle ausgewählten Bewerber am selben Tag abzusenden.

(5) Wenn von den für die Preisermittlung wesentlichen Unterlagen keine Vervielfältigungen abgegeben werden können, sind diese in ausreichender Weise zur Einsicht auszulegen.
(6) Die Namen der Unternehmen, die Vergabeunterlagen erhalten oder eingesehen haben, sind geheim zu halten.
(7) Erbitten Unternehmen zusätzliche sachdienliche Auskünfte über die Vergabeunterlagen, so sind diese Auskünfte allen Unternehmen unverzüglich in gleicher Weise zu erteilen.

§ 13 Form und Inhalt der Angebote

(1) 1. Der Auftraggeber legt fest, in welcher Form die Angebote einzureichen sind. Schriftlich eingereichte Angebote müssen unterzeichnet sein. Elektronisch übermittelte Angebote sind nach Wahl des Auftraggebers in Textform oder versehen mit
   a) einer fortgeschrittenen elektronischen Signatur,
   b) einer qualifizierten elektronischen Signatur,
   c) einem fortgeschrittenen elektronischen Siegel oder
   d) einem qualifizierten elektronischen Siegel
   zu übermitteln.
2. Der Auftraggeber hat die Datenintegrität und die Vertraulichkeit der Angebote auf geeignete Weise zu gewährleisten. Per Post oder direkt übermittelte Angebote sind in einem verschlossenen Umschlag einzureichen, als solche zu kennzeichnen und bis zum Ablauf der für die Einreichung vorgesehenen Frist unter Verschluss zu halten. Bei elektronisch übermittelten Angeboten ist dies durch entsprechende technische Lösungen nach den Anforderungen des Auftraggebers und durch Verschlüsselung sicherzustellen. Die Verschlüsselung muss bis zur Öffnung des ersten Angebots aufrechterhalten bleiben.
3. Die Angebote müssen die geforderten Preise enthalten.
4. Die Angebote müssen die geforderten Erklärungen und Nachweise enthalten.
5. Änderungen an den Vergabeunterlagen sind unzulässig. Änderungen des Bieters an seinen Eintragungen müssen zweifelsfrei sein.
6. Bieter können für die Angebotsabgabe eine selbstgefertigte Abschrift oder Kurzfassung des Leistungsverzeichnisses benutzen, wenn sie den vom Auftraggeber verfassten Wortlaut des Leistungsverzeichnisses im Angebot als allein verbindlich anerkennen; Kurzfassungen müssen jedoch die Ordnungszahlen (Positionen) vollzählig, in der gleichen Reihenfolge und mit den gleichen Nummern wie in dem vom Auftraggeber verfassten Leistungsverzeichnis, wiedergeben.
7. Muster und Proben der Bieter müssen als zum Angebot gehörig gekennzeichnet sein.

(2) Eine Leistung, die von den vorgesehenen technischen Spezifikationen nach § 7a Absatz 1 abweicht, kann angeboten werden, wenn sie mit dem geforderten Schutzniveau in Bezug auf Sicherheit, Gesundheit und Gebrauchstauglichkeit gleichwertig ist. Die Abweichung muss im Angebot eindeutig bezeichnet sein. Die Gleichwertigkeit ist mit dem Angebot nachzuweisen.

(3) Die Anzahl von Nebenangeboten ist an einer vom Auftraggeber in den Vergabeunterlagen bezeichneten Stelle aufzuführen. Etwaige Nebenangebote müssen auf besonderer Anlage erstellt und als solche deutlich gekennzeichnet werden. Werden mehrere Hauptangebote abgegeben, muss jedes aus sich heraus zuschlagsfähig sein. Absatz 1 Nummer 2 Satz 2 gilt für jedes Hauptangebot entsprechend.

(4) Soweit Preisnachlässe ohne Bedingungen gewährt werden, sind diese an einer vom Auftraggeber in den Vergabeunterlagen bezeichneten Stelle aufzuführen.

(5) Bietergemeinschaften haben die Mitglieder zu benennen sowie eines ihrer Mitglieder als bevollmächtigten Vertreter für den Abschluss und die Durchführung des Vertrags zu bezeichnen. Fehlt die Bezeichnung des bevollmächtigten Vertreters im Angebot, so ist sie vor der Zuschlagserteilung beizubringen.

(6) Der Auftraggeber hat die Anforderungen an den Inhalt der Angebote nach den Absätzen 1 bis 5 in die Vergabeunterlagen aufzunehmen.

§ 14 Öffnung der Angebote, Öffnungstermin bei ausschließlicher Zulassung elektronischer Angebote

(1) Sind nur elektronische Angebote zugelassen, wird die Öffnung der Angebote von mindestens zwei Vertretern des Auftraggebers gemeinsam an einem Termin (Öffnungstermin) unverzüglich nach Ablauf der Angebotsfrist durchgeführt. Bis zu diesem Termin sind die elektronischen Angebote zu kennzeichnen und verschlüsselt aufzubewahren.

(2) 1. Der Verhandlungsleiter stellt fest, ob die elektronischen Angebote verschlüsselt sind.
    2. Die Angebote werden geöffnet und in allen wesentlichen Teilen im Öffnungstermin gekennzeichnet.
    3. Muster und Proben der Bieter müssen im Termin zur Stelle sein.

(3) Über den Öffnungstermin ist eine Niederschrift in Textform zu fertigen, in der die beiden Vertreter des Auftraggebers zu benennen sind. Der Niederschrift ist eine Aufstellung mit folgenden Angaben beizufügen:
    a) Name und Anschrift der Bieter,
    b) die Endbeträge der Angebote oder einzelner Lose,

12.1 · Vergabe- und Vertragsordnung für Bauleistungen (VOB/Teil A)

   c) Preisnachlässe ohne Bedingungen,
   d) Anzahl der jeweiligen Nebenangebote.
(4) Angebote, die nach Ablauf der Angebotsfrist eingegangen sind, sind in der Niederschrift oder in einem Nachtrag besonders aufzuführen. Die Eingangszeiten und die etwa bekannten Gründe, aus denen die Angebote nicht vorgelegen haben, sind zu vermerken.
(5) Ein Angebot, das nachweislich vor Ablauf der Angebotsfrist dem Auftraggeber zugegangen war, aber dem Verhandlungsleiter nicht vorgelegen hat, ist mit allen Angaben in die Niederschrift oder in einen Nachtrag aufzunehmen. Den Bietern ist dieser Sachverhalt unverzüglich in Textform mitzuteilen. In die Mitteilung sind die Feststellung, ob die Angebote verschlüsselt waren, sowie die Angaben nach Absatz 3 Buchstabe a bis d aufzunehmen. Im Übrigen gilt Absatz 4 Satz 2.
(6) Bei Ausschreibungen stellt der Auftraggeber den Bietern die in Absatz 3 Buchstabe a bis d genannten Informationen unverzüglich elektronisch zur Verfügung. Den Bietern und ihren Bevollmächtigten ist die Einsicht in die Niederschrift und ihre Nachträge (Absätze 4 und 5 sowie § 16c Absatz 3) zu gestatten.
(7) Die Niederschrift darf nicht veröffentlicht werden.
(8) Die Angebote und ihre Anlagen sind sorgfältig zu verwahren und geheim zu halten.

§ 14a Öffnung der Angebote, Eröffnungstermin bei Zulassung schriftlicher Angebote
(1) Sind schriftliche Angebote zugelassen, ist bei Ausschreibungen für die Öffnung und Verlesung (Eröffnung) der Angebote ein Eröffnungstermin abzuhalten, in dem nur die Bieter und ihre Bevollmächtigten zugegen sein dürfen. Bis zu diesem Termin sind die zugegangenen Angebote auf dem ungeöffneten Umschlag mit Eingangsvermerk zu versehen und unter Verschluss zu halten. Elektronische Angebote sind zu kennzeichnen und verschlüsselt aufzubewahren.
(2) Zur Eröffnung zuzulassen sind nur Angebote, die bis zum Ablauf der Angebotsfrist eingegangen sind.
(3) 1. Der Verhandlungsleiter stellt fest, ob der Verschluss der schriftlichen Angebote unversehrt ist und die elektronischen Angebote verschlüsselt sind.
   2. Die Angebote werden geöffnet und in allen wesentlichen Teilen im Eröffnungstermin gekennzeichnet. Name und Anschrift der Bieter und die Endbeträge der Angebote oder einzelner Lose, sowie Preisnachlässe ohne Bedingungen werden verlesen. Es wird be-

kannt gegeben, ob und von wem und in welcher Zahl Nebenangebote eingereicht sind. Weiteres aus dem Inhalt der Angebote soll nicht mitgeteilt werden.
3. Muster und Proben der Bieter müssen im Termin zur Stelle sein.

(4) 1. Über den Eröffnungstermin ist eine Niederschrift in Schriftform oder in elektronischer Form zu fertigen. In ihr ist zu vermerken, dass die Angaben nach Absatz 3 Nummer 2 verlesen und als richtig anerkannt oder welche Einwendungen erhoben worden sind.
2. Sie ist vom Verhandlungsleiter zu unterschreiben oder mit einer Signatur nach § 13 Absatz 1 Nummer 1 zu versehen; die anwesenden Bieter und Bevollmächtigten sind berechtigt, mit zu unterzeichnen oder eine Signatur nach § 13 Absatz 1 Nummer 1 anzubringen.

(5) Angebote, die zum Ablauf der Angebotsfrist nicht vorgelegen haben (Absatz 2), sind in der Niederschrift oder in einem Nachtrag besonders aufzuführen. Die Eingangszeiten und die etwa bekannten Gründe, aus denen die Angebote nicht vorgelegen haben, sind zu vermerken. Der Umschlag und andere Beweismittel sind aufzubewahren.

(6) Ein Angebot, das nachweislich vor Ablauf der Angebotsfrist dem Auftraggeber zugegangen war, aber dem Verhandlungsleiter nicht vorgelegen hat, ist mit allen Angaben in die Niederschrift oder in einen Nachtrag aufzunehmen. Den Bietern ist dieser Sachverhalt unverzüglich in Textform mitzuteilen. In die Mitteilung sind die Feststellung, ob der Verschluss unversehrt war und die Angaben nach Absatz 3 Nummer 2 aufzunehmen. Im Übrigen gilt Absatz 5 Satz 2 und 3.

(7) Den Bietern und ihren Bevollmächtigten ist die Einsicht in die Niederschrift und ihre Nachträge (Absätze 5 und 6 sowie § 16c Absatz 3) zu gestatten; den Bietern sind nach Antragstellung die Namen der Bieter sowie die verlesenen und die nachgerechneten Endbeträge der Angebote sowie die Zahl ihrer Nebenangebote nach der rechnerischen Prüfung unverzüglich mitzuteilen.

(8) Die Niederschrift darf nicht veröffentlicht werden.

(9) Die Angebote und ihre Anlagen sind sorgfältig zu verwahren und geheim zu halten; dies gilt auch bei Freihändiger Vergabe.

§ 15 Aufklärung des Angebotsinhalts
(1) 1. Bei Ausschreibungen darf der Auftraggeber nach Öffnung der Angebote bis zur Zuschlagserteilung von einem Bieter nur Aufklärung verlangen, um sich über seine Eignung, insbesondere seine technische und wirtschaftliche Leistungsfähigkeit, das Angebot

12.1 • Vergabe- und Vertragsordnung für Bauleistungen (VOB/Teil A)

selbst, etwaige Nebenangebote, die geplante Art der Durchführung, etwaige Ursprungsorte oder Bezugsquellen von Stoffen oder Bauteilen und über die Angemessenheit der Preise, wenn nötig durch Einsicht in die vorzulegenden Preisermittlungen (Kalkulationen) zu unterrichten.
2. Die Ergebnisse solcher Aufklärungen sind geheim zu halten. Sie sollen in Textform niedergelegt werden.

(2) Verweigert ein Bieter die geforderten Aufklärungen und Angaben oder lässt er die ihm gesetzte angemessene Frist unbeantwortet verstreichen, so ist sein Angebot auszuschließen.

(3) Verhandlungen, besonders über Änderung der Angebote oder Preise, sind unstatthaft, außer, wenn sie bei Nebenangeboten oder Angeboten aufgrund eines Leistungsprogramms nötig sind, um unumgängliche technische Änderungen geringen Umfangs und daraus sich ergebende Änderungen der Preise zu vereinbaren.

§ 16 Ausschluss von Angeboten

(1) Auszuschließen sind:
1. Angebote, die nicht fristgerecht eingegangen sind,
2. Angebote, die den Bestimmungen des § 13 Absatz 1 Nummern 1, 2 und 5 nicht entsprechen,
3. Angebote, die die geforderten Unterlagen im Sinne von § 8 Absatz 2 Nummer 5 nicht enthalten, wenn der Auftraggeber gemäß § 16a Absatz 3 festgelegt hat, dass er keine Unterlagen nachfordern wird. Satz 1 gilt für Teilnahmeanträge entsprechend,
4. Angebote, bei denen der Bieter Erklärungen oder Nachweise, deren Vorlage sich der Auftraggeber vorbehalten hat, auf Anforderung nicht innerhalb einer angemessenen, nach dem Kalender bestimmten Frist vorgelegt hat. Satz 1 gilt für Teilnahmeanträge entsprechend,
5. Angebote von Bietern, die in Bezug auf die Ausschreibung eine Abrede getroffen haben, die eine unzulässige Wettbewerbsbeschränkung darstellt,
6. Nebenangebote, wenn der Auftraggeber in der Auftragsbekanntmachung oder in den Vergabeunterlagen erklärt hat, dass er diese nicht zulässt,
7. Hauptangebote von Bietern, die mehrere Hauptangebote abgegeben haben, wenn der Auftraggeber die Abgabe mehrerer Hauptangebote in der Auftragsbekanntmachung oder in den Vergabeunterlagen nicht zugelassen hat,
8. Nebenangebote, die dem § 13 Absatz 3 Satz 2 nicht entsprechen,

9. Hauptangebote, die dem § 13 Absatz 3 Satz 3 nicht entsprechen,
10. 1Angebote von Bietern, die im Vergabeverfahren vorsätzlich unzutreffende Erklärungen in Bezug auf ihre Fachkunde, Leistungsfähigkeit und Zuverlässigkeit abgegeben haben.

(2) Außerdem können Angebote von Bietern ausgeschlossen werden, wenn
1. ein Insolvenzverfahren oder ein vergleichbares gesetzlich geregeltes Verfahren eröffnet oder die Eröffnung beantragt worden ist oder der Antrag mangels Masse abgelehnt wurde oder ein Insolvenzplan rechtskräftig bestätigt wurde,
2. sich das Unternehmen in Liquidation befindet,
3. nachweislich eine schwere Verfehlung begangen wurde, die die Zuverlässigkeit als Bewerber oder Bieter in Frage stellt,
4. die Verpflichtung zur Zahlung von Steuern und Abgaben sowie der Beiträge zur Sozialversicherung nicht ordnungsgemäß erfüllt wurde,
5. sich das Unternehmen nicht bei der Berufsgenossenschaft angemeldet hat.

§ 16a Nachforderung von Unterlagen

(3) Der Auftraggeber muss Bieter, die für den Zuschlag in Betracht kommen, unter Einhaltung der Grundsätze der Transparenz und der Gleichbehandlung auffordern, fehlende, unvollständige oder fehlerhafte unternehmensbezogene Unterlagen – insbesondere Erklärungen, Angaben oder Nachweise – nachzureichen, zu vervollständigen oder zu korrigieren, oder fehlende oder unvollständige leistungsbezogene Unterlagen – insbesondere Erklärungen, Produkt- und sonstige Angaben oder Nachweise – nachzureichen oder zu vervollständigen (Nachforderung), es sei denn, er hat von seinem Recht aus Absatz 3 Gebrauch gemacht. Es sind nur Unterlagen nachzufordern, die bereits mit dem Angebot vorzulegen waren.

(4) Fehlende Preisangaben dürfen nicht nachgefordert werden. Angebote, die den Bestimmungen des § 13 Absatz 1 Nummer 3 nicht entsprechen, sind auszuschließen. Dies gilt nicht für Angebote, bei denen lediglich in unwesentlichen Positionen die Angabe des Preises fehlt und sowohl durch die Außerachtlassung dieser Positionen der Wettbewerb und die Wertungsreihenfolge nicht beeinträchtigt werden als auch bei Wertung dieser Positionen mit dem jeweils höchsten Wettbewerbspreis. Hierbei wird nur auf den Preis ohne Berücksichtigung etwaiger Nebenangebote abgestellt. Der Auftraggeber fordert den Bieter nach

Maßgabe von Absatz 1 auf, die fehlenden Preispositionen zu ergänzen. Die Sätze 3 bis 5 gelten nicht, wenn der Auftraggeber das Nachfordern von Preisangaben gemäß Absatz 3 ausgeschlossen hat.
(5) Der Auftraggeber kann in der Auftragsbekanntmachung oder den Vergabeunterlagen festlegen, dass er keine Unterlagen oder Preisangaben nachfordern wird.
(6) Die Unterlagen oder fehlenden Preisangaben sind vom Bewerber oder Bieter nach Aufforderung durch den Auftraggeber innerhalb einer angemessenen, nach dem Kalender bestimmten Frist vorzulegen. Die Frist soll sechs Kalendertage nicht überschreiten.
(7) Werden die nachgeforderten Unterlagen nicht innerhalb der Frist vorgelegt, ist das Angebot auszuschließen.
(8) Die Absätze 1, 3, 4 und 5 gelten für den Teilnahmewettbewerb entsprechend.

§ 16b Eignung
(1) Bei Öffentlicher Ausschreibung ist zunächst die Eignung der Bieter zu prüfen. Dabei sind anhand der vorgelegten Nachweise die Angebote der Bieter auszuwählen, deren Eignung die für die Erfüllung der vertraglichen Verpflichtungen notwendigen Sicherheiten bietet; dies bedeutet, dass sie die erforderliche Fachkunde, Leistungsfähigkeit und Zuverlässigkeit besitzen und über ausreichende technische und wirtschaftliche Mittel verfügen.
(2) Abweichend von Absatz 1 können die Angebote zuerst geprüft werden, sofern sichergestellt ist, dass die anschließende Prüfung der Eignung unparteiisch und transparent erfolgt.
(3) Bei Beschränkter Ausschreibung und Freihändiger Vergabe sind nur Umstände zu berücksichtigen, die nach Aufforderung zur Angebotsabgabe Zweifel an der Eignung des Bieters begründen (vgl. § 6b Absatz 4).

§ 16c Prüfung
(1) Die nicht ausgeschlossenen Angebote geeigneter Bieter sind auf die Einhaltung der gestellten Anforderungen, insbesondere in rechnerischer, technischer und wirtschaftlicher Hinsicht zu prüfen.
(2) 1. Entspricht der Gesamtbetrag einer Ordnungszahl (Position) nicht dem Ergebnis der Multiplikation von Mengenansatz und Einheitspreis, so ist der Einheitspreis maßgebend.
2. Bei Vergabe für eine Pauschalsumme gilt diese ohne Rücksicht auf etwa angegebene Einzelpreise.
3. Die Nummern 1 und 2 gelten auch bei Freihändiger Vergabe.

(3) Die aufgrund der Prüfung festgestellten Angebotsendsummen sind in der Niederschrift über den (Er-)Öffnungstermin zu vermerken.

§ 16d Wertung

(4) 1. Auf ein Angebot mit einem unangemessen hohen oder niedrigen Preis darf der Zuschlag nicht erteilt werden.
2. Erscheint ein Angebotspreis unangemessen niedrig und ist anhand vorliegender Unterlagen über die Preisermittlung die Angemessenheit nicht zu beurteilen, ist in Textform vom Bieter Aufklärung über die Ermittlung der Preise für die Gesamtleistung oder für Teilleistungen zu verlangen, gegebenenfalls unter Festlegung einer zumutbaren Antwortfrist. Bei der Beurteilung der Angemessenheit sind die Wirtschaftlichkeit des Bauverfahrens, die gewählten technischen Lösungen oder sonstige günstige Ausführungsbedingungen zu berücksichtigen.
3. In die engere Wahl kommen nur solche Angebote, die unter Berücksichtigung rationellen Baubetriebs und sparsamer Wirtschaftsführung eine einwandfreie Ausführung einschließlich Haftung für Mängelansprüche erwarten lassen.
4. Der Zuschlag wird auf das wirtschaftlichste Angebot erteilt. Grundlage dafür ist eine Bewertung des Auftraggebers, ob und inwieweit das Angebot die vorgegebenen Zuschlagskriterien erfüllt. Das wirtschaftlichste Angebot bestimmt sich nach dem besten Preis-Leistungs-Verhältnis. Zu dessen Ermittlung können neben dem Preis oder den Kosten auch qualitative, umweltbezogene oder soziale Aspekte berücksichtigt werden.
5. Es dürfen nur Zuschlagskriterien und gegebenenfalls deren Gewichtung berücksichtigt werden, die in der Auftragsbekanntmachung oder in den Vergabeunterlagen genannt sind. Zuschlagskriterien können neben dem Preis oder den Kosten insbesondere sein:
   a) Qualität einschließlich technischer Wert, Ästhetik, Zweckmäßigkeit, Zugänglichkeit, „Design für alle", soziale, umweltbezogene und innovative Eigenschaften;
   b) Organisation, Qualifikation und Erfahrung des mit der Ausführung des Auftrags betrauten Personals, wenn die Qualität des eingesetzten Personals erheblichen Einfluss auf das Niveau der Auftragsausführung haben kann, oder
   c) Kundendienst und technische Hilfe sowie Ausführungsfrist.
   Die Zuschlagskriterien müssen mit dem Auftragsgegenstand in Verbindung stehen. Zuschlagskriterien

stehen mit dem Auftragsgegenstand in Verbindung, wenn sie sich in irgendeiner Hinsicht auf diesen beziehen, auch wenn derartige Faktoren sich nicht auf die materiellen Eigenschaften des Auftragsgegenstandes auswirken.
   6. Die Zuschlagskriterien müssen so festgelegt und bestimmt sein, dass die Möglichkeit eines wirksamen Wettbewerbs gewährleistet wird, der Zuschlag nicht willkürlich erteilt werden kann und eine wirksame Überprüfung möglich ist, ob und inwieweit die Angebote die Zuschlagskriterien erfüllen.
   7. Es können auch Festpreise oder Festkosten vorgegeben werden, sodass der Wettbewerb nur über die Qualität stattfindet.
(5) Ein Angebot nach § 13 Absatz 2 ist wie ein Hauptangebot zu werten.
(6) Nebenangebote sind zu werten, es sei denn, der Auftraggeber hat sie in der Auftragsbekanntmachung oder in den Vergabeunterlagen nicht zugelassen.
(7) Preisnachlässe ohne Bedingung sind nicht zu werten, wenn sie nicht an der vom Auftraggeber nach § 13 Absatz 4 bezeichneten Stelle aufgeführt sind. Unaufgefordert angebotene Preisnachlässe mit Bedingungen für die Zahlungsfrist (Skonti) werden bei der Wertung der Angebote nicht berücksichtigt.
(8) Die Bestimmungen von Absatz 1 und § 16b gelten auch bei Freihändiger Vergabe. Die Absätze 2 bis 4, § 16 Absatz 1 und § 6 Absatz 2 sind entsprechend auch bei Freihändiger Vergabe anzuwenden.

§ 17 Aufhebung der Ausschreibung
(1) Die Ausschreibung kann aufgehoben werden, wenn:
   1. kein Angebot eingegangen ist, das den Ausschreibungsbedingungen entspricht,
   2. die Vergabeunterlagen grundlegend geändert werden müssen,
   3. andere schwerwiegende Gründe bestehen.
(2) Die Bewerber und Bieter sind von der Aufhebung der Ausschreibung unter Angabe der Gründe, gegebenenfalls über die Absicht, ein neues Vergabeverfahren einzuleiten, unverzüglich in Textform zu unterrichten.

§ 18 Zuschlag
(1) Der Zuschlag ist möglichst bald, mindestens aber so rechtzeitig zu erteilen, dass dem Bieter die Erklärung noch vor Ablauf der Bindefrist (§ 10 Absatz 4 bis 6) zugeht.
(2) Werden Erweiterungen, Einschränkungen oder Änderungen vorgenommen oder wird der Zuschlag verspätet

erteilt, so ist der Bieter bei Erteilung des Zuschlags aufzufordern, sich unverzüglich über die Annahme zu erklären.

§ 19 Nicht berücksichtigte Bewerbungen und Angebote
(1) Bieter, deren Angebote ausgeschlossen worden sind (§ 16) und solche, deren Angebote nicht in die engere Wahl kommen, sollen unverzüglich unterrichtet werden. Die übrigen Bieter sind zu unterrichten, sobald der Zuschlag erteilt worden ist.
(2) Auf Verlangen sind den nicht berücksichtigten Bewerbern oder Bietern innerhalb einer Frist von 15 Kalendertagen nach Eingang ihres in Textform gestellten Antrags die Gründe für die Nichtberücksichtigung ihrer Bewerbung oder ihres Angebots in Textform mitzuteilen, den Bietern auch die Merkmale und Vorteile des Angebots des erfolgreichen Bieters sowie dessen Name.
(3) Nicht berücksichtigte Angebote und Ausarbeitungen der Bieter dürfen nicht für eine neue Vergabe oder für andere Zwecke benutzt werden.
(4) Entwürfe, Ausarbeitungen, Muster und Proben zu nicht berücksichtigten Angeboten sind zurückzugeben, wenn dies im Angebot oder innerhalb von 30 Kalendertagen nach Ablehnung des Angebots verlangt wird.

§ 20 Dokumentation, Informationspflicht
(1) Das Vergabeverfahren ist zeitnah so zu dokumentieren, dass die einzelnen Stufen des Verfahrens, die einzelnen Maßnahmen, die maßgebenden Feststellungen sowie die Begründung der einzelnen Entscheidungen in Textform festgehalten werden. Diese Dokumentation muss mindestens enthalten:
1. Name und Anschrift des Auftraggebers,
2. Art und Umfang der Leistung,
3. Wert des Auftrags,
4. Namen der berücksichtigten Bewerber oder Bieter und Gründe für ihre Auswahl,
5. Namen der nicht berücksichtigten Bewerber oder Bieter und die Gründe für die Ablehnung,
6. Gründe für die Ablehnung von ungewöhnlich niedrigen Angeboten,
7. Name des Auftragnehmers und Gründe für die Erteilung des Zuschlags auf sein Angebot,
8. Anteil der beabsichtigten Weitergabe an Nachunternehmen, soweit bekannt,
9. bei Beschränkter Ausschreibung, Freihändiger Vergabe Gründe für die Wahl des jeweiligen Verfahrens,
10. gegebenenfalls die Gründe, aus denen der Auftraggeber auf die Vergabe eines Auftrags verzichtet hat.

Der Auftraggeber trifft geeignete Maßnahmen, um den Ablauf der mit elektronischen Mitteln durchgeführten Vergabeverfahren zu dokumentieren.
(2) Wird auf die Vorlage zusätzlich zum Angebot verlangter Unterlagen und Nachweise verzichtet, ist dies in der Dokumentation zu begründen. Dies gilt auch für den Verzicht auf Angaben zur Eignung gemäß § 6a Absatz 5.
(3) Nach Zuschlagserteilung hat der Auftraggeber auf geeignete Weise, z. B. auf Internetportalen oder im Beschafferprofil zu informieren, wenn bei
   1. Beschränkten Ausschreibungen ohne Teilnahmewettbewerb der Auftragswert 25.000 € ohne Umsatzsteuer,
   2. Freihändigen Vergaben der Auftragswert 15.000 € ohne Umsatzsteuer übersteigt. Diese Informationen werden sechs Monate vorgehalten und müssen folgende Angaben enthalten:
      a) Name, Anschrift, Telefon-, Telefaxnummer und E-Mail-Adresse des Auftraggebers,
      b) gewähltes Vergabeverfahren,
      c) Auftragsgegenstand,
      d) Ort der Ausführung,
      e) Name des beauftragten Unternehmens.
(4) Der Auftraggeber informiert fortlaufend Unternehmen auf Internetportalen oder in seinem Beschafferprofil über beabsichtigte Beschränkte Ausschreibungen nach § 3a Absatz 2 Nummer 1 ab einem voraussichtlichen Auftragswert von 25.000 € ohne Umsatzsteuer.
Diese Informationen müssen folgende Angaben enthalten:
   1. Name, Anschrift, Telefon-, Telefaxnummer und E-Mail-Adresse des Auftraggebers,
   2. Auftragsgegenstand,
   3. Ort der Ausführung,
   4. Art und voraussichtlicher Umfang der Leistung,
   5. voraussichtlicher Zeitraum der Ausführung.

§ 21 Nachprüfungsstellen
In der Auftragsbekanntmachung und den Vergabeunterlagen sind die Nachprüfungsstellen mit Anschrift anzugeben, an die sich der Bewerber oder Bieter zur Nachprüfung behaupteter Verstöße gegen die Vergabebestimmungen wenden kann.

§ 22 Änderungen während der Vertragslaufzeit
Vertragsänderungen nach den Bestimmungen der VOB/B erfordern kein neues Vergabeverfahren; ausgenommen davon sind Vertragsänderungen nach § 1 Absatz 4 Satz 2 VOB/B.

§ 23 Baukonzessionen
(1) Eine Baukonzession ist ein Vertrag über die Durchführung eines Bauauftrages, bei dem die Gegenleistung für die Bauarbeiten statt in einem Entgelt in dem befristeten Recht auf Nutzung der baulichen Anlage, gegebenenfalls zuzüglich der Zahlung eines Preises besteht.
(2) Für die Vergabe von Baukonzessionen sind die §§ 1 bis 22 sinngemäß anzuwenden.

§ 24 Vergabe im Ausland
Für die Vergabe von Bauleistungen einer Auslandsdienststelle im Ausland oder einer inländischen Dienststelle, die im Ausland dort zu erbringende Bauleistungen vergibt, kann
1. Freihändige Vergabe erfolgen, wenn dies durch Ausführungsbestimmungen eines Bundes- oder Landesministeriums bis zu einem bestimmten Höchstwert (Wertgrenze) zugelassen ist,
2. auf Angaben nach § 6a verzichtet werden, wenn die örtlichen Verhältnisse eine Vergabe im Ausland erfordern und die Angaben aufgrund der örtlichen Verhältnisse nicht erlangt werden können,
3. abweichend von § 8a Absatz 1 von der Vereinbarung der VOB/B und VOB/C abgesehen werden, wenn die örtlichen Verhältnisse eine Vergabe im Ausland sowie den Verzicht auf die Vereinbarung der VOB/B und VOB/C im Einzelfall erfordern, durch das zugrundeliegende Vertragswerk eine wirtschaftliche Verwendung der Haushaltsmittel gewährleistet ist und die gewünschten technischen Standards eingehalten werden.

Anhang TS Technische Spezifikationen
1. „Technische Spezifikation" hat eine der folgenden Bedeutungen:
   a) bei öffentlichen Bauaufträgen die Gesamtheit der insbesondere in den Vergabeunterlagen enthaltenen technischen Beschreibungen, in denen die erforderlichen Eigenschaften eines Werkstoffs, eines Produkts oder einer Lieferung definiert sind, damit dieser/diese den vom Auftraggeber beabsichtigten Zweck erfüllt; zu diesen Eigenschaften gehören Umwelt- und Klimaleistungsstufen, „Design für alle" (einschließlich des Zugangs von Menschen mit Behinderungen) und Konformitätsbewertung, Leistung, Vorgaben für Gebrauchstauglichkeit, Sicherheit oder Abmessungen, einschließlich der Qualitätssicherungsverfahren, der Terminologie, der Symbole, der Versuchs- und Prüfmethoden, der Verpackung, der Kennzeichnung und Beschriftung, der Gebrauchsanleitungen sowie der

Produktionsprozesse und -methoden in jeder Phase des Lebenszyklus der Bauleistungen; außerdem gehören dazu auch die Vorschriften für die Planung und die Kostenrechnung, die Bedingungen für die Prüfung, Inspektion und Abnahme von Bauwerken, die Konstruktionsmethoden oder -verfahren und alle anderen technischen Anforderungen, die der Auftraggeber für fertige Bauwerke oder dazu notwendige Materialien oder Teile durch allgemeine und spezielle Vorschriften anzugeben in der Lage ist;
b) bei öffentlichen Dienstleistungs- oder Lieferaufträgen eine Spezifikation, die in einem Schriftstück enthalten ist, das Merkmale für ein Produkt oder eine Dienstleistung vorschreibt, wie Qualitätsstufen, Umwelt- und Klimaleistungsstufen, „Design für alle" (einschließlich des Zugangs von Menschen mit Behinderungen) und Konformitätsbewertung, Leistung, Vorgaben für Gebrauchstauglichkeit, Sicherheit oder Abmessungen des Produkts, einschließlich der Vorschriften über Verkaufsbezeichnung, Terminologie, Symbole, Prüfungen und Prüfverfahren, Verpackung, Kennzeichnung und Beschriftung, Gebrauchsanleitungen, Produktionsprozesse und -methoden in jeder Phase des Lebenszyklus der Lieferung oder der Dienstleistung sowie über Konformitätsbewertungsverfahren;
2. „Norm" bezeichnet eine technische Spezifikation, die von einer anerkannten Normungsorganisation zur wiederholten oder ständigen Anwendung angenommen wurde, deren Einhaltung nicht zwingend ist und die unter eine der nachstehenden Kategorien fällt:
    a) internationale Norm: Norm, die von einer internationalen Normungsorganisation angenommen wurde und der Öffentlichkeit zugänglich ist;
    b) europäische Norm: Norm, die von einer europäischen Normungsorganisation angenommen wurde und der Öffentlichkeit zugänglich ist;
    c) nationale Norm: Norm, die von einer nationalen Normungsorganisation angenommen wurde und der Öffentlichkeit zugänglich ist;
3. „Europäische technische Bewertung" bezeichnet eine dokumentierte Bewertung der Leistung eines Bauprodukts in Bezug auf seine wesentlichen Merkmale im Einklang mit dem betreffenden Europäischen Bewertungsdokument gemäß der Begriffsbestimmung in Artikel 2 Nummer 12 der Verordnung (EU) Nr. 305/2011 des Europäischen Parlaments und des Rates;
4. „gemeinsame technische Spezifikationen" sind technische Spezifikationen im IKT-Bereich, die gemäß den

Artikeln 13 und 14 der Verordnung (EU) Nr. 1025/2012 festgelegt wurden;
5. „technische Bezugsgröße" bezeichnet jeden Bezugsrahmen, der keine europäische Norm ist und von den europäischen Normungsorganisationen nach den an die Bedürfnisse des Marktes angepassten Verfahren erarbeitet wurde.

12.2 Vergabe- und Vertragsordnung für Bauleistungen (VOB/Teil B)

Teil B
Allgemeine Vertragsbedingungen für die Ausführung von Bauleistungen
– Fassung 2016 –

§ 1 Art und Umfang der Leistung
(1) Die auszuführende Leistung wird nach Art und Umfang durch den Vertrag bestimmt. Als Bestandteil des Vertrags gelten auch die Allgemeinen Technischen Vertragsbedingungen für Bauleistungen (VOB/C).
(2) Bei Widersprüchen im Vertrag gelten nacheinander:
1. die Leistungsbeschreibung,
2. die Besonderen Vertragsbedingungen,
3. etwaige Zusätzliche Vertragsbedingungen,
4. etwaige Zusätzliche Technische Vertragsbedingungen,
5. die Allgemeinen Technischen Vertragsbedingungen für Bauleistungen,
6. die Allgemeinen Vertragsbedingungen für die Ausführung von Bauleistungen.
(3) Änderungen des Bauentwurfs anzuordnen, bleibt dem Auftraggeber vorbehalten.
(4) Nicht vereinbarte Leistungen, die zur Ausführung der vertraglichen Leistung erforderlich werden, hat der Auftragnehmer auf Verlangen des Auftraggebers mit auszuführen, außer wenn sein Betrieb auf derartige Leistungen nicht eingerichtet ist. Andere Leistungen können dem Auftragnehmer nur mit seiner Zustimmung übertragen werden.

§ 2 Vergütung
(1) Durch die vereinbarten Preise werden alle Leistungen abgegolten, die nach der Leistungsbeschreibung, den Besonderen Vertragsbedingungen, den Zusätzlichen Vertragsbedingungen, den Zusätzlichen Technischen Vertragsbedingungen, den Allgemeinen Technischen Vertragsbedingungen für Bauleistungen und der gewerblichen Verkehrssitte zur vertraglichen Leistung gehören.

12.2 • Vergabe- und Vertragsordnung für Bauleistungen (VOB/Teil B)

(2) Die Vergütung wird nach den vertraglichen Einheitspreisen und den tatsächlich ausgeführten Leistungen berechnet, wenn keine andere Berechnungsart (z. B. durch Pauschalsumme, nach Stundenlohnsätzen, nach Selbstkosten) vereinbart ist.

(3)
1. Weicht die ausgeführte Menge der unter einem Einheitspreis erfassten Leistung oder ▶ Teilleistung um nicht mehr als 10 v. H. von dem im Vertrag vorgesehenen Umfang ab, so gilt der vertragliche Einheitspreis.
2. Für die über 10 v. H. hinausgehende Überschreitung des Mengenansatzes ist auf Verlangen ein neuer Preis unter Berücksichtigung der Mehr- oder Minderkosten zu vereinbaren.
3. Bei einer über 10 v. H. hinausgehenden Unterschreitung des Mengenansatzes ist auf Verlangen der Einheitspreis für die tatsächlich ausgeführte Menge der Leistung oder Teilleistung zu erhöhen, soweit der Auftragnehmer nicht durch Erhöhung der Mengen bei anderen Ordnungszahlen (Positionen) oder in anderer Weise einen Ausgleich erhält. Die Erhöhung des Einheitspreises soll im Wesentlichen dem Mehrbetrag entsprechen, der sich durch Verteilung der Baustelleneinrichtungs- und Baustellengemeinkosten und der Allgemeinen Geschäftskosten auf die verringerte Menge ergibt. Die Umsatzsteuer wird entsprechend dem neuen Preis vergütet.
4. Sind von der unter einem Einheitspreis erfassten Leistung oder Teilleistung andere Leistungen abhängig, für die eine Pauschalsumme vereinbart ist, so kann mit der Änderung des Einheitspreises auch eine angemessene Änderung der Pauschalsumme gefordert werden.

(4) Werden im Vertrag ausbedungene Leistungen des Auftragnehmers vom Auftraggeber selbst übernommen (z. B. Lieferung von Bau-, Bauhilfs- und Betriebsstoffen), so gilt, wenn nichts anderes vereinbart wird, § 8 Absatz 1 Nummer 2 entsprechend.

(5) Werden durch Änderung des Bauentwurfs oder andere Anordnungen des Auftraggebers die Grundlagen des Preises für eine im Vertrag vorgesehene Leistung geändert, so ist ein neuer Preis unter Berücksichtigung der Mehr- oder Minderkosten zu vereinbaren. Die Vereinbarung soll vor der Ausführung getroffen werden.

(6)
1. Wird eine im Vertrag nicht vorgesehene Leistung gefordert, so hat der Auftragnehmer Anspruch auf besondere Vergütung. Er muss jedoch den Anspruch dem Auftraggeber ankündigen, bevor er mit der Ausführung der Leistung beginnt.

(7) 2. Die Vergütung bestimmt sich nach den Grundlagen der Preisermittlung für die vertragliche Leistung und den besonderen Kosten der geforderten Leistung. Sie ist möglichst vor Beginn der Ausführung zu vereinbaren.

(7) 1. Ist als Vergütung der Leistung eine Pauschalsumme vereinbart, so bleibt die Vergütung unverändert. Weicht jedoch die ausgeführte Leistung von der vertraglich vorgesehenen Leistung so erheblich ab, dass ein Festhalten an der Pauschalsumme nicht zumutbar ist (§ 313 BGB), so ist auf Verlangen ein Ausgleich unter Berücksichtigung der Mehr- oder Minderkosten zu gewähren. Für die Bemessung des Ausgleichs ist von den Grundlagen der Preisermittlung auszugehen.
2. Die Regelungen der Absätze 4, 5 und 6 gelten auch bei Vereinbarung einer Pauschalsumme.
3. Wenn nichts anderes vereinbart ist, gelten die Nummern 1 und 2 auch für Pauschalsummen, die für Teile der Leistung vereinbart sind; Absatz 3 Nummer 4 bleibt unberührt.

(8) 1. Leistungen, die der Auftragnehmer ohne Auftrag oder unter eigenmächtiger Abweichung vom Auftrag ausführt, werden nicht vergütet. Der Auftragnehmer hat sie auf Verlangen innerhalb einer angemessenen Frist zu beseitigen; sonst kann es auf seine Kosten geschehen. Er haftet außerdem für andere Schäden, die dem Auftraggeber hieraus entstehen.
2. Eine Vergütung steht dem Auftragnehmer jedoch zu, wenn der Auftraggeber solche Leistungen nachträglich anerkennt. Eine Vergütung steht ihm auch zu, wenn die Leistungen für die Erfüllung des Vertrags notwendig waren, dem mutmaßlichen Willen des Auftraggebers entsprachen und ihm unverzüglich angezeigt wurden. Soweit dem Auftragnehmer eine Vergütung zusteht, gelten die Berechnungsgrundlagen für geänderte oder zusätzliche Leistungen der Absätze 5 oder 6 entsprechend.
3. Die Vorschriften des BGB über die Geschäftsführung ohne Auftrag (§§ 677 ff. BGB) bleiben unberührt.

(9) 1. Verlangt der Auftraggeber Zeichnungen, Berechnungen oder andere Unterlagen, die der Auftragnehmer nach dem Vertrag, besonders den Technischen Vertragsbedingungen oder der gewerblichen Verkehrssitte, nicht zu beschaffen hat, so hat er sie zu vergüten.
2. Lässt er vom Auftragnehmer nicht aufgestellte technische Berechnungen durch den Auftragnehmer nachprüfen, so hat er die Kosten zu tragen.

(10) Stundenlohnarbeiten werden nur vergütet, wenn sie als solche vor ihrem Beginn ausdrücklich vereinbart worden sind (§ 15).

12.2 • Vergabe- und Vertragsordnung für Bauleistungen (VOB/Teil B)

§ 3 Ausführungsunterlagen
(1) Die für die Ausführung nötigen Unterlagen sind dem Auftragnehmer unentgeltlich und rechtzeitig zu übergeben.
(2) Das Abstecken der Hauptachsen der baulichen Anlagen, ebenso der Grenzen des Geländes, das dem Auftragnehmer zur Verfügung gestellt wird, und das Schaffen der notwendigen Höhenfestpunkte in unmittelbarer Nähe der baulichen Anlagen sind Sache des Auftraggebers.
(3) Die vom Auftraggeber zur Verfügung gestellten Geländeaufnahmen und Absteckungen und die übrigen für die Ausführung übergebenen Unterlagen sind für den Auftragnehmer maßgebend. Jedoch hat er sie, soweit es zur ordnungsgemäßen Vertragserfüllung gehört, auf etwaige Unstimmigkeiten zu überprüfen und den Auftraggeber auf entdeckte oder vermutete Mängel hinzuweisen.
(4) Vor Beginn der Arbeiten ist, soweit notwendig, der Zustand der Straßen und Geländeoberfläche, der Vorfluter und Vorflutleitungen, ferner der baulichen Anlagen im Baubereich in einer Niederschrift festzuhalten, die vom Auftraggeber und Auftragnehmer anzuerkennen ist.
(5) Zeichnungen, Berechnungen, Nachprüfungen von Berechnungen oder andere Unterlagen, die der Auftragnehmer nach dem Vertrag, besonders den Technischen Vertragsbedingungen, oder der gewerblichen Verkehrssitte oder auf besonderes Verlangen des Auftraggebers (§ 2 Absatz 9) zu beschaffen hat, sind dem Auftraggeber nach Aufforderung rechtzeitig vorzulegen.
(6) 1. Die in Absatz 5 genannten Unterlagen dürfen ohne Genehmigung ihres Urhebers nicht veröffentlicht, vervielfältigt, geändert oder für einen anderen als den vereinbarten Zweck benutzt werden.
    2. An DV-Programmen hat der Auftraggeber das Recht zur Nutzung mit den vereinbarten Leistungsmerkmalen in unveränderter Form auf den festgelegten Geräten. Der Auftraggeber darf zum Zwecke der Datensicherung zwei Kopien herstellen. Diese müssen alle Identifikationsmerkmale enthalten. Der Verbleib der Kopien ist auf Verlangen nachzuweisen.
    3. Der Auftragnehmer bleibt unbeschadet des Nutzungsrechts des Auftraggebers zur Nutzung der Unterlagen und der DV-Programme berechtigt.

§ 4 Ausführung
(1) 1. Der Auftraggeber hat für die Aufrechterhaltung der allgemeinen Ordnung auf der Baustelle zu sorgen und das Zusammenwirken der verschiedenen Unternehmer zu regeln. Er hat die erforderlichen öffentlich-rechtlichen Genehmigungen und Erlaubnisse – z. B.

nach dem Baurecht, dem Straßenverkehrsrecht, dem Wasserrecht, dem Gewerberecht – herbeizuführen.
2. Der Auftraggeber hat das Recht, die vertragsgemäße Ausführung der Leistung zu überwachen. Hierzu hat er Zutritt zu den Arbeitsplätzen, Werkstätten und Lagerräumen, wo die vertragliche Leistung oder Teile von ihr hergestellt oder die hierfür bestimmten Stoffe und Bauteile gelagert werden. Auf Verlangen sind ihm die Werkzeichnungen oder andere Ausführungsunterlagen sowie die Ergebnisse von Güteprüfungen zur Einsicht vorzulegen und die erforderlichen Auskünfte zu erteilen, wenn hierdurch keine Geschäftsgeheimnisse preisgegeben werden. Als Geschäftsgeheimnis bezeichnete Auskünfte und Unterlagen hat er vertraulich zu behandeln.
3. Der Auftraggeber ist befugt, unter Wahrung der dem Auftragnehmer zustehenden Leitung (Absatz 2) Anordnungen zu treffen, die zur vertragsgemäßen Ausführung der Leistung notwendig sind. Die Anordnungen sind grundsätzlich nur dem Auftragnehmer oder seinem für die Leitung der Ausführung bestellten Vertreter zu erteilen, außer wenn Gefahr im Verzug ist. Dem Auftraggeber ist mitzuteilen, wer jeweils als Vertreter des Auftragnehmers für die Leitung der Ausführung bestellt ist.
4. Hält der Auftragnehmer die Anordnungen des Auftraggebers für unberechtigt oder unzweckmäßig, so hat er seine Bedenken geltend zu machen, die Anordnungen jedoch auf Verlangen auszuführen, wenn nicht gesetzliche oder behördliche Bestimmungen entgegenstehen. Wenn dadurch eine ungerechtfertigte Erschwerung verursacht wird, hat der Auftraggeber die Mehrkosten zu tragen.

(2) 1. Der Auftragnehmer hat die Leistung unter eigener Verantwortung nach dem Vertrag auszuführen. Dabei hat er die anerkannten Regeln der Technik und die gesetzlichen und behördlichen Bestimmungen zu beachten. Es ist seine Sache, die Ausführung seiner vertraglichen Leistung zu leiten und für Ordnung auf seiner Arbeitsstelle zu sorgen.
2. Er ist für die Erfüllung der gesetzlichen, behördlichen und berufsgenossenschaftlichen Verpflichtungen gegenüber seinen Arbeitnehmern allein verantwortlich. Es ist ausschließlich seine Aufgabe, die Vereinbarungen und Maßnahmen zu treffen, die sein Verhältnis zu den Arbeitnehmern regeln.

(3) Hat der Auftragnehmer Bedenken gegen die vorgesehene Art der Ausführung (auch wegen der Sicherung gegen Un-

fallgefahren), gegen die Güte der vom Auftraggeber gelieferten Stoffe oder Bauteile oder gegen die Leistungen anderer Unternehmer, so hat er sie dem Auftraggeber unverzüglich – möglichst schon vor Beginn der Arbeiten – schriftlich mitzuteilen; der Auftraggeber bleibt jedoch für seine Angaben, Anordnungen oder Lieferungen verantwortlich.

(4) Der Auftraggeber hat, wenn nichts anderes vereinbart ist, dem Auftragnehmer unentgeltlich zur Benutzung oder Mitbenutzung zu überlassen:
1. die notwendigen Lager- und Arbeitsplätze auf der Baustelle,
2. vorhandene Zufahrtswege und Anschlussgleise,
3. vorhandene Anschlüsse für Wasser und Energie. Die Kosten für den Verbrauch und den Messer oder Zähler trägt der Auftragnehmer, mehrere Auftragnehmer tragen sie anteilig.

(5) Der Auftragnehmer hat die von ihm ausgeführten Leistungen und die ihm für die Ausführung übergebenen Gegenstände bis zur Abnahme vor Beschädigung und Diebstahl zu schützen. Auf Verlangen des Auftraggebers hat er sie vor Winterschäden und Grundwasser zu schützen, ferner Schnee und Eis zu beseitigen. Obliegt ihm die Verpflichtung nach Satz 2 nicht schon nach dem Vertrag, so regelt sich die Vergütung nach § 2 Absatz 6.

(6) Stoffe oder Bauteile, die dem Vertrag oder den Proben nicht entsprechen, sind auf Anordnung des Auftraggebers innerhalb einer von ihm bestimmten Frist von der Baustelle zu entfernen. Geschieht es nicht, so können sie auf Kosten des Auftragnehmers entfernt oder für seine Rechnung veräußert werden.

(7) Leistungen, die schon während der Ausführung als mangelhaft oder vertragswidrig erkannt werden, hat der Auftragnehmer auf eigene Kosten durch mangelfreie zu ersetzen. Hat der Auftragnehmer den Mangel oder die Vertragswidrigkeit zu vertreten, so hat er auch den daraus entstehenden Schaden zu ersetzen. Kommt der Auftragnehmer der Pflicht zur Beseitigung des Mangels nicht nach, so kann ihm der Auftraggeber eine angemessene Frist zur Beseitigung des Mangels setzen und erklären, dass er ihm nach fruchtlosem Ablauf der Frist den Vertrag kündigen werde (§ 8 Absatz 3).

(8) 1. Der Auftragnehmer hat die Leistung im eigenen Betrieb auszuführen. Mit schriftlicher Zustimmung des Auftraggebers darf er sie an Nachunternehmer übertragen. Die Zustimmung ist nicht notwendig bei Leistungen, auf die der Betrieb des Auftragnehmers nicht eingerichtet ist. Erbringt der Auftragnehmer ohne schriftliche Zustimmung des Auftraggebers Leistungen nicht im eigenen Betrieb, obwohl sein Betrieb darauf eingerichtet

ist, kann der Auftraggeber ihm eine angemessene Frist zur Aufnahme der Leistung im eigenen Betrieb setzen und erklären, dass er ihm nach fruchtlosem Ablauf der Frist den Vertrag kündigen werde (§ 8 Absatz 3).
2. Der Auftragnehmer hat bei der Weitervergabe von Bauleistungen an Nachunternehmer die Vergabe- und Vertragsordnung für Bauleistungen Teile B und C zugrunde zu legen.
3. Der Auftragnehmer hat dem Auftraggeber die Nachunternehmer und deren Nachunternehmer ohne Aufforderung spätestens bis zum Leistungsbeginn des Nachunternehmers mit Namen, gesetzlichen Vertretern und Kontaktdaten bekannt zu geben. Auf Verlangen des Auftraggebers hat der Auftragnehmer für seine Nachunternehmer Erklärungen und Nachweise zur Eignung vorzulegen.

(9) Werden bei Ausführung der Leistung auf einem Grundstück Gegenstände von Altertums, Kunst- oder wissenschaftlichem Wert entdeckt, so hat der Auftragnehmer vor jedem weiteren Aufdecken oder Ändern dem Auftraggeber den Fund anzuzeigen und ihm die Gegenstände nach näherer Weisung abzuliefern. Die Vergütung etwaiger Mehrkosten regelt sich nach § 2 Absatz 6. Die Rechte des Entdeckers (§ 984 BGB) hat der Auftraggeber.

(10) Der Zustand von Teilen der Leistung ist auf Verlangen gemeinsam von Auftraggeber und Auftragnehmer festzustellen, wenn diese Teile der Leistung durch die weitere Ausführung der Prüfung und Feststellung entzogen werden. Das Ergebnis ist schriftlich niederzulegen.

§ 5 Ausführungsfristen

(1) Die Ausführung ist nach den verbindlichen Fristen (Vertragsfristen) zu beginnen, angemessen zu fördern und zu vollenden. In einem Bauzeitenplan enthaltene Einzelfristen gelten nur dann als Vertragsfristen, wenn dies im Vertrag ausdrücklich vereinbart ist.

(2) Ist für den Beginn der Ausführung keine Frist vereinbart, so hat der Auftraggeber dem Auftragnehmer auf Verlangen Auskunft über den voraussichtlichen Beginn zu erteilen. Der Auftragnehmer hat innerhalb von 12 Werktagen nach Aufforderung zu beginnen. Der Beginn der Ausführung ist dem Auftraggeber anzuzeigen.

(3) Wenn Arbeitskräfte, Geräte, Gerüste, Stoffe oder Bauteile so unzureichend sind, dass die Ausführungsfristen offenbar nicht eingehalten werden können, muss der Auftragnehmer auf Verlangen unverzüglich Abhilfe schaffen.

(4) Verzögert der Auftragnehmer den Beginn der Ausführung, gerät er mit der Vollendung in Verzug, oder kommt er der

in Absatz 3 erwähnten Verpflichtung nicht nach, so kann der Auftraggeber bei Aufrechterhaltung des Vertrages Schadensersatz nach § 6 Absatz 6 verlangen oder dem Auftragnehmer eine angemessene Frist zur Vertragserfüllung setzen und erklären, dass er ihm nach fruchtlosem Ablauf der Frist den Vertrag kündigen werde (§ 8 Absatz 3).

§ 6 Behinderung und Unterbrechung der Ausführung
(1) Glaubt sich der Auftragnehmer in der ordnungsgemäßen Ausführung der Leistung behindert, so hat er es dem Auftraggeber unverzüglich schriftlich anzuzeigen. Unterlässt er die Anzeige, so hat er nur dann Anspruch auf Berücksichtigung der hindernden Umstände, wenn dem Auftraggeber offenkundig die Tatsache und deren hindernde Wirkung bekannt waren.
(2) 1. Ausführungsfristen werden verlängert, soweit die Behinderung verursacht ist:
    a) durch einen Umstand aus dem Risikobereich des Auftraggebers,
    b) durch Streik oder eine von der Berufsvertretung der Arbeitgeber angeordnete Aussperrung im Betrieb des Auftragnehmers oder in einem unmittelbar für ihn arbeitenden Betrieb,
    c) durch höhere ▶ Gewalt oder andere für den Auftragnehmer unabwendbare Umstände.
  2. Witterungseinflüsse während der Ausführungszeit, mit denen bei Abgabe des Angebots normalerweise gerechnet werden musste, gelten nicht als Behinderung.
(3) Der Auftragnehmer hat alles zu tun, was ihm billigerweise zugemutet werden kann, um die Weiterführung der Arbeiten zu ermöglichen. Sobald die hindernden Umstände wegfallen, hat er ohne weiteres und unverzüglich die Arbeiten wieder aufzunehmen und den Auftraggeber davon zu benachrichtigen.
(4) Die Fristverlängerung wird berechnet nach der Dauer der Behinderung mit einem Zuschlag für die Wiederaufnahme der Arbeiten und die etwaige Verschiebung in eine ungünstigere Jahreszeit.
(5) Wird die Ausführung für voraussichtlich längere Dauer unterbrochen, ohne dass die Leistung dauernd unmöglich wird, so sind die ausgeführten Leistungen nach den Vertragspreisen abzurechnen und außerdem die Kosten zu vergüten, die dem Auftragnehmer bereits entstanden und in den Vertragspreisen des nicht ausgeführten Teils der Leistung enthalten sind.
(6) Sind die hindernden Umstände von einem Vertragsteil zu vertreten, so hat der andere Teil Anspruch auf Ersatz des

nachweislich entstandenen Schadens, des entgangenen Gewinns aber nur bei Vorsatz oder grober Fahrlässigkeit. Im Übrigen bleibt der Anspruch des Auftragnehmers auf angemessene Entschädigung nach § 642 BGB unberührt, sofern die Anzeige nach Absatz 1 Satz 1 erfolgt oder wenn Offenkundigkeit nach Absatz 1 Satz 2 gegeben ist.

(7) Dauert eine Unterbrechung länger als 3 Monate, so kann jeder Teil nach Ablauf dieser Zeit den Vertrag schriftlich kündigen. Die Abrechnung regelt sich nach den Absätzen 5 und 6; wenn der Auftragnehmer die Unterbrechung nicht zu vertreten hat, sind auch die Kosten der Baustellenräumung zu vergüten, soweit sie nicht in der Vergütung für die bereits ausgeführten Leistungen enthalten sind.

§ 7 Verteilung der Gefahr

(1) Wird die ganz oder teilweise ausgeführte Leistung vor der Abnahme durch höhere Gewalt, Krieg, Aufruhr oder andere objektiv unabwendbare vom Auftragnehmer nicht zu vertretende Umstände beschädigt oder zerstört, so hat dieser für die ausgeführten Teile der Leistung die Ansprüche nach § 6 Absatz 5; für andere Schäden besteht keine gegenseitige Ersatzpflicht.

(2) Zu der ganz oder teilweise ausgeführten Leistung gehören alle mit der baulichen Anlage unmittelbar verbundenen, in ihre Substanz eingegangenen Leistungen, unabhängig von deren Fertigstellungsgrad.

(3) Zu der ganz oder teilweise ausgeführten Leistung gehören nicht die noch nicht eingebauten Stoffe und Bauteile sowie die Baustelleneinrichtung und Absteckungen. Zu der ganz oder teilweise ausgeführten Leistung gehören ebenfalls nicht Hilfskonstruktionen und Gerüste, auch wenn diese als Besondere Leistung oder selbständig vergeben sind.

§ 8 Kündigung durch den Auftraggeber

(1) 1. Der Auftraggeber kann bis zur Vollendung der Leistung jederzeit den Vertrag kündigen.
2. Dem Auftragnehmer steht die vereinbarte Vergütung zu. Er muss sich jedoch anrechnen lassen, was er infolge der Aufhebung des Vertrags an Kosten erspart oder durch anderweitige Verwendung seiner Arbeitskraft und seines Betriebs erwirbt oder zu erwerben böswillig unterlässt (§ 649 BGB).

(2) 1. Der Auftraggeber kann den Vertrag kündigen, wenn der Auftragnehmer seine Zahlungen einstellt, von ihm oder zulässigerweise vom Auftraggeber oder einem anderen Gläubiger das Insolvenzverfahren (§§ 14 und 15 InsO) beziehungsweise ein vergleichbares gesetzliches

Verfahren beantragt ist, ein solches Verfahren eröffnet wird oder dessen Eröffnung mangels Masse abgelehnt wird.
2. Die ausgeführten Leistungen sind nach § 6 Absatz 5 abzurechnen. Der Auftraggeber kann ▶ Schadensersatz wegen Nichterfüllung des Restes verlangen.

(3) 1. Der Auftraggeber kann den Vertrag kündigen, wenn in den Fällen des § 4 Absatz 7 und 8 Nummer 1 und des § 5 Absatz 4 die gesetzte Frist fruchtlos abgelaufen ist. Die Kündigung kann auf einen in sich abgeschlossenen Teil der vertraglichen Leistung beschränkt werden.
2. Nach der Kündigung ist der Auftraggeber berechtigt, den noch nicht vollendeten Teil der Leistung zu Lasten des Auftragnehmers durch einen Dritten ausführen zu lassen, doch bleiben seine Ansprüche auf Ersatz des etwa entstehenden weiteren Schadens bestehen. Er ist auch berechtigt, auf die weitere Ausführung zu verzichten und Schadensersatz wegen Nichterfüllung zu verlangen, wenn die Ausführung aus den Gründen, die zur Entziehung des Auftrags geführt haben, für ihn kein Interesse mehr hat.
3. Für die Weiterführung der Arbeiten kann der Auftraggeber Geräte, Gerüste, auf der Baustelle vorhandene andere Einrichtungen und angelieferte Stoffe und Bauteile gegen angemessene Vergütung in Anspruch nehmen.
4. Der Auftraggeber hat dem Auftragnehmer eine Aufstellung über die entstandenen Mehrkosten und über seine anderen Ansprüche spätestens binnen 12 Werktagen nach Abrechnung mit dem Dritten zuzusenden.

(4) Der Auftraggeber kann den Vertrag kündigen,
1. wenn der Auftragnehmer aus Anlass der Vergabe eine Abrede getroffen hatte, die eine unzulässige Wettbewerbsbeschränkung darstellt. Absatz 3 Nummer 1 Satz 2 und Nummer 2 bis 4 gilt entsprechend.
2. sofern dieser im Anwendungsbereich des 4. Teils des GWB geschlossen wurde,
    a) wenn der Auftragnehmer wegen eines zwingenden Ausschlussgrundes zum Zeitpunkt des Zuschlags nicht hätte beauftragt werden dürfen. Absatz 3 Nummer 1 Satz 2 und Nummer 2 bis 4 gilt entsprechend.
    b) bei wesentlicher Änderung des Vertrages oder bei Feststellung einer schweren Verletzung der Verträge über die Europäische Union und die Arbeitsweise der Europäischen Union durch den Europäischen Gerichtshof. Die ausgeführten Leistungen sind

nach § 6 Absatz 5 abzurechnen. Etwaige Schadensersatzansprüche der Parteien bleiben unberührt.
Die Kündigung ist innerhalb von 12 Werktagen nach Bekanntwerden des Kündigungsgrundes auszusprechen.

(5) Sofern der Auftragnehmer die Leistung, ungeachtet des Anwendungsbereichs des 4. Teils des GWB, ganz oder teilweise an Nachunternehmer weitervergeben hat, steht auch ihm das Kündigungsrecht gemäß Absatz 4 Nummer 2 Buchstabe b zu, wenn der ihn als Auftragnehmer verpflichtende Vertrag (Hauptauftrag) gemäß Absatz 4 Nummer 2 Buchstabe b gekündigt wurde. Entsprechendes gilt für jeden Auftraggeber der Nachunternehmerkette, sofern sein jeweiliger Auftraggeber den Vertrag gemäß Satz 1 gekündigt hat.
(6) Die Kündigung ist schriftlich zu erklären.
(7) Der Auftragnehmer kann Aufmaß und Abnahme der von ihm ausgeführten Leistungen alsbald nach der Kündigung verlangen; er hat unverzüglich eine prüfbare Rechnung über die ausgeführten Leistungen vorzulegen.
(8) Eine wegen Verzugs verwirkte, nach Zeit bemessene ▶ Vertragsstrafe kann nur für die Zeit bis zum Tag der Kündigung des Vertrags gefordert werden.

§ 9 Kündigung durch den Auftragnehmer
(1) Der Auftragnehmer kann den Vertrag kündigen:
  1. wenn der Auftraggeber eine ihm obliegende Handlung unterlässt und dadurch den Auftragnehmer außerstande setzt, die Leistung auszuführen (Annahmeverzug nach §§ 293 ff. BGB),
  2. wenn der Auftraggeber eine fällige Zahlung nicht leistet oder sonst in ▶ Schuldnerverzug gerät.
(2) Die Kündigung ist schriftlich zu erklären. Sie ist erst zulässig, wenn der Auftragnehmer dem Auftraggeber ohne Erfolg eine angemessene Frist zur Vertragserfüllung gesetzt und erklärt hat, dass er nach fruchtlosem Ablauf der Frist den Vertrag kündigen werde.
(3) Die bisherigen Leistungen sind nach den Vertragspreisen abzurechnen. Außerdem hat der Auftragnehmer Anspruch auf angemessene Entschädigung nach § 642 BGB; etwaige weitergehende Ansprüche des Auftragnehmers bleiben unberührt.

§ 10 Haftung der Vertragsparteien
(1) Die Vertragsparteien haften einander für eigenes Verschulden sowie für das Verschulden ihrer gesetzlichen Vertreter und der Personen, deren sie sich zur Erfüllung ihrer Verbindlichkeiten bedienen (§§ 276, 278 BGB).

12.2 • Vergabe- und Vertragsordnung für Bauleistungen (VOB/Teil B)

(2) 1. Entsteht einem Dritten im Zusammenhang mit der Leistung ein Schaden, für den auf Grund gesetzlicher Haftpflichtbestimmungen beide Vertragsparteien haften, so gelten für den Ausgleich zwischen den Vertragsparteien die allgemeinen gesetzlichen Bestimmungen, soweit im Einzelfall nichts anderes vereinbart ist. Soweit der Schaden des Dritten nur die Folge einer Maßnahme ist, die der Auftraggeber in dieser Form angeordnet hat, trägt er den Schaden allein, wenn ihn der Auftragnehmer auf die mit der angeordneten Ausführung verbundene Gefahr nach § 4 Absatz 3 hingewiesen hat.
2. Der Auftragnehmer trägt den Schaden allein, soweit er ihn durch Versicherung seiner gesetzlichen Haftpflicht gedeckt hat oder durch eine solche zu tarifmäßigen, nicht auf außergewöhnliche Verhältnisse abgestellten Prämien und Prämienzuschlägen bei einem im Inland zum Geschäftsbetrieb zugelassenen Versicherer hätte decken können.

(3) Ist der Auftragnehmer einem Dritten nach den §§ 823 ff. BGB zu Schadensersatz verpflichtet wegen unbefugten Betretens oder Beschädigung angrenzender Grundstücke, wegen Entnahme oder Auflagerung von Boden oder anderen Gegenständen außerhalb der vom Auftraggeber dazu angewiesenen Flächen oder wegen der Folgen eigenmächtiger Versperrung von Wegen oder Wasserläufen, so trägt er im Verhältnis zum Auftraggeber den Schaden allein.

(4) Für die Verletzung gewerblicher Schutzrechte haftet im Verhältnis der Vertragsparteien zueinander der Auftragnehmer allein, wenn er selbst das geschützte Verfahren oder die Verwendung geschützter Gegenstände angeboten oder wenn der Auftraggeber die Verwendung vorgeschrieben und auf das Schutzrecht hingewiesen hat.

(5) Ist eine Vertragspartei gegenüber der anderen nach den Absätzen 2, 3 oder 4 von der Ausgleichspflicht befreit, so gilt diese Befreiung auch zugunsten ihrer gesetzlichen Vertreter und Erfüllungsgehilfen, wenn sie nicht vorsätzlich oder grob fahrlässig gehandelt haben.

(6) Soweit eine Vertragspartei von dem Dritten für einen Schaden in Anspruch genommen wird, den nach den Absätzen 2, 3 oder 4 die andere Vertragspartei zu tragen hat, kann sie verlangen, dass ihre Vertragspartei sie von der Verbindlichkeit gegenüber dem Dritten befreit. Sie darf den Anspruch des Dritten nicht anerkennen oder befriedigen, ohne der anderen Vertragspartei vorher Gelegenheit zur Äußerung gegeben zu haben.

§ 11 Vertragsstrafe
(1) Wenn Vertragsstrafen vereinbart sind, gelten die §§ 339 bis 345 BGB.
(2) Ist die Vertragsstrafe für den Fall vereinbart, dass der Auftragnehmer nicht in der vorgesehenen Frist erfüllt, so wird sie fällig, wenn der Auftragnehmer in Verzug gerät.
(3) Ist die Vertragsstrafe nach Tagen bemessen, so zählen nur Werktage; ist sie nach Wochen bemessen, so wird jeder Werktag angefangener Wochen als 1/6 Woche gerechnet.
(4) Hat der Auftraggeber die Leistung abgenommen, so kann er die Strafe nur verlangen, wenn er dies bei der Abnahme vorbehalten hat.

§ 12 Abnahme
(1) Verlangt der Auftragnehmer nach der Fertigstellung – gegebenenfalls auch vor Ablauf der vereinbarten Ausführungsfrist – die Abnahme der Leistung, so hat sie der Auftraggeber binnen 12 Werktagen durchzuführen; eine andere Frist kann vereinbart werden.
(2) Auf Verlangen sind in sich abgeschlossene Teile der Leistung besonders abzunehmen.
(3) Wegen wesentlicher Mängel kann die Abnahme bis zur Beseitigung verweigert werden.
(4) 1. Eine förmliche Abnahme hat stattzufinden, wenn eine Vertragspartei es verlangt. Jede Partei kann auf ihre Kosten einen Sachverständigen zuziehen. Der Befund ist in gemeinsamer Verhandlung schriftlich niederzulegen. In die Niederschrift sind etwaige Vorbehalte wegen bekannter Mängel und wegen Vertragsstrafen aufzunehmen, ebenso etwaige Einwendungen des Auftragnehmers. Jede Partei erhält eine Ausfertigung.
2. Die förmliche Abnahme kann in Abwesenheit des Auftragnehmers stattfinden, wenn der Termin vereinbart war oder der Auftraggeber mit genügender Frist dazu eingeladen hatte. Das Ergebnis der Abnahme ist dem Auftragnehmer alsbald mitzuteilen.
(5) 1. Wird keine Abnahme verlangt, so gilt die Leistung als abgenommen mit Ablauf von 12 Werktagen nach schriftlicher Mitteilung über die Fertigstellung der Leistung.
2. Wird keine Abnahme verlangt und hat der Auftraggeber die Leistung oder einen Teil der Leistung in Benutzung genommen, so gilt die Abnahme nach Ablauf von 6 Werktagen nach Beginn der Benutzung als erfolgt, wenn nichts anderes vereinbart ist. Die Benutzung von Teilen einer baulichen Anlage zur Weiterführung der Arbeiten gilt nicht als Abnahme.

3. Vorbehalte wegen bekannter Mängel oder wegen Vertragsstrafen hat der Auftraggeber spätestens zu den in den Nummern 1 und 2 bezeichneten Zeitpunkten geltend zu machen.
(6) Mit der Abnahme geht die Gefahr auf den Auftraggeber über, soweit er sie nicht schon nach § 7 trägt.

§ 13 Mängelansprüche
(7) Der Auftragnehmer hat dem Auftraggeber seine Leistung zum Zeitpunkt der Abnahme frei von Sachmängeln zu verschaffen. Die Leistung ist zur Zeit der Abnahme frei von Sachmängeln, wenn sie die vereinbarte Beschaffenheit hat und den anerkannten Regeln der Technik entspricht. Ist die Beschaffenheit nicht vereinbart, so ist die Leistung zur Zeit der Abnahme frei von Sachmängeln,
  1. wenn sie sich für die nach dem Vertrag vorausgesetzte, sonst
  2. für die gewöhnliche Verwendung eignet und eine Beschaffenheit aufweist, die bei Werken der gleichen Art üblich ist und die der Auftraggeber nach der Art der Leistung erwarten kann.
(8) Bei Leistungen nach Probe gelten die Eigenschaften der Probe als vereinbarte Beschaffenheit, soweit nicht Abweichungen nach der Verkehrssitte als bedeutungslos anzusehen sind. Dies gilt auch für Proben, die erst nach Vertragsabschluss als solche anerkannt sind.
(9) Ist ein Mangel zurückzuführen auf die Leistungsbeschreibung oder auf Anordnungen des Auftraggebers, auf die von diesem gelieferten oder vorgeschriebenen Stoffe oder Bauteile oder die Beschaffenheit der Vorleistung eines anderen Unternehmers, haftet der Auftragnehmer, es sei denn, er hat die ihm nach § 4 Absatz 3 obliegende Mitteilung gemacht.
(10) 1. Ist für Mängelansprüche keine Verjährungsfrist im Vertrag vereinbart, so beträgt sie für Bauwerke 4 Jahre, für andere Werke, deren Erfolg in der Herstellung, Wartung oder Veränderung einer Sache besteht, und für die vom Feuer berührten Teile von Feuerungsanlagen 2 Jahre. Abweichend von Satz 1 beträgt die Verjährungsfrist für feuerberührte und abgasdämmende Teile von industriellen Feuerungsanlagen 1 Jahr.
  2. Ist für Teile von maschinellen und elektrotechnischen/elektronischen Anlagen, bei denen die Wartung Einfluss auf Sicherheit und Funktionsfähigkeit hat, nichts anderes vereinbart, beträgt für diese Anlagenteile die Verjährungsfrist für Mängelansprüche abweichend von Nummer 1 zwei Jahre, wenn der Auftraggeber sich dafür entschieden hat, dem Auftragnehmer die Wartung für die Dauer der Verjährungsfrist nicht zu

übertragen; dies gilt auch, wenn für weitere Leistungen eine andere Verjährungsfrist vereinbart ist.
3. Die ▶ Frist beginnt mit der Abnahme der gesamten Leistung; nur für in sich abgeschlossene Teile der Leistung beginnt sie mit der Teilabnahme (§ 12 Absatz 2).

(11) 1. Der Auftragnehmer ist verpflichtet, alle während der Verjährungsfrist hervortretenden Mängel, die auf vertragswidrige Leistung zurückzuführen sind, auf seine Kosten zu beseitigen, wenn es der Auftraggeber vor Ablauf der Frist schriftlich verlangt. Der Anspruch auf Beseitigung der gerügten Mängel verjährt in 2 Jahren, gerechnet vom Zugang des schriftlichen Verlangens an, jedoch nicht vor Ablauf der Regelfristen nach Absatz 4 oder der an ihrer Stelle vereinbarten Frist. Nach Abnahme der Mängelbeseitigungsleistung beginnt für diese Leistung eine Verjährungsfrist von 2 Jahren neu, die jedoch nicht vor Ablauf der Regelfristen nach Absatz 4 oder der an ihrer Stelle vereinbarten Frist endet.
2. Kommt der Auftragnehmer der Aufforderung zur Mängelbeseitigung in einer vom Auftraggeber gesetzten angemessenen Frist nicht nach, so kann der Auftraggeber die Mängel auf Kosten des Auftragnehmers beseitigen lassen.

(12) Ist die Beseitigung des Mangels für den Auftraggeber unzumutbar oder ist sie unmöglich oder würde sie einen unverhältnismäßig hohen Aufwand erfordern und wird sie deshalb vom Auftragnehmer verweigert, so kann der Auftraggeber durch Erklärung gegenüber dem Auftragnehmer die Vergütung mindern (§ 638 BGB).

(13) 1. Der Auftragnehmer haftet bei schuldhaft verursachten Mängeln für Schäden aus der Verletzung des Lebens, des Körpers oder der Gesundheit.
2. Bei vorsätzlich oder grob fahrlässig verursachten Mängeln haftet er für alle Schäden.
3. Im Übrigen ist dem Auftraggeber der Schaden an der baulichen Anlage zu ersetzen, zu deren Herstellung, Instandhaltung oder Änderung die Leistung dient, wenn ein wesentlicher Mangel vorliegt, der die Gebrauchsfähigkeit erheblich beeinträchtigt und auf ein Verschulden des Auftragnehmers zurückzuführen ist. Einen darüber hinausgehenden Schaden hat der Auftragnehmer nur dann zu ersetzen,
   a) wenn der Mangel auf einem Verstoß gegen die anerkannten Regeln der Technik beruht,
   b) wenn der Mangel in dem Fehlen einer vertraglich vereinbarten Beschaffenheit besteht oder
   c) soweit der Auftragnehmer den Schaden durch Versicherung seiner gesetzlichen Haftpflicht gedeckt

hat oder durch eine solche zu tarifmäßigen, nicht auf außergewöhnliche Verhältnisse abgestellten Prämien und Prämienzuschlägen bei einem im Inland zum Geschäftsbetrieb zugelassenen Versicherer hätte decken können.
4. Abweichend von Absatz 4 gelten die gesetzlichen Verjährungsfristen, soweit sich der Auftragnehmer nach Nummer 3 durch Versicherung geschützt hat oder hätte schützen können oder soweit ein besonderer Versicherungsschutz vereinbart ist.
5. Eine Einschränkung oder Erweiterung der Haftung kann in begründeten Sonderfällen vereinbart werden.

§ 14 Abrechnung
(1) Der Auftragnehmer hat seine Leistungen prüfbar abzurechnen. Er hat die Rechnungen übersichtlich aufzustellen und dabei die Reihenfolge der Posten einzuhalten und die in den Vertragsbestandteilen enthaltenen Bezeichnungen zu verwenden. Die zum Nachweis von Art und Umfang der Leistung erforderlichen Mengenberechnungen, Zeichnungen und andere Belege sind beizufügen. Änderungen und Ergänzungen des Vertrags sind in der Rechnung besonders kenntlich zu machen; sie sind auf Verlangen getrennt abzurechnen.
(2) Die für die Abrechnung notwendigen Feststellungen sind dem Fortgang der Leistung entsprechend möglichst gemeinsam vorzunehmen. Die Abrechnungsbestimmungen in den Technischen Vertragsbedingungen und den anderen Vertragsunterlagen sind zu beachten. Für Leistungen, die bei Weiterführung der Arbeiten nur schwer feststellbar sind, hat der Auftragnehmer rechtzeitig gemeinsame Feststellungen zu beantragen.
(3) Die Schlussrechnung muss bei Leistungen mit einer vertraglichen Ausführungsfrist von höchstens 3 Monaten spätestens 12 Werktage nach Fertigstellung eingereicht werden, wenn nichts anderes vereinbart ist; diese Frist wird um je 6 Werktage für je weitere 3 Monate Ausführungsfrist verlängert.
(4) Reicht der Auftragnehmer eine prüfbare Rechnung nicht ein, obwohl ihm der Auftraggeber dafür eine angemessene Frist gesetzt hat, so kann sie der Auftraggeber selbst auf Kosten des Auftragnehmers aufstellen.

§ 15 Stundenlohnarbeiten
(1) 1. Stundenlohnarbeiten werden nach den vertraglichen Vereinbarungen abgerechnet.
2. Soweit für die Vergütung keine Vereinbarungen getroffen worden sind, gilt die ortsübliche Vergütung.

Ist diese nicht zu ermitteln, so werden die Aufwendungen des Auftragnehmers für Lohn- und Gehaltskosten der Baustelle, Lohn- und Gehaltsnebenkosten der Baustelle, Stoffkosten der Baustelle, Kosten der Einrichtungen, Geräte, Maschinen und maschinellen Anlagen der Baustelle, Fracht-, Fuhr- und Ladekosten, Sozialkassenbeiträge und Sonderkosten, die bei wirtschaftlicher Betriebsführung entstehen, mit angemessenen Zuschlägen für Gemeinkosten und Gewinn (einschließlich allgemeinem Unternehmerwagnis) zuzüglich Umsatzsteuer vergütet.

(2) Verlangt der Auftraggeber, dass die Stundenlohnarbeiten durch einen Polier oder eine andere Aufsichtsperson beaufsichtigt werden, oder ist die Aufsicht nach den einschlägigen Unfallverhütungsvorschriften notwendig, so gilt Absatz 1 entsprechend.

(3) Dem Auftraggeber ist die Ausführung von Stundenlohnarbeiten vor Beginn anzuzeigen. Über die geleisteten Arbeitsstunden und den dabei erforderlichen, besonders zu vergütenden Aufwand für den Verbrauch von Stoffen, für Vorhaltung von Einrichtungen, Geräten, Maschinen und maschinellen Anlagen, für Frachten, Fuhr- und Ladeleistungen sowie etwaige Sonderkosten sind, wenn nichts anderes vereinbart ist, je nach der Verkehrssitte werktäglich oder wöchentlich Listen (Stundenlohnzettel) einzureichen. Der Auftraggeber hat die von ihm bescheinigten Stundenlohnzettel unverzüglich, spätestens jedoch innerhalb von 6 Werktagen nach Zugang, zurückzugeben. Dabei kann er Einwendungen auf den Stundenlohnzetteln oder gesondert schriftlich erheben. Nicht fristgemäß zurückgegebene Stundenlohnzettel gelten als anerkannt.

(4) Stundenlohnrechnungen sind alsbald nach Abschluss der Stundenlohnarbeiten, längstens jedoch in Abständen von 4 Wochen, einzureichen. Für die Zahlung gilt § 16.

(5) Wenn Stundenlohnarbeiten zwar vereinbart waren, über den Umfang der Stundenlohnleistungen aber mangels rechtzeitiger Vorlage der Stundenlohnzettel Zweifel bestehen, so kann der Auftraggeber verlangen, dass für die nachweisbar ausgeführten Leistungen eine Vergütung vereinbart wird, die nach Maßgabe von Absatz 1 Nummer 2 für einen wirtschaftlich vertretbaren Aufwand an Arbeitszeit und Verbrauch von Stoffen, für Vorhaltung von Einrichtungen, Geräten, Maschinen und maschinellen Anlagen, für Frachten, Fuhr- und Ladeleistungen sowie etwaige Sonderkosten ermittelt wird.

12.2 • Vergabe- und Vertragsordnung für Bauleistungen (VOB/Teil B)

§ 16 Zahlung

(1)
1. Abschlagszahlungen sind auf Antrag in möglichst kurzen Zeitabständen oder zu den vereinbarten Zeitpunkten zu gewähren, und zwar in Höhe des Wertes der jeweils nachgewiesenen vertragsgemäßen Leistungen einschließlich des ausgewiesenen, darauf entfallenden Umsatzsteuerbetrages. Die Leistungen sind durch eine prüfbare Aufstellung nachzuweisen, die eine rasche und sichere Beurteilung der Leistungen ermöglichen muss. Als Leistungen gelten hierbei auch die für die geforderte Leistung eigens angefertigten und bereitgestellten Bauteile sowie die auf der Baustelle angelieferten Stoffe und Bauteile, wenn dem Auftraggeber nach seiner Wahl das Eigentum an ihnen übertragen ist oder entsprechende Sicherheit gegeben wird.
2. Gegenforderungen können einbehalten werden. Andere Einbehalte sind nur in den im Vertrag und in den gesetzlichen Bestimmungen vorgesehenen Fällen zulässig.
3. Ansprüche auf Abschlagszahlungen werden binnen 21 Werktagen nach Zugang der Aufstellung fällig.
4. Die Abschlagszahlungen sind ohne Einfluss auf die Haftung des Auftragnehmers; sie gelten nicht als Abnahme von Teilen der Leistung.

(2)
1. Vorauszahlungen können auch nach Vertragsabschluss vereinbart werden; hierfür ist auf Verlangen des Auftraggebers ausreichende Sicherheit zu leisten. Diese Vorauszahlungen sind, sofern nichts anderes vereinbart wird, mit 3 v. H. über dem Basiszinssatz des § 247 BGB zu verzinsen.
2. Vorauszahlungen sind auf die nächstfälligen Zahlungen anzurechnen, soweit damit Leistungen abzugelten sind, für welche die Vorauszahlungen gewährt worden sind.

(3)
1. Der Anspruch auf Schlusszahlung wird alsbald nach Prüfung und Feststellung fällig, spätestens innerhalb von 30 Tagen nach Zugang der Schlussrechnung. Die Frist verlängert sich auf höchstens 60 Tage, wenn sie aufgrund der besonderen Natur oder Merkmale der Vereinbarung sachlich gerechtfertigt ist und ausdrücklich vereinbart wurde. Werden Einwendungen gegen die Prüfbarkeit unter Angabe der Gründe nicht bis zum Ablauf der jeweiligen Frist erhoben, kann der Auftraggeber sich nicht mehr auf die fehlende Prüfbarkeit berufen. Die Prüfung der Schlussrechnung ist nach Möglichkeit zu beschleunigen. Verzögert sie sich, so ist das unbestrittene Guthaben als Abschlagszahlung sofort zu zahlen.

2. Die vorbehaltlose Annahme der Schlusszahlung schließt Nachforderungen aus, wenn der Auftragnehmer über die Schlusszahlung schriftlich unterrichtet und auf die Ausschlusswirkung hingewiesen wurde.
3. Einer Schlusszahlung steht es gleich, wenn der Auftraggeber unter Hinweis auf geleistete Zahlungen weitere Zahlungen endgültig und schriftlich ablehnt.
4. Auch früher gestellte, aber unerledigte Forderungen werden ausgeschlossen, wenn sie nicht nochmals vorbehalten werden.
5. Ein Vorbehalt ist innerhalb von 28 Tagen nach Zugang der Mitteilung nach den Nummern 2 und 3 über die Schlusszahlung zu erklären. Er wird hinfällig, wenn nicht innerhalb von weiteren 28 Tagen – beginnend am Tag nach Ablauf der in Satz 1 genannten 28 Tage – eine prüfbare Rechnung über die vorbehaltenen Forderungen eingereicht oder, wenn das nicht möglich ist, der Vorbehalt eingehend begründet wird.
6. Die Ausschlussfristen gelten nicht für ein Verlangen nach Richtigstellung der Schlussrechnung und -zahlung wegen Aufmaß-, Rechen- und Übertragungsfehlern.

(4) In sich abgeschlossene Teile der Leistung können nach Teilabnahme ohne Rücksicht auf die Vollendung der übrigen Leistungen endgültig festgestellt und bezahlt werden.

(5)
1. Alle Zahlungen sind aufs Äußerste zu beschleunigen.
2. Nicht vereinbarte Skontoabzüge sind unzulässig.
3. Zahlt der Auftraggeber bei Fälligkeit nicht, so kann ihm der Auftragnehmer eine angemessene Nachfrist setzen. Zahlt er auch innerhalb der Nachfrist nicht, so hat der Auftragnehmer vom Ende der Nachfrist an Anspruch auf Zinsen in Höhe der in § 288 Absatz 2 BGB angegebenen Zinssätze, wenn er nicht einen höheren Verzugsschaden nachweist. Der Auftraggeber kommt jedoch, ohne dass es einer Nachfristsetzung bedarf, spätestens 30 Tage nach Zugang der Rechnung oder der Aufstellung bei Abschlagszahlungen in Zahlungsverzug, wenn der Auftragnehmer seine vertraglichen und gesetzlichen Verpflichtungen erfüllt und den fälligen Entgeltbetrag nicht rechtzeitig erhalten hat, es sei denn, der Auftraggeber ist für den Zahlungsverzug nicht verantwortlich. Die Frist verlängert sich auf höchstens 60 Tage, wenn sie aufgrund der besonderen Natur oder Merkmale der Vereinbarung sachlich gerechtfertigt ist und ausdrücklich vereinbart wurde.
4. Der Auftragnehmer darf die Arbeiten bei Zahlungsverzug bis zur Zahlung einstellen, sofern eine dem Auftraggeber zuvor gesetzte angemessene Frist erfolglos verstrichen ist.

(6) Der Auftraggeber ist berechtigt, zur Erfüllung seiner Verpflichtungen aus den Absätzen 1 bis 5 Zahlungen an Gläubiger des Auftragnehmers zu leisten, soweit sie an der Ausführung der vertraglichen Leistung des Auftragnehmers aufgrund eines mit diesem abgeschlossenen Dienst- oder Werkvertrags beteiligt sind, wegen Zahlungsverzugs des Auftragnehmers die Fortsetzung ihrer Leistung zu Recht verweigern und die Direktzahlung die Fortsetzung der Leistung sicherstellen soll. Der Auftragnehmer ist verpflichtet, sich auf Verlangen des Auftraggebers innerhalb einer von diesem gesetzten Frist darüber zu erklären, ob und inwieweit er die Forderungen seiner Gläubiger anerkennt; wird diese Erklärung nicht rechtzeitig abgegeben, so gelten die Voraussetzungen für die Direktzahlung als anerkannt.

§ 17 Sicherheitsleistung
(7) 1. Wenn Sicherheitsleistung vereinbart ist, gelten die §§ 232 bis 240 BGB, soweit sich aus den nachstehenden Bestimmungen nichts anderes ergibt.
2. Die Sicherheit dient dazu, die vertragsgemäße Ausführung der Leistung und die Mängelansprüche sicherzustellen.
(8) Wenn im Vertrag nichts anderes vereinbart ist, kann Sicherheit durch Einbehalt oder Hinterlegung von Geld oder durch Bürgschaft eines Kreditinstituts oder Kreditversicherers geleistet werden, sofern das Kreditinstitut oder der Kreditversicherer zugelassen ist.
1. in der Europäischen Gemeinschaft oder
2. in einem ▶ Staat der Vertragsparteien des Abkommens über den Europäischen Wirtschaftsraum oder
3. in einem Staat der Vertragsparteien des WTO-Übereinkommens über das öffentliche Beschaffungswesen
(9) Der Auftragnehmer hat die Wahl unter den verschiedenen Arten der Sicherheit; er kann eine Sicherheit durch eine andere ersetzen.
(10) Bei Sicherheitsleistung durch Bürgschaft ist Voraussetzung, dass der Auftraggeber den Bürgen als tauglich anerkannt hat. Die Bürgschaftserklärung ist schriftlich unter Verzicht auf die Einrede der Vorausklage abzugeben (§ 771 BGB); sie darf nicht auf bestimmte Zeit begrenzt und muss nach Vorschrift des Auftraggebers ausgestellt sein. Der Auftraggeber kann als Sicherheit keine Bürgschaft fordern, die den Bürgen zur Zahlung auf erstes Anfordern verpflichtet.
(11) Wird Sicherheit durch Hinterlegung von Geld geleistet, so hat der Auftragnehmer den Betrag bei einem zu vereinbarenden Geldinstitut auf ein Sperrkonto einzuzahlen, über das beide nur gemeinsam verfügen können („Und-Konto"). Etwaige Zinsen stehen dem Auftragnehmer zu.

(12) 1. Soll der Auftraggeber vereinbarungsgemäß die Sicherheit in Teilbeträgen von seinen Zahlungen einbehalten, so darf er jeweils die Zahlung um höchstens 10 v. H. kürzen, bis die vereinbarte Sicherheitssumme erreicht ist. Sofern Rechnungen ohne Umsatzsteuer gemäß § 13b UStG gestellt werden, bleibt die Umsatzsteuer bei der Berechnung des Sicherheitseinbehalts unberücksichtigt. Den jeweils einbehaltenen Betrag hat er dem Auftragnehmer mitzuteilen und binnen 18 Werktagen nach dieser Mitteilung auf ein Sperrkonto bei dem vereinbarten Geldinstitut einzuzahlen. Gleichzeitig muss er veranlassen, dass dieses Geldinstitut den Auftragnehmer von der Einzahlung des Sicherheitsbetrags benachrichtigt. Absatz 5 gilt entsprechend.
2. Bei kleineren oder kurzfristigen Aufträgen ist es zulässig, dass der Auftraggeber den einbehaltenen Sicherheitsbetrag erst bei der Schlusszahlung auf ein Sperrkonto einzahlt.
3. Zahlt der Auftraggeber den einbehaltenen Betrag nicht rechtzeitig ein, so kann ihm der Auftragnehmer hierfür eine angemessene Nachfrist setzen. Lässt der Auftraggeber auch diese verstreichen, so kann der Auftragnehmer die sofortige Auszahlung des einbehaltenen Betrags verlangen und braucht dann keine Sicherheit mehr zu leisten.
4. Öffentliche Auftraggeber sind berechtigt, den als Sicherheit einbehaltenen Betrag auf eigenes Verwahrgeldkonto zu nehmen; der Betrag wird nicht verzinst.
(13) Der Auftragnehmer hat die Sicherheit binnen 18 Werktagen nach Vertragsabschluss zu leisten, wenn nichts anderes vereinbart ist. Soweit er diese Verpflichtung nicht erfüllt hat, ist der Auftraggeber berechtigt, vom Guthaben des Auftragnehmers einen Betrag in Höhe der vereinbarten Sicherheit einzubehalten. Im Übrigen gelten die Absätze 5 und 6 außer Nummer 1 Satz 1 entsprechend.
(14) 1. Der Auftraggeber hat eine nicht verwertete Sicherheit für die Vertragserfüllung zum vereinbarten Zeitpunkt, spätestens nach Abnahme und Stellung der Sicherheit für Mängelansprüche zurückzugeben, es sei denn, dass Ansprüche des Auftraggebers, die nicht von der gestellten Sicherheit für Mängelansprüche umfasst sind, noch nicht erfüllt sind. Dann darf er für diese Vertragserfüllungsansprüche einen entsprechenden Teil der Sicherheit zurückhalten.
2. Der Auftraggeber hat eine nicht verwertete Sicherheit für Mängelansprüche nach Ablauf von 2 Jahren zurückzugeben, sofern kein anderer Rückgabezeitpunkt

vereinbart worden ist. Soweit jedoch zu diesem Zeitpunkt seine geltend gemachten Ansprüche noch nicht erfüllt sind, darf er einen entsprechenden Teil der Sicherheit zurückhalten.

§ 18 Streitigkeiten
(1) Liegen die Voraussetzungen für eine Gerichtsstandvereinbarung nach § 38 Zivilprozessordnung vor, richtet sich der Gerichtsstand für Streitigkeiten aus dem Vertrag nach dem Sitz der für die Prozessvertretung des Auftraggebers zuständigen Stelle, wenn nichts anderes vereinbart ist. Sie ist dem Auftragnehmer auf Verlangen mitzuteilen.
(2) 1. Entstehen bei Verträgen mit Behörden Meinungsverschiedenheiten, so soll der Auftragnehmer zunächst die der auftraggebenden Stelle unmittelbar vorgesetzte Stelle anrufen. Diese soll dem Auftragnehmer Gelegenheit zur mündlichen Aussprache geben und ihn möglichst innerhalb von 2 Monaten nach der Anrufung schriftlich bescheiden und dabei auf die Rechtsfolgen des Satzes 3 hinweisen. Die Entscheidung gilt als anerkannt, wenn der Auftragnehmer nicht innerhalb von 3 Monaten nach Eingang des Bescheides schriftlich Einspruch beim Auftraggeber erhebt und dieser ihn auf die Ausschlussfrist hingewiesen hat.
2. Mit dem Eingang des schriftlichen Antrages auf Durchführung eines Verfahrens nach Nummer 1 wird die Verjährung des in diesem Antrag geltend gemachten Anspruchs gehemmt. Wollen Auftraggeber oder Auftragnehmer das Verfahren nicht weiter betreiben, teilen sie dies dem jeweils anderen Teil schriftlich mit. Die Hemmung endet 3 Monate nach Zugang des schriftlichen Bescheides oder der Mitteilung nach Satz 2.
(3) Daneben kann ein Verfahren zur Streitbeilegung vereinbart werden. Die Vereinbarung sollte mit Vertragsabschluss erfolgen.
(4) Bei Meinungsverschiedenheiten über die Eigenschaft von Stoffen und Bauteilen, für die allgemein gültige Prüfungsverfahren bestehen, und über die Zulässigkeit oder Zuverlässigkeit der bei der Prüfung verwendeten Maschinen oder angewendeten Prüfungsverfahren kann jede Vertragspartei nach vorheriger Benachrichtigung der anderen Vertragspartei die materialtechnische Untersuchung durch eine staatliche oder staatlich anerkannte Materialprüfungsstelle vornehmen lassen; deren Feststellungen sind verbindlich. Die Kosten trägt der unterliegende Teil.
(5) Streitfälle berechtigen den Auftragnehmer nicht, die Arbeiten einzustellen.

12.3 Vergabe- und Vertragsordnung für Bauleistungen (VOB/Teil C)

Teil C
Allgemeine Technische Vertragsbedingungen für Bauleistungen (ATV)
Allgemeine Regelungen für Bauarbeiten jeder Art
  – DIN 18299 – Ausgabe September 2023–

- **Inhalt**
0   Hinweise für das Aufstellen der Leistungsbeschreibung
1   Geltungsbereich
2   Stoffe, Bauteile
3   Ausführung
4   Nebenleistungen, Besondere Leistungen
5   Abrechnung

Anhang A Begriffsbestimmungen zu den Allgemeinen Technischen Vertragsbedingungen für Bauleistungen.

- **0 Hinweise für das Aufstellen der Leistungsbeschreibung**

Diese Hinweise für das Aufstellen der Leistungsbeschreibung gelten für Bauarbeiten jeder Art; sie werden ergänzt durch die auf die einzelnen Leistungsbereiche bezogenen Hinweise in den ATV DIN 18300 bis ATV DIN 18459, Abschnitt 0, sowie den Anhang A Begriffsbestimmungen. Die Beachtung dieser Hinweise und des Anhangs A ist Voraussetzung für eine ordnungsgemäße Leistungsbeschreibung gemäß §§ 7 ff., §§ 7 EU ff. beziehungsweise §§ 7 ff., §§ 7 EU ff. beziehungsweise §§ 7 VS ff. VOB/A.

In die Vorbemerkungen zum Leistungsverzeichnis ist aufzunehmen:

„Soweit in der Leistungsbeschreibung auf Technische Spezifikationen, z. B. nationale Normen, mit denen europäische Normen umgesetzt werden, europäische technische Bewertungen, gemeinsame technische Spezifikationen, Internationale Normen, Bezug genommen wird, werden auch ohne den ausdrücklichen Zusatz: ‚oder gleichwertig' immer gleichwertige Technische Spezifikationen in Bezug genommen."

Die Hinweise werden nicht Vertragsbestandteil.

In der Leistungsbeschreibung sind nach den Erfordernissen des Einzelfalls insbesondere anzugeben:

0.1 Angaben zur Baustelle
0.1.1 Lage der Baustelle, Umgebungsbedingungen, Zufahrtsmöglichkeiten und Beschaffenheit der Zufahrt sowie etwaige Einschränkungen bei ihrer Benutzung.

0.1.2 Besondere Belastungen aus Immissionen sowie besondere klimatische oder betriebliche Bedingungen.

0.1.3 Art und Lage der baulichen Anlagen, z. B. auch Anzahl und Höhe der Geschosse.

0.1.4 Verkehrsverhältnisse auf der Baustelle, insbesondere Verkehrsbeschränkungen.

0.1.5 Für den Verkehr freizuhaltende Flächen.

0.1.6 Art, Lage, Maße und Nutzbarkeit von Transporteinrichtungen und Transportwegen, z. B. Montageöffnungen.

0.1.7 Lage, Art, Anschlusswert und Bedingungen für das Überlassen von Anschlüssen für Wasser, Energie und Abwasser.

0.1.8 Lage und Ausmaß der dem Auftragnehmer für die Ausführung seiner Leistungen zur Benutzung oder Mitbenutzung überlassenen Flächen und Räume.

0.1.9 Bodenverhältnisse, Baugrund und seine Tragfähigkeit. Ergebnisse von Bodenuntersuchungen.

0.1.10 Hydrologische Werte von Grundwasser und Gewässern. Art, Lage, Abfluss, Abflussvermögen und Hochwasserverhältnisse von Vorflutern. Ergebnisse von Wasseranalysen.

0.1.11 Besondere umweltrechtliche Vorschriften.

0.1.12 Besondere Vorgaben für die Entsorgung, z. B. Beschränkungen für die Beseitigung von Abwasser und Abfall.

0.1.13 Schutzgebiete oder Schutzzeiten im Bereich der Baustelle, z. B. wegen Forderungen des Gewässer-, Boden-, Natur-, Landschafts- oder Immissionsschutzes; vorliegende Fachgutachten oder dergleichen.

0.1.14 Art und Umfang des Schutzes von Bäumen, Pflanzenbeständen, Vegetationsflächen, Verkehrsflächen, Bauteilen, Bauwerken, Grenzsteinen und dergleichen im Bereich der Baustelle.

0.1.15 Art und Umfang der Regelung und Sicherung des öffentlichen Verkehrs.

0.1.16 Im Bereich der Baustelle vorhandene Anlagen, insbesondere Abwasser- und Versorgungsleitungen.

0.1.17 Bekannte oder vermutete Hindernisse im Bereich der Baustelle, z. B. Leitungen, Kabel, Dräne, Kanäle, Bauwerksreste und, soweit bekannt, deren Eigentümer.

0.1.18 Bestätigung, dass die im jeweiligen Bundesland geltenden Anforderungen zu Erkundungs- und gegebenenfalls Räumungsmaßnahmen hinsichtlich Kampfmitteln erfüllt wurden.

0.1.19 Gemäß der Baustellenverordnung getroffene Maßnahmen.

0.1.20 Besondere Anordnungen, Vorschriften und Maßnahmen der Eigentümer (oder der anderen Weisungsberechtigten) von Leitungen, Kabeln, Dränen, Kanälen, Straßen, Wegen, Gewässern, Gleisen, Zäunen und dergleichen im Bereich der Baustelle.

0.1.21 Art und Umfang von Schadstoffbelastungen, z. B. des Bodens, der Gewässer, der Luft, der Stoffe und Bauteile; vorliegende Fachgutachten oder dergleichen.

0.1.22 Art und Zeit der vom Auftraggeber veranlassten Vorarbeiten.

0.1.23 Arbeiten anderer Unternehmer auf der Baustelle.

0.2 Angaben zur Ausführung
0.2.1 Vorgesehene Arbeitsabschnitte, Arbeitsunterbrechungen und Arbeitsbeschränkungen nach Art, Ort und Zeit sowie Abhängigkeit von Leistungen anderer.

0.2.2 Besondere Erschwernisse während der Ausführung, z. B. Arbeiten in Räumen, in denen der Betrieb weiterläuft, Arbeiten im Bereich von Verkehrswegen oder bei außergewöhnlichen äußeren Einflüssen.

0.2.3 Vorgaben, die sich aus dem SiGe-Plan gemäß Baustellenverordnung ergeben.

0.2.4 Art und Umfang von Leistungen zur Unfallverhütung und zum Gesundheitsschutz für Mitarbeiter anderer Unternehmen, z. B. trittsichere Abdeckungen.

0.2.5 Besondere Anforderungen für Arbeiten in kontaminierten Bereichen, gegebenenfalls besondere Anordnungen für Schutz- und Sicherheitsmaßnahmen.

0.2.6 Besondere Anforderungen an die Baustelleneinrichtung und Entsorgungseinrichtungen, z. B. Behälter für die getrennte Erfassung.

0.2.7 Besondere Anforderungen an das Auf- und Abbauen sowie Vorhalten von Gerüsten.

0.2.8 Mitbenutzung fremder Gerüste, Hebezeuge, Aufzüge, Aufenthalts- und Lagerräume, Einrichtungen und dergleichen durch den Auftragnehmer.

0.2.9 Wie lange, für welche Arbeiten und gegebenenfalls für welche Beanspruchung der Auftragnehmer Gerüste, Hebezeuge, Aufzüge, Aufenthalts- und Lagerräume, Einrichtungen und dergleichen für andere Unternehmer vorzuhalten hat.

0.2.10 Verwendung oder Mitverwendung von wiederaufbereiteten (Recycling-)Stoffen.

0.2.11 Anforderungen an wiederaufbereitete (Recycling-)Stoffe und an nicht genormte Stoffe und Bauteile.

0.2.12 Besondere Anforderungen an Art, Güte und Umweltverträglichkeit der Stoffe und Bauteile, auch z. B. an die schnelle biologische Abbaubarkeit von Hilfsstoffen.

0.2.13 Art und Umfang der vom Auftraggeber verlangten Eignungs- und Gütenachweise.

0.2.14 Unter welchen Bedingungen auf der Baustelle gewonnene Stoffe verwendet werden dürfen oder müssen oder einer anderen Verwertung zuzuführen sind.

0.2.15 Art, Zusammensetzung und Menge der aus dem Bereich des Auftraggebers zu entsorgenden Böden, Stoffe und Bauteile; Art der Verwertung oder bei Abfall die Entsorgungsanlage; Anforderungen an die Nachweise über Transporte, Entsorgung und die vom Auftraggeber zu tragenden Entsorgungskosten.

0.2.16 Art, Anzahl, Menge oder Masse der Stoffe und Bauteile, die vom Auftraggeber beigestellt werden, sowie Art, genaue Bezeichnung des Ortes und Zeit ihrer Übergabe.

0.2.17 In welchem Umfang der Auftraggeber Abladen, Lagern und Transport von Stoffen und Bauteilen übernimmt oder dafür dem Auftragnehmer Geräte oder Arbeitskräfte zur Verfügung stellt.

0.2.18 Leistungen für andere Unternehmer.

0.2.19 Mitwirken beim Einstellen von Anlageteilen und bei der Inbetriebnahme von Anlagen im Zusammenwirken mit anderen

Beteiligten, z. B. mit dem Auftragnehmer für die Gebäudeautomation.

0.2.20 Benutzung von Teilen der Leistung vor der Abnahme.

0.2.21 Übertragung der Wartung während der Dauer der Verjährungsfrist für die Mängelansprüche für maschinelle und elektrotechnische sowie elektronische Anlagen oder Teile davon, bei denen die Wartung Einfluss auf die Sicherheit und die Funktionsfähigkeit hat (vergleiche § 13 Absatz 4 Nummer 2 VOB/B), durch einen besonderen Wartungsvertrag.

0.2.22 Abrechnung nach bestimmten Zeichnungen oder Tabellen.

0.3 Einzelangaben bei Abweichungen von den ATV
0.3.1 Wenn andere als die in den ATV DIN 18299 bis ATV DIN 18459 vorgesehenen Regelungen getroffen werden sollen, sind diese in der Leistungsbeschreibung eindeutig und im Einzelnen anzugeben.

0.3.2 Abweichende Regelungen von der ATV DIN 18299 können insbesondere in Betracht kommen bei
Abschnitt 2.1.1, wenn die Lieferung von Stoffen und Bauteilen nicht zur Leistung gehören soll
Abschnitt 2.2, wenn nur ungebrauchte Stoffe und Bauteile vorgehalten werden dürfen,
Abschnitt 2.3.1, wenn auch gebrauchte Stoffe und Bauteile geliefert werden dürfen.

0.4 Einzelangaben zu Nebenleistungen und Besonderen Leistungen
0.4.1 Nebenleistungen
Nebenleistungen (Abschnitt 4.1 aller ATV) sind in der Leistungsbeschreibung nur zu erwähnen, wenn sie ausnahmsweise selbständig vergütet werden sollen. Eine ausdrückliche Erwähnung ist geboten, wenn die Kosten der Nebenleistung von erheblicher Bedeutung für die Preisbildung sind; in diesen Fällen sind besondere Ordnungszahlen (Positionen) vorzusehen.
Dies kommt insbesondere für das Einrichten und Räumen der Baustelle in Betracht.

0.4.2 Besondere Leistungen
Werden Besondere Leistungen (Abschnitt 4.2 aller ATV) verlangt, ist dies in der Leistungsbeschreibung anzugeben; gegebenenfalls sind hierfür besondere Ordnungszahlen (Positionen) vorzusehen.

0.5 Abrechnungseinheiten

Im Leistungsverzeichnis sind die Abrechnungseinheiten für die Teilleistungen (Positionen) gemäß Abschnitt 0.5 der jeweiligen ATV anzugeben.

Werden Leistungen modellbasiert abgerechnet, gelten die Hinweise dieses Abschnitts entsprechend. Es ist festzulegen, inwieweit von den Abrechnungsvorschriften ab ATV DIN 18300 ff. abgewichen wird.

▪ 1 Geltungsbereich

Die ATV DIN 18299 „Allgemeine Regelungen für Bauarbeiten jeder Art" gilt für alle Bauarbeiten, auch für solche, für die keine ATV in VOB/C – ATV DIN 18300 bis ATV DIN 18459 – bestehen.

Abweichende Regelungen in den ATV DIN 18300 bis ATV DIN 18459 haben Vorrang.

▪ 2 Stoffe, Bauteile

2.1 Allgemeines

2.1.1 Die Leistungen umfassen auch die Lieferung der dazugehörigen Stoffe und Bauteile einschließlich Abladen und Lagern auf der Baustelle.

2.1.2 Stoffe und Bauteile, die vom Auftraggeber beigestellt werden, hat der Auftragnehmer rechtzeitig beim Auftraggeber anzufordern.

2.1.3 Stoffe und Bauteile müssen für den jeweiligen Verwendungszweck geeignet und aufeinander abgestimmt sein.

2.2 Vorhalten

Stoffe und Bauteile, die der Auftragnehmer nur vorzuhalten hat, die also nicht in das Bauwerk eingehen, dürfen nach Wahl des Auftragnehmers gebraucht oder ungebraucht sein.

2.3 Liefern

2.3.1 Stoffe und Bauteile, die der Auftragnehmer zu liefern und einzubauen hat, die also in das Bauwerk eingehen, müssen ungebraucht sein. Wiederaufbereitete (Recycling-)Stoffe gelten als ungebraucht, wenn sie den Bedingungen gemäß Abschnitt 2.1.3 entsprechen.

2.3.2 Stoffe und Bauteile, für die DIN-Normen bestehen, müssen den DIN-Güte- und DIN-Maßbestimmungen entsprechen.

2.3.3 Stoffe und Bauteile, die nach den behördlichen Vorschriften einer Zulassung bedürfen, müssen amtlich zugelassen sein und den Bestimmungen ihrer Zulassung entsprechen.

2.3.4 Stoffe und Bauteile, für die bestimmte technische Spezifikationen in der Leistungsbeschreibung nicht genannt sind, dürfen auch verwendet werden, wenn sie Normen, technischen Vorschriften oder sonstigen Bestimmungen anderer Staaten entsprechen, sofern das geforderte Schutzniveau in Bezug auf Sicherheit, Gesundheit und Gebrauchstauglichkeit gleichermaßen dauerhaft erreicht wird.

Sofern für Stoffe und Bauteile eine Überwachungs- oder Prüfzeichenpflicht oder der Nachweis der Brauchbarkeit, z. B. durch allgemeine bauaufsichtliche Zulassung, allgemein vorgesehen ist, kann von einer Gleichwertigkeit nur ausgegangen werden, wenn die Stoffe und Bauteile ein Überwachungs- oder Prüfzeichen tragen oder für sie der genannte Brauchbarkeitsnachweis erbracht ist.

- **3 Ausführung**

3.1 Wenn Verkehrs-, Versorgungs- und Entsorgungsanlagen im Bereich der Baustelle liegen, sind die Vorschriften und Anordnungen der zuständigen Stellen zu beachten. Kann die Lage dieser Anlagen nicht angegeben werden, ist sie zu erkunden. Leistungen zur Erkundung derartiger Anlagen sind Besondere Leistungen (siehe Abschnitt 4.2.1).

3.2 Die für die Aufrechterhaltung des Verkehrs bestimmten Flächen sind freizuhalten. Der Zugang zu Einrichtungen der Versorgungs- und Entsorgungsbetriebe, der Feuerwehr, der Post und Bahn, zu Vermessungspunkten und dergleichen darf nicht mehr als durch die Ausführung unvermeidlich behindert werden.

3.3 Werden Schadstoffe vorgefunden, z. B. in Böden, Gewässern, Stoffen oder Bauteilen, ist dies dem Auftraggeber unverzüglich mitzuteilen. Bei Gefahr im Verzug hat der Auftragnehmer die notwendigen Sicherungsmaßnahmen unverzüglich durchzuführen. Die weiteren Maßnahmen sind gemeinsam festzulegen. Die erbrachten und die weiteren Leistungen sind Besondere Leistungen (siehe Abschnitt 4.2.1).

- **4 Nebenleistungen, Besondere Leistungen**

4.1 Nebenleistungen
Nebenleistungen sind Leistungen, die auch ohne Erwähnung im Vertrag zur vertraglichen Leistung gehören (§ 2 Absatz 1 VOB/B).

Nebenleistungen sind demnach insbesondere:

4.1.1 Einrichten und Räumen der Baustelle einschließlich der Geräte und dergleichen.

4.1.2 Vorhalten der Baustelleneinrichtung einschließlich der Geräte und dergleichen.

4.1.3 Messungen für das Ausführen und Abrechnen der Arbeiten einschließlich des Vorhaltens der Messgeräte, Lehren, Absteckzeichen und dergleichen, des Erhaltens der Lehren und Absteckzeichen während der Bauausführung und des Stellens der Arbeitskräfte, jedoch nicht Leistungen nach § 3 Absatz 2 VOB/B.

4.1.4 Schutz- und Sicherheitsmaßnahmen nach den staatlichen und berufsgenossenschaftlichen Regelwerken zum Arbeitsschutz, ausgenommen Leistungen nach den Abschnitten 4.2.4 und 4.2.5.

4.1.5 Beleuchten, Beheizen und Reinigen der Aufenthalts- und Sanitärräume für die Beschäftigten des Auftragnehmers.

4.1.6 Heranbringen von Wasser und Energie von den vom Auftraggeber auf der Baustelle zur Verfügung gestellten Anschlussstellen zu den Verwendungsstellen.

4.1.7 Liefern der Betriebsstoffe.

4.1.8 Vorhalten der Kleingeräte und Werkzeuge.

4.1.9 Befördern aller Stoffe und Bauteile, auch wenn sie vom Auftraggeber beigestellt sind, von den Lagerstellen auf der Baustelle oder von den in der Leistungsbeschreibung angegebenen Übergabestellen zu den Verwendungsstellen und etwaiges Rückbefördern.

4.1.10 Sichern der Arbeiten gegen Niederschlagswasser, mit dem normalerweise gerechnet werden muss, und seine etwa erforderliche Beseitigung.

4.1.11 Entsorgen von Abfall aus dem Bereich des Auftragnehmers sowie Beseitigen der Verunreinigungen, die von den Arbeiten des Auftragnehmers herrühren.

4.1.12 Entsorgen von Abfall aus dem Bereich des Auftraggebers bis zu einer Menge von 1 m^3, soweit der Abfall nicht schadstoffbelastet ist.

4.2 Besondere Leistungen
Besondere Leistungen sind Leistungen, die nicht Nebenleistungen nach Abschnitt 4.1 sind und nur dann zur vertraglichen Leis-

tung gehören, wenn sie in der Leistungsbeschreibung besonders erwähnt sind. Besondere Leistungen sind z. B.:

4.2.1 Leistungen nach den Abschnitten 3.1 und 3.3.

4.2.2 Beaufsichtigen der Leistungen anderer Unternehmer.

4.2.3 Erfüllen von Aufgaben des Auftraggebers (Bauherrn) hinsichtlich der Planung der Ausführung des Bauvorhabens oder der Koordinierung gemäß Baustellenverordnung.

4.2.4 Leistungen zur Unfallverhütung und zum Gesundheitsschutz für Mitarbeiter anderer Unternehmen.

4.2.5 Besondere Schutz- und Sicherheitsmaßnahmen bei Arbeiten in kontaminierten Bereichen, z. B. messtechnische Überwachung, spezifische Zusatzgeräte für Baumaschinen und Anlagen, abgeschottete Arbeitsbereiche.

4.2.6 Leistungen für besondere Schutzmaßnahmen gegen Witterungsschäden, Hochwasser und Grundwasser, ausgenommen Leistungen nach Abschnitt 4.1.10.

4.2.7 Versicherung der Leistung bis zur Abnahme zugunsten des Auftraggebers oder Versicherung eines außergewöhnlichen Haftpflichtwagnisses.

4.2.8 Besondere Prüfung von Stoffen und Bauteilen, die der Auftraggeber liefert.

4.2.9 Aufstellen, Vorhalten, Betreiben und Beseitigen von Einrichtungen zur Sicherung und Aufrechterhaltung des Verkehrs auf der Baustelle, z. B. Bauzäune, Schutzgerüste, Hilfsbauwerke, Beleuchtungen, Leiteinrichtungen.

4.2.10 Bereitstellen von Teilen der Baustelleneinrichtung für andere Unternehmer oder den Auftraggeber.

4.2.11 Leistungen für besondere Maßnahmen aus Gründen des Umweltschutzes sowie der Landes- und Denkmalpflege.

4.2.12 Entsorgen von Abfall über die Leistungen nach den Abschnitten 4.1.11 und 4.1.12 hinaus.

4.2.13 Schutz der Leistung, wenn der Auftraggeber eine vorzeitige Benutzung verlangt.

4.2.14 Beseitigen von Hindernissen.

4.2.15 Zusätzliche Leistungen für die Weiterarbeit bei Frost und Schnee, soweit sie dem Auftragnehmer nicht ohnehin obliegen.

4.2.16 Leistungen für besondere Maßnahmen zum Schutz und zur Sicherung gefährdeter baulicher Anlagen und benachbarter Grundstücke.

4.2.17 Sichern von Leitungen, Kabeln, Dränen, Kanälen, Grenzsteinen, Bäumen, Pflanzen und dergleichen.

- **5 Abrechnung**

Die Leistung ist aus Zeichnungen oder Modellen zu ermitteln, soweit die ausgeführte Leistung diesen Zeichnungen oder Modellen entspricht. Sind solche Zeichnungen oder Modelle nicht vorhanden, ist die Leistung aufzumessen.

12.4 Übersicht über die aktuellen Regelungen der VOB 2019 inklusive Ergänzungsband 2023

DIN 1960 – VOB Teil A: Allgemeine Bestimmungen für die Vergabe von Bauleistungen

DIN 1961 – VOB Teil B: Allgemeine Vertragsbedingungen für die Ausführung von Bauleistungen

DIN 18299 – Allgemeine Regelungen für Bauarbeiten jeder Art

DIN 18300 – Erdarbeiten

DIN 18301 – Bohrarbeiten

DIN 18302 – Spezialtiefbauarbeiten zum Ausbau von Bohrungen

DIN 18303 – Verbauarbeiten

DIN 18304 – Ramm-, Rüttel- und Pressarbeiten

DIN 18305 – Wasserhaltungsarbeiten

DIN 18306 – Entwässerungskanalarbeiten

DIN 18307 – Druckrohrleitungsarbeiten außerhalb von Gebäuden

DIN 18308 – Dränarbeiten

DIN 18309 – Einpressarbeiten

DIN 18311 – Nassbaggerarbeiten

DIN 18312 – Untertagebauarbeiten

DIN 18313 – Schlitzwandarbeiten mit stützenden Flüssigkeiten

DIN 18314 – Spritzbetonarbeiten

DIN 18315 – Verkehrswegebauarbeiten – Oberbauschichten ohne Bindemittel

DIN 18316 – Verkehrswegebauarbeiten – Oberbauschichten mit hydraulischen Bindemitteln

DIN 18317 – Verkehrswegebauarbeiten – Oberbauschichten aus Asphalt

DIN 18318 – Verkehrswegebauarbeiten – Pflasterdecken und in ungebundener Ausführung, Plattenbeläge Einfassungen

DIN 18319 – Rohrvortriebsarbeiten

DIN 18320 – Landschaftsbauarbeiten

DIN 18321 – Düsenstrahlarbeiten

DIN 18322 – Kabelleitungstiefbauarbeiten

DIN 18323 – Kampfmittelräumarbeiten

DIN 18324 – Horizontalspülbohrarbeiten

DIN 18325 – Gleisbauarbeiten

DIN 18326 – Renovierungsarbeiten an Entwässerungskanälen

DIN 18327 – Brunnenbauarbeiten und Erdwärmesonden

DIN 18328 – Aufbruch- und Rückbauarbeiten von Verkehrsflächen

DIN 18329 – Verkehrssicherungsarbeiten

DIN 18330 – Mauerarbeiten

DIN 18331 – Betonarbeiten

DIN 18332 – Naturwerksteinarbeiten

DIN 18333 – Betonwerksteinarbeiten

DIN 18334 – Zimmer- und Holzbauarbeiten

DIN 18335 – Stahlbauarbeiten

DIN 18336 – Abdichtungsarbeiten

DIN 18338 – Dachdeckungs- und Dachdichtungsarbeiten

DIN 18339 – Klempnerarbeiten

DIN 18340 – Trockenbauarbeiten

DIN 18345 – Wärmedämm-Verbundsysteme

DIN 18349 – Betonerhaltungsarbeiten

DIN 18350 – Putz- und Stuckarbeiten

DIN 18351 – Vorgehängte Hinterlüftete Fassaden

DIN 18352 – Fliesen- und Plattenarbeiten

DIN 18353 – Estricharbeiten

DIN 18354 – Gussasphaltarbeiten

DIN 18355 – Tischlerarbeiten

DIN 18356 – Parkett- und Holzpflasterarbeiten

DIN 18357 – Beschlagarbeiten

DIN 18358 – Rollladenarbeiten

DIN 18360 – Metallbauarbeiten

DIN 18361 – Verglasungsarbeiten
DIN 18363 – Maler- und Lackierarbeiten – Beschichtungen
DIN 18364 – Korrosionsschutzarbeiten an Stahlbauten
DIN 18365 – Bodenbelagsarbeiten
DIN 18366 – Tapezierarbeiten
DIN 18379 – Raumlufttechnische Anlagen
DIN 18380 – Heizanlagen und zentrale Wassererwärmungsanlagen
DIN 18381 – Gas-, Wasser-, und Entwässerungsanlagen innerhalb von Gebäuden
DIN 18382 – Elektro-, Sicherheits- und Informationstechnische Anlagen
DIN 18384 – Blitzschutz-, Überspannungsschutz und Erdungsanlagen
DIN 18385 – Aufzugsanlagen, Fahrtreppen und Fahrsteige sowie Förderanlagen
DIN 18386 – Gebäudeautomation
DIN 18421 – Dämm- und Brandschutzarbeiten an technischen Anlagen
DIN 18448 – Arbeiten an schadstoffbelasteten baulichen und technischen Anlagen
DIN 18451 – Gerüstarbeiten
DIN18459 – Abbruch- und Rückbauarbeiten

12.5 Übersicht über die Leistungsbereiche des Standardleistungsbuches für das Bauwesen STLB-Bau

Das Leistungspakt STLB-Bau umfasst folgende Leistungsbereiche (Stand: Oktober 2024)

LB-Nr.	Bezeichnung
	Allgemeine Standardbeschreibungen (Vorbemerkungen)
000	Baustelleneinrichtungen, Verkehrssicherungs- und Sicherheitseinrichtungen
001	Gerüstarbeiten
002	Erdarbeiten
003	Landschaftsbauarbeiten
004	Landschaftsbauarbeiten – Pflanzen
005	Brunnenbauarbeiten und Aufschlussbohrungen

LB-Nr.	Bezeichnung
006	Spezialtiefbauarbeiten
007	Untertagebauarbeiten
008	Wasserhaltungsarbeiten
009	Entwässerungskanalarbeiten
010	Drän- und Versickerarbeiten
011	Abscheider- und Kleinkläranlagen
012	Mauerarbeiten
013	Betonarbeiten
014	Natur-, Betonwerksteinarbeiten
016	Zimmer- und Holzbauarbeiten
017	Stahlbauarbeiten
018	Abdichtungsarbeiten
019	Kampfmittelräumarbeiten
020	Dachdeckungsarbeiten
021	Dachabdichtungsarbeiten
022	Klempnerarbeiten
023	Putz- und Stuckarbeiten, Wärmedämmsysteme
024	Fliesen- und Plattenarbeiten
025	Estricharbeiten
026	Fenster, Außentüren
027	Tischlerarbeiten
028	Parkett-, Holzpflasterarbeiten
029	Beschlagarbeiten
030	Rollladenarbeiten
031	Metallbauarbeiten
032	Verglasungsarbeiten
033	Baureinigungsarbeiten
034	Maler- und Lackierarbeiten – Beschichtungen
035	Korrosionsschutzmaßnahmen an Stahlbauten
036	Bodenbelagarbeiten
037	Tapezierarbeiten
038	Vorgehängte hinterlüftete Fassaden
039	Trockenbauarbeiten
040	Wärmeversorgungsanlagen – Betriebseinrichtungen
041	Wärmeversorgungsanlagen – Leitungen, Armaturen, Heizflächen

12.5 · Leistungsbereiche des Standardleistungsbuches

LB-Nr.	Bezeichnung
042	Gas- und Wasseranlagen – Leitungen und Armaturen
043	Druckrohrleitungen für Gas, Wasser und Abwasser
044	Abwasseranlagen – Leitungen, Abläufe, Armaturen
045	Gas-, Wasser- und Entwässerungsanlagen – Ausstattung, Elemente, Fertigbäder
046	Gas-, Wasser- und Entwässerungsanlagen – Betriebseinrichtungen
047	Dämm- und Brandschutzarbeiten an technischen Anlagen
049	Feuerlöschanlagen, Feuerlöschgeräte
050	Blitzschutz-/Erdungsanlagen, Überspannungsschutz
051	Kabelleitungstiefbauarbeiten
052	Mittelspannungsanlagen
053	Niederspannungsanlagen – Kabel/Leitungen, Verlegesysteme, Installationsgeräte
054	Niederspannungsanlagen – Verteilersysteme und Einbaugeräte
055	Sicherheits- und Ersatzstromversorgungsanlagen
057	Gebäudesystemtechnik
058	Leuchten und Lampen
059	Sicherheitsbeleuchtungsanlagen
060	Such-, Signal-, Zeitdienst-, Antennen-, elektroakustische Anlagen, Medientechnik
061	Kommunikations- und Übertragungsnetze
062	Kommunikationsanlagen
063	Gefahrenmeldeanlagen
064	Zutrittskontroll-, Zeiterfassungssysteme
069	Aufzüge
070	Gebäudeautomation
075	Raumlufttechnische Anlagen
078	Kälteanlagen für raumlufttechnische Anlagen
080	Straßen, Wege, Plätze
081	Betonerhaltungsarbeiten
082	Bekämpfender Holzschutz
084	Abbruch-, Rückbau- und Schadstoffsanierungsarbeiten
085	Rohrvortriebsarbeiten
087	Abfallentsorgung; Verwertung und Beseitigung
090	Baulogistik
091	Stundenlohnarbeiten

LB-Nr.	Bezeichnung
096	Bauarbeiten an Bahnübergängen
097	Bauarbeiten an Gleisen und Weichen
098	Witterungsschutzmaßnahmen

12.6 Wichtige Paragraphen des BGB und StGB

12.6.1 Geschäftsfähigkeit

§ 104 BGB Geschäftsunfähigkeit
Geschäftsunfähig ist:

1. wer nicht das siebente Lebensjahr vollendet hat,

2. wer sich in einem die freie Willensbestimmung ausschließenden Zustand krankhafter Störung der Geistestätigkeit befindet, sofern nicht der Zustand seiner Natur nach ein vorübergehender ist

§ 105 BGB Nichtigkeit der Willenserklärung
(1) Die Willenserklärung eines Geschäftsunfähigen ist nichtig.

(2) Nichtig ist auch eine Willenserklärung, die im Zustand der Bewusstlosigkeit oder vorübergehender Störung der Geistestätigkeit abgegeben wird.

§ 105a BGB Geschäfte des täglichen Lebens
Tätigt ein volljähriger Geschäftsunfähiger ein Geschäft des täglichen Lebens, das mit geringwertigen Mitteln bewirkt werden kann, so gilt der von ihm geschlossene Vertrag in Ansehung von Leistung und, soweit vereinbart, Gegenleistung als wirksam, sobald Leistung und Gegenleistung bewirkt sind. Satz 1 gilt nicht bei einer erheblichen Gefahr für die Person oder das Vermögen des Geschäftsunfähigen.

§ 106 BGB Beschränkte Geschäftsfähigkeit Minderjähriger
Ein Minderjähriger, der das siebente Lebensjahr vollendet hat, ist nach Maßgabe der §§ 107 bis 113 in der Geschäftsfähigkeit beschränkt.

§ 107 BGB Einwilligung des gesetzlichen Vertreters
Der Minderjährige bedarf zu einer Willenserklärung, durch die er nicht lediglich einen rechtlichen Vorteil erlangt, der Einwilligung seines gesetzlichen Vertreters.

12.6.2 Willenserklärung

§ 125 BGB Nichtigkeit wegen Formmangels
Ein Rechtsgeschäft, welches der durch Gesetz vorgeschriebenen Form ermangelt, ist nichtig. Der Mangel der durch Rechtsgeschäft bestimmten Form hat im Zweifel gleichfalls Nichtigkeit zur Folge.

§ 126 BGB Schriftform
(1) Ist durch Gesetz schriftliche Form vorgeschrieben, so muss die Urkunde von dem Aussteller eigenhändig durch Namensunterschrift oder mittels notariell beglaubigten Handzeichens unterzeichnet werden.

(2) Bei einem Vertrag muss die Unterzeichnung der Parteien auf derselben Urkunde erfolgen. Werden über den Vertrag mehrere gleichlautende Urkunden aufgenommen, so genügt es, wenn jede Partei die für die andere Partei bestimmte Urkunde unterzeichnet.

(3) Die schriftliche Form kann durch die elektronische Form ersetzt werden, wenn sich nicht aus dem Gesetz ein anderes ergibt.

(4) Die schriftliche Form wird durch die notarielle Beurkundung ersetzt.

§ 126a BGB Elektronische Form
(1) Soll die gesetzlich vorgeschriebene schriftliche Form durch die elektronische Form ersetzt werden, so muss der Aussteller der Erklärung dieser seinen Namen hinzufügen und das elektronische Dokument mit einer qualifizierten elektronischen Signatur nach dem Signaturgesetz versehen.

(2) Bei einem Vertrag müssen die Parteien jeweils ein gleichlautendes Dokument in der in Absatz 1 bezeichneten Weise elektronisch signieren.

§ 126b BGB Textform
Ist durch Gesetz Textform vorgeschrieben, so muss eine lesbare Erklärung, in der die Person des Erklärenden genannt ist, auf einem dauerhaften Datenträger abgegeben werden. Ein dauerhafter Datenträger ist jedes Medium, das

1. es dem Empfänger ermöglicht, eine auf dem Datenträger befindliche, an ihn persönlich gerichtete Erklärung so aufzubewahren oder zu speichern, dass sie ihm während eines für ihren Zweck angemessenen Zeitraums zugänglich ist, und

2. geeignet ist, die Erklärung unverändert wiederzugeben.

§ 127 BGB Vereinbarte Form

(1) Die Vorschriften des § 126, des § 126a oder des § 126b gelten im Zweifel auch für die durch Rechtsgeschäft bestimmte Form.

(2) Zur Wahrung der durch Rechtsgeschäft bestimmten schriftlichen Form genügt, soweit nicht ein anderer Wille anzunehmen ist, die telekommunikative Übermittlung und bei einem Vertrag der Briefwechsel. Wird eine solche Form gewählt, so kann nachträglich eine dem § 126 entsprechende Beurkundung verlangt werden.

(3) Zur Wahrung der durch Rechtsgeschäft bestimmten elektronischen Form genügt, soweit nicht ein anderer Wille anzunehmen ist, auch eine andere als die in § 126a bestimmte elektronische Signatur und bei einem Vertrag der Austausch von Angebots- und Annahmeerklärung, die jeweils mit einer elektronischen Signatur versehen sind. Wird eine solche Form gewählt, so kann nachträglich eine dem § 126a entsprechende elektronische Signierung oder, wenn diese einer der Parteien nicht möglich ist, eine dem § 126 entsprechende Beurkundung verlangt werden.

§ 127a BGB Gerichtlicher Vergleich

Die notarielle Beurkundung wird bei einem gerichtlichen Vergleich durch die Aufnahme der Erklärungen in ein nach den Vorschriften der Zivilprozessordnung errichtetes Protokoll ersetzt.

§ 128 BGB Notarielle Beurkundung

Ist durch Gesetz notarielle Beurkundung eines Vertrags vorgeschrieben, so genügt es, wenn zunächst der Antrag und sodann die Annahme des Antrags von einem Notar beurkundet wird.

§ 134 BGB Gesetzliches Verbot

Ein Rechtsgeschäft, das gegen ein gesetzliches Verbot verstößt, ist nichtig, wenn sich nicht aus dem Gesetz ein anderes ergibt.

§ 138 BGB Sittenwidriges Rechtsgeschäft; Wucher

(1) Ein Rechtsgeschäft, das gegen die guten Sitten verstößt, ist nichtig.

(2) Nichtig ist insbesondere ein Rechtsgeschäft, durch das jemand unter Ausbeutung der Zwangslage, der Unerfahrenheit, des Mangels an Urteilsvermögen oder der erheblichen Willensschwäche eines anderen sich oder einem Dritten für eine Leistung Vermögensvorteile versprechen oder gewähren lässt, die in einem auffälligen Missverhältnis zu der Leistung stehen.

§ 139 BGB Teilnichtigkeit
Ist ein Teil eines Rechtsgeschäfts nichtig, so ist das ganze Rechtsgeschäft nichtig, wenn nicht anzunehmen ist, dass es auch ohne den nichtigen Teil vorgenommen sein würde.

12.6.3 Vertrag

§ 145 BGB Bindung an den Antrag
Wer einem anderen die Schließung eines Vertrags anträgt, ist an den Antrag gebunden, es sei denn, dass er die Gebundenheit ausgeschlossen hat.

§ 146 BGB Erlöschen des Antrags
Der Antrag erlischt, wenn er dem Antragenden gegenüber abgelehnt oder wenn er nicht diesem gegenüber nach den §§ 147 bis 149 rechtzeitig angenommen wird.

§ 147 BGB Annahmefrist
(1) Der einem Anwesenden gemachte Antrag kann nur sofort angenommen werden. Dies gilt auch von einem mittels Fernsprechers oder einer sonstigen technischen Einrichtung von Person zu Person gemachten Antrag.

(2) Der einem Abwesenden gemachte Antrag kann nur bis zu dem Zeitpunkt angenommen werden, in welchem der Antragende den Eingang der Antwort unter regelmäßigen Umständen erwarten darf.

§ 148 BGB Bestimmung einer Annahmefrist
Hat der Antragende für die Annahme des Antrags eine Frist bestimmt, so kann die Annahme nur innerhalb der Frist erfolgen.

§ 149 BGB Verspätet zugegangene Annahmeerklärung
Ist eine dem Antragenden verspätet zugegangene Annahmeerklärung dergestalt abgesendet worden, dass sie bei regelmäßiger Beförderung ihm rechtzeitig zugegangen sein würde, und musste der Antragende dies erkennen, so hat er die Verspätung dem Annehmenden unverzüglich nach dem Empfang der Erklärung anzuzeigen, sofern es nicht schon vorher geschehen ist. Verzögert er die Absendung der Anzeige, so gilt die Annahme als nicht verspätet.

§ 150 BGB Verspätete und abändernde Annahme
(1) Die verspätete Annahme eines Antrags gilt als neuer Antrag.

(2) Eine Annahme unter Erweiterungen, Einschränkungen oder sonstigen Änderungen gilt als Ablehnung verbunden mit einem neuen Antrag.

§ 151 BGB Annahme ohne Erklärung gegenüber dem Antragenden

Der Vertrag kommt durch die Annahme des Antrags zustande, ohne dass die Annahme dem Antragenden gegenüber erklärt zu werden braucht, wenn eine solche Erklärung nach der Verkehrssitte nicht zu erwarten ist oder der Antragende auf sie verzichtet hat. Der Zeitpunkt, in welchem der Antrag erlischt, bestimmt sich nach dem aus dem Antrag oder den Umständen zu entnehmenden Willen des Antragenden.

§ 152 BGB Annahme bei notarieller Beurkundung

Wird ein Vertrag notariell beurkundet, ohne dass beide Teile gleichzeitig anwesend sind, so kommt der Vertrag mit der nach § 128 erfolgten Beurkundung der Annahme zustande, wenn nicht ein anderes bestimmt ist. Die Vorschrift des § 151 Satz 2 findet Anwendung.

§ 153 BGB Tod oder Geschäftsunfähigkeit des Antragenden

Das Zustandekommen des Vertrags wird nicht dadurch gehindert, dass der Antragende vor der Annahme stirbt oder geschäftsunfähig wird, es sei denn, dass ein anderer Wille des Antragenden anzunehmen ist.

§ 154 BGB Offener Einigungsmangel; fehlende Beurkundung

(1) Solange nicht die Parteien sich über alle Punkte eines Vertrags geeinigt haben, über die nach der Erklärung auch nur einer Partei eine Vereinbarung getroffen werden soll, ist im Zweifel der Vertrag nicht geschlossen. Die Verständigung über einzelne Punkte ist auch dann nicht bindend, wenn eine Aufzeichnung stattgefunden hat.

(2) Ist eine Beurkundung des beabsichtigten Vertrags verabredet worden, so ist im Zweifel der Vertrag nicht geschlossen, bis die Beurkundung erfolgt ist.

§ 155 BGB Versteckter Einigungsmangel

Haben sich die Parteien bei einem Vertrag, den sie als geschlossen ansehen, über einen Punkt, über den eine Vereinbarung getroffen werden sollte, in Wirklichkeit nicht geeinigt, so gilt das Vereinbarte, sofern anzunehmen ist, dass der Vertrag auch ohne eine Bestimmung über diesen Punkt geschlossen sein würde.

§ 157 BGB Auslegung von Verträgen

Verträge sind so auszulegen, wie Treu und Glauben mit Rücksicht auf die Verkehrssitte es erfordern.

12.6.4 Fristen, Termine

§ 186 BGB Geltungsbereich
Für die in Gesetzen, gerichtlichen Verfügungen und Rechtsgeschäften enthaltenen Frist- und Terminsbestimmungen gelten die Auslegungsvorschriften der §§ 187 bis 193.

§ 187 BGB Fristbeginn
(1) Ist für den Anfang einer Frist ein Ereignis oder ein in den Lauf eines Tages fallender Zeitpunkt maßgebend, so wird bei der Berechnung der Frist der Tag nicht mitgerechnet, in welchen das Ereignis oder der Zeitpunkt fällt.

(2) Ist der Beginn eines Tages der für den Anfang einer Frist maßgebende Zeitpunkt, so wird dieser Tag bei der Berechnung der Frist mitgerechnet. Das Gleiche gilt von dem Tag der Geburt bei der Berechnung des Lebensalters.

§ 188 BGB Fristende
(1) Eine nach Tagen bestimmte Frist endigt mit dem Ablauf des letzten Tages der Frist.

(2) Eine Frist, die nach Wochen, nach Monaten oder nach einem mehrere Monate umfassenden Zeitraum – Jahr, halbes Jahr, Vierteljahr – bestimmt ist, endigt im Falle des § 187 Abs. 1 mit dem Ablauf desjenigen Tages der letzten Woche oder des letzten Monats, welcher durch seine Benennung oder seine Zahl dem Tag entspricht, in den das Ereignis oder der Zeitpunkt fällt, im Falle des § 187 Abs. 2 mit dem Ablauf desjenigen Tages der letzten Woche oder des letzten Monats, welcher dem Tage vorhergeht, der durch seine Benennung oder seine Zahl dem Anfangstag der Frist entspricht.

(3) Fehlt bei einer nach Monaten bestimmten Frist in dem letzten Monat der für ihren Ablauf maßgebende Tag, so endigt die Frist mit dem Ablauf des letzten Tages dieses Monats.

§ 189 BGB Berechnung einzelner Fristen
(1) Unter einem halben Jahr wird eine Frist von sechs Monaten, unter einem Vierteljahr eine Frist von drei Monaten, unter einem halben Monat eine Frist von 15 Tagen verstanden.

(2) Ist eine Frist auf einen oder mehrere ganze Monate und einen halben Monat gestellt, so sind die 15 Tage zuletzt zu zählen.

§ 190 BGB Fristverlängerung
Im Falle der Verlängerung einer Frist wird die neue Frist von dem Ablauf der vorigen Frist an berechnet.

§ 191 BGB Berechnung von Zeiträumen
Ist ein Zeitraum nach Monaten oder nach Jahren in dem Sinne bestimmt, dass er nicht zusammenhängend zu verlaufen braucht, so wird der Monat zu 30, das Jahr zu 365 Tagen gerechnet.

§ 192 BGB Anfang, Mitte, Ende des Monats
Unter Anfang des Monats wird der erste, unter Mitte des Monats der 15., unter Ende des Monats der letzte Tag des Monats verstanden.

§ 193 BGB Sonn- und Feiertag; Sonnabend
Ist an einem bestimmten Tag oder innerhalb einer Frist eine Willenserklärung abzugeben oder eine Leistung zu bewirken und fällt der bestimmte Tag oder der letzte Tag der Frist auf einen Sonntag, einen am Erklärungs- oder Leistungsort staatlich anerkannten allgemeinen Feiertag oder einen Sonnabend, so tritt an die Stelle eines solchen Tages der nächste Werktag.

12.6.5 Verjährung

§ 194 BGB Gegenstand der Verjährung
(1) Das Recht, von einem anderen ein Tun oder Unterlassen zu verlangen (Anspruch), unterliegt der Verjährung.

(2) Der Verjährung unterliegen nicht

1. Ansprüche, die aus einem nicht verjährbaren Verbrechen erwachsen sind,

2. Ansprüche aus einem familienrechtlichen Verhältnis, soweit sie auf die Herstellung des dem Verhältnis entsprechenden Zustands für die Zukunft oder auf die Einwilligung in die genetische Untersuchung zur Klärung der leiblichen Abstammung gerichtet sind.

§ 195 BGB Regelmäßige Verjährungsfrist
Die regelmäßige Verjährungsfrist beträgt drei Jahre.

§ 196 BGB Verjährungsfrist bei Rechten an einem Grundstück
Ansprüche auf Übertragung des Eigentums an einem Grundstück sowie auf Begründung, Übertragung oder Aufhebung eines Rechts an einem Grundstück oder auf Änderung des Inhalts eines solchen Rechts sowie die Ansprüche auf die Gegenleistung verjähren in zehn Jahren.

§ 197 BGB Dreißigjährige Verjährungsfrist

(1) In 30 Jahren verjähren, soweit nicht ein anderes bestimmt ist,

1. Schadensersatzansprüche, die auf der vorsätzlichen Verletzung des Lebens, des Körpers, der Gesundheit, der Freiheit oder der sexuellen Selbstbestimmung beruhen,

2. Herausgabeansprüche aus Eigentum, anderen dinglichen Rechten, den §§ 2018, 2130 und 2362 sowie die Ansprüche, die der Geltendmachung der Herausgabeansprüche dienen,

3. rechtskräftig festgestellte Ansprüche,

4. Ansprüche aus vollstreckbaren Vergleichen oder vollstreckbaren Urkunden,

5. Ansprüche, die durch die im Insolvenzverfahren erfolgte Feststellung vollstreckbar geworden sind, und

6. Ansprüche auf Erstattung der Kosten der Zwangsvollstreckung.

(2) Soweit Ansprüche nach Absatz 1 Nr. 3 bis 5 künftig fällig werdende regelmäßig wiederkehrende Leistungen zum Inhalt haben, tritt an die Stelle der Verjährungsfrist von 30 Jahren die regelmäßige Verjährungsfrist.

§ 198 BGB Verjährung bei Rechtsnachfolge

Gelangt eine Sache, hinsichtlich derer ein dinglicher Anspruch besteht, durch Rechtsnachfolge in den Besitz eines Dritten, so kommt die während des Besitzes des Rechtsvorgängers verstrichene Verjährungszeit dem Rechtsnachfolger zugute.

§ 199 BGB Beginn der regelmäßigen Verjährungsfrist und Verjährungshöchstfristen

(1) Die regelmäßige Verjährungsfrist beginnt, soweit nicht ein anderer Verjährungsbeginn bestimmt ist, mit dem Schluss des Jahres, in dem

1. der Anspruch entstanden ist und

2. der Gläubiger von den den Anspruch begründenden Umständen und der Person des Schuldners Kenntnis erlangt oder ohne grobe Fahrlässigkeit erlangen müsste.

(2) Schadensersatzansprüche, die auf der Verletzung des Lebens, des Körpers, der Gesundheit oder der Freiheit beruhen, verjähren ohne Rücksicht auf ihre Entstehung und die Kenntnis oder grob fahrlässige Unkenntnis in 30 Jahren von der Begehung der Handlung, der Pflichtverletzung oder dem sonstigen, den Schaden auslösenden Ereignis an.

(3) Sonstige Schadensersatzansprüche verjähren

1. ohne Rücksicht auf die Kenntnis oder grob fahrlässige Unkenntnis in zehn Jahren von ihrer Entstehung an und

2. ohne Rücksicht auf ihre Entstehung und die Kenntnis oder grob fahrlässige Unkenntnis in 30 Jahren von der Begehung der Handlung, der Pflichtverletzung oder dem sonstigen, den Schaden auslösenden Ereignis an.

Maßgeblich ist die früher endende Frist.

(3a) Ansprüche, die auf einem Erbfall beruhen oder deren Geltendmachung die Kenntnis einer Verfügung von Todes wegen voraussetzt, verjähren ohne Rücksicht auf die Kenntnis oder grob fahrlässige Unkenntnis in 30 Jahren von der Entstehung des Anspruchs an.

(4) Andere Ansprüche als die nach den Absätzen 2 bis 3a verjähren ohne Rücksicht auf die Kenntnis oder grob fahrlässige Unkenntnis in zehn Jahren von ihrer Entstehung an.

(5) Geht der Anspruch auf ein Unterlassen, so tritt an die Stelle der Entstehung die Zuwiderhandlung.

§ 200 BGB Beginn anderer Verjährungsfristen
Die Verjährungsfrist von Ansprüchen, die nicht der regelmäßigen Verjährungsfrist unterliegen, beginnt mit der Entstehung des Anspruchs, soweit nicht ein anderer Verjährungsbeginn bestimmt ist.
§ 199 Abs. 5 findet entsprechende Anwendung.

§ 201 BGB Beginn der Verjährungsfrist von festgestellten Ansprüchen
Die Verjährung von Ansprüchen der in § 197 Abs. 1 Nr. 3 bis 6 bezeichneten Art beginnt mit der Rechtskraft der Entscheidung, der Errichtung des vollstreckbaren Titels oder der Feststellung im Insolvenzverfahren, nicht jedoch vor der Entstehung des Anspruchs.
§ 199 Abs. 5 findet entsprechende Anwendung.

§ 209 BGB Wirkung der Hemmung
Der Zeitraum, während dessen die Verjährung gehemmt ist, wird in die Verjährungsfrist nicht eingerechnet.

§ 212 BGB Neubeginn der Verjährung
(1) Die Verjährung beginnt erneut, wenn

1. der Schuldner dem Gläubiger gegenüber den Anspruch durch Abschlagszahlung, Zinszahlung, Sicherheitsleistung oder in anderer Weise anerkennt oder

2. eine gerichtliche oder behördliche Vollstreckungshandlung vorgenommen oder beantragt wird.

(2) Der erneute Beginn der Verjährung infolge einer Vollstreckungshandlung gilt als nicht eingetreten, wenn die Vollstreckungshandlung auf Antrag des Gläubigers oder wegen Mangels der gesetzlichen Voraussetzungen aufgehoben wird.

(3) Der erneute Beginn der Verjährung durch den Antrag auf Vornahme einer Vollstreckungshandlung gilt als nicht eingetreten, wenn dem Antrag nicht stattgegeben oder der Antrag vor der Vollstreckungshandlung zurückgenommen oder die erwirkte Vollstreckungshandlung nach Absatz 2 aufgehoben wird.

12.6.6 Rechtsfolgen der Verjährung

§ 214 BGB Wirkung der Verjährung
(1) Nach Eintritt der Verjährung ist der Schuldner berechtigt, die Leistung zu verweigern.

(2) Das zur Befriedigung eines verjährten Anspruchs Geleistete kann nicht zurückgefordert werden, auch wenn in Unkenntnis der Verjährung geleistet worden ist. Das Gleiche gilt von einem vertragsmäßigen Anerkenntnis sowie einer Sicherheitsleistung des Schuldners.

12.6.7 Sicherheitsleistung

§ 232 BGB Arten
(1) Wer Sicherheit zu leisten hat, kann dies bewirken

durch Hinterlegung von Geld oder Wertpapieren,

durch Verpfändung von Forderungen, die in das Bundesschuldbuch oder Landesschuldbuch eines Landes eingetragen sind,

durch Verpfändung beweglicher Sachen,

durch Bestellung von Schiffshypotheken an Schiffen oder Schiffsbauwerken, die in einem deutschen Schiffsregister oder Schiffsbauregister eingetragen sind,

durch Bestellung von Hypotheken an inländischen Grundstücken,

durch Verpfändung von Forderungen, für die eine Hypothek an einem inländischen Grundstück besteht, oder durch Verpfändung von Grundschulden oder Rentenschulden an inländischen Grundstücken.

(2) Kann die Sicherheit nicht in dieser Weise geleistet werden, so ist die Stellung eines tauglichen Bürgen zulässig.

§ 233 BGB Wirkung der Hinterlegung
Mit der Hinterlegung erwirbt der Berechtigte ein Pfandrecht an dem hinterlegten Geld oder an den hinterlegten Wertpapieren und, wenn das Geld oder die Wertpapiere in das Eigentum des Fiskus oder der als Hinterlegungsstelle bestimmten Anstalt übergehen, ein Pfandrecht an der Forderung auf Rückerstattung.

12.6.8 Schuldverhältnisse/Verpflichtung zur Leistung

§ 241 BGB Pflichten aus dem Schuldverhältnis
(1) Kraft des Schuldverhältnisses ist der Gläubiger berechtigt, von dem Schuldner eine Leistung zu fordern. Die Leistung kann auch in einem Unterlassen bestehen.

(2) Das Schuldverhältnis kann nach seinem Inhalt jeden Teil zur Rücksicht auf die Rechte, Rechtsgüter und Interessen des anderen Teils verpflichten.

§ 241a BGB Unbestellte Leistungen
*)

(1) Durch die Lieferung beweglicher Sachen, die nicht auf Grund von Zwangsvollstreckungsmaßnahmen oder anderen gerichtlichen Maßnahmen verkauft werden (Waren), oder durch die Erbringung sonstiger Leistungen durch einen Unternehmer an den Verbraucher wird ein Anspruch gegen den Verbraucher nicht begründet, wenn der Verbraucher die Waren oder sonstigen Leistungen nicht bestellt hat.

(2) Gesetzliche Ansprüche sind nicht ausgeschlossen, wenn die Leistung nicht für den Empfänger bestimmt war oder in der irrigen Vorstellung einer Bestellung erfolgte und der Empfänger dies erkannt hat oder bei Anwendung der im Verkehr erforderlichen Sorgfalt hätte erkennen können.

(3) Von den Regelungen dieser Vorschrift darf nicht zum Nachteil des Verbrauchers abgewichen werden. Die Regelungen finden auch Anwendung, wenn sie durch anderweitige Gestaltungen umgangen werden.

▶ *)

Amtlicher Hinweis:

Diese Vorschrift dient der Umsetzung von Artikel 9 der Richtlinie 97/7/EG des Europäischen Parlaments und des Rates vom 20. Mai 1997 über den Verbraucherschutz bei Vertragsabschlüssen im Fernabsatz (ABl. EG Nr. L 144 S. 19)

§ 242 BGB Leistung nach Treu und Glauben
Der Schuldner ist verpflichtet, die Leistung so zu bewirken, wie Treu und Glauben mit Rücksicht auf die Verkehrssitte es erfordern.

§ 249 BGB Art und Umfang des Schadensersatzes
(1) Wer zum Schadensersatz verpflichtet ist, hat den Zustand herzustellen, der bestehen würde, wenn der zum Ersatz verpflichtende Umstand nicht eingetreten wäre.

(2) Ist wegen Verletzung einer Person oder wegen Beschädigung einer Sache Schadensersatz zu leisten, so kann der Gläubiger statt der Herstellung den dazu erforderlichen Geldbetrag verlangen. Bei der Beschädigung einer Sache schließt der nach Satz 1 erforderliche Geldbetrag die Umsatzsteuer nur mit ein, wenn und soweit sie tatsächlich angefallen ist.

§ 250 BGB Schadensersatz in Geld nach Fristsetzung
Der Gläubiger kann dem Ersatzpflichtigen zur Herstellung eine angemessene Frist mit der Erklärung bestimmen, dass er die Herstellung nach dem Ablauf der Frist ablehne. Nach dem Ablauf der Frist kann der Gläubiger den Ersatz in Geld verlangen, wenn nicht die Herstellung rechtzeitig erfolgt; der Anspruch auf die Herstellung ist ausgeschlossen.

§ 251 BGB Schadensersatz in Geld ohne Fristsetzung
(1) Soweit die Herstellung nicht möglich oder zur Entschädigung des Gläubigers nicht genügend ist, hat der Ersatzpflichtige den Gläubiger in Geld zu entschädigen.

(2) Der Ersatzpflichtige kann den Gläubiger in Geld entschädigen, wenn die Herstellung nur mit unverhältnismäßigen Aufwendungen möglich ist. Die aus der Heilbehandlung eines verletzten Tieres entstandenen Aufwendungen sind nicht bereits dann unverhältnismäßig, wenn sie dessen Wert erheblich übersteigen.

§ 252 BGB Entgangener Gewinn
Der zu ersetzende Schaden umfasst auch den entgangenen Gewinn. Als entgangen gilt der Gewinn, welcher nach dem gewöhnlichen Lauf der Dinge oder nach den besonderen Umständen, insbesondere nach den getroffenen Anstalten und Vorkehrungen, mit Wahrscheinlichkeit erwartet werden konnte.

§ 276 BGB Verantwortlichkeit des Schuldners
(1) Der Schuldner hat Vorsatz und Fahrlässigkeit zu vertreten, wenn eine strengere oder mildere Haftung weder bestimmt noch aus dem sonstigen Inhalt des Schuldverhältnisses, insbesondere

aus der Übernahme einer Garantie oder eines Beschaffungsrisikos zu entnehmen ist. Die Vorschriften der §§ 827 und 828 finden entsprechende Anwendung.

(2) Fahrlässig handelt, wer die im Verkehr erforderliche Sorgfalt außer Acht lässt.

(3) Die Haftung wegen Vorsatzes kann dem Schuldner nicht im Voraus erlassen werden.

§ 277 BGB Sorgfalt in eigenen Angelegenheiten
Wer nur für diejenige Sorgfalt einzustehen hat, welche er in eigenen Angelegenheiten anzuwenden pflegt, ist von der Haftung wegen grober Fahrlässigkeit nicht befreit.

§ 278 BGB Verantwortlichkeit des Schuldners für Dritte
Der Schuldner hat ein Verschulden seines gesetzlichen Vertreters und der Personen, deren er sich zur Erfüllung seiner Verbindlichkeit bedient, in gleichem Umfang zu vertreten wie eigenes Verschulden. Die Vorschrift des § 276 Abs. 3 findet keine Anwendung.

§ 281 BGB Schadensersatz statt der Leistung wegen nicht oder nicht wie geschuldet erbrachter Leistung
(1) Soweit der Schuldner die fällige Leistung nicht oder nicht wie geschuldet erbringt, kann der Gläubiger unter den Voraussetzungen des § 280 Abs. 1 Schadensersatz statt der Leistung verlangen, wenn er dem Schuldner erfolglos eine angemessene Frist zur Leistung oder Nacherfüllung bestimmt hat. Hat der Schuldner eine Teilleistung bewirkt, so kann der Gläubiger Schadensersatz statt der ganzen Leistung nur verlangen, wenn er an der Teilleistung kein Interesse hat. Hat der Schuldner die Leistung nicht wie geschuldet bewirkt, so kann der Gläubiger Schadensersatz statt der ganzen Leistung nicht verlangen, wenn die Pflichtverletzung unerheblich ist.

(2) Die Fristsetzung ist entbehrlich, wenn der Schuldner die Leistung ernsthaft und endgültig verweigert oder wenn besondere Umstände vorliegen, die unter Abwägung der beiderseitigen Interessen die sofortige Geltendmachung des Schadensersatzanspruchs rechtfertigen.

(3) Kommt nach der Art der Pflichtverletzung eine Fristsetzung nicht in Betracht, so tritt an deren Stelle eine Abmahnung.

(4) Der Anspruch auf die Leistung ist ausgeschlossen, sobald der Gläubiger statt der Leistung Schadensersatz verlangt hat.

(5) Verlangt der Gläubiger Schadensersatz statt der ganzen Leistung, so ist der Schuldner zur Rückforderung des Geleisteten nach den §§ 346 bis 348 berechtigt.

§ 286 BGB Verzug des Schuldners

*)

(1) Leistet der Schuldner auf eine Mahnung des Gläubigers nicht, die nach dem Eintritt der Fälligkeit erfolgt, so kommt er durch die Mahnung in Verzug. Der Mahnung stehen die Erhebung der Klage auf die Leistung sowie die Zustellung eines Mahnbescheids im Mahnverfahren gleich.

(2) Der Mahnung bedarf es nicht, wenn

1. für die Leistung eine Zeit nach dem Kalender bestimmt ist,

2. der Leistung ein Ereignis vorauszugehen hat und eine angemessene Zeit für die Leistung in der Weise bestimmt ist, dass sie sich von dem Ereignis an nach dem Kalender berechnen lässt,

3. der Schuldner die Leistung ernsthaft und endgültig verweigert,

4. aus besonderen Gründen unter Abwägung der beiderseitigen Interessen der sofortige Eintritt des Verzugs gerechtfertigt ist.

(3) Der Schuldner einer Entgeltforderung kommt spätestens in Verzug, wenn er nicht innerhalb von 30 Tagen nach Fälligkeit und Zugang einer Rechnung oder gleichwertigen Zahlungsaufstellung leistet; dies gilt gegenüber einem Schuldner, der Verbraucher ist, nur, wenn auf diese Folgen in der Rechnung oder Zahlungsaufstellung besonders hingewiesen worden ist. Wenn der Zeitpunkt des Zugangs der Rechnung oder Zahlungsaufstellung unsicher ist, kommt der Schuldner, der nicht Verbraucher ist, spätestens 30 Tage nach Fälligkeit und Empfang der Gegenleistung in Verzug.

(4) Der Schuldner kommt nicht in Verzug, solange die Leistung infolge eines Umstands unterbleibt, den er nicht zu vertreten hat.

(5) Für eine von den Absätzen 1 bis 3 abweichende Vereinbarung über den Eintritt des Verzugs gilt § 271a Absatz 1 bis 5 entsprechend.

▶ *)
Amtlicher Hinweis:

Diese Vorschrift dient zum Teil auch der Umsetzung der Richtlinie 2000/35/EG des Europäischen Parlaments und des Rates vom 29. Juni 2000 zur Bekämpfung von Zahlungsverzug im Geschäftsverkehr (ABl. EG Nr. L 200 S. 35).

Fußnote

(+++ § 286: Zur Anwendung vgl. § 34 BGBEG +++)

§ 293 BGB Annahmeverzug
Der Gläubiger kommt in Verzug, wenn er die ihm angebotene Leistung nicht annimmt.

§ 300 BGB Wirkungen des Gläubigerverzugs
(1) Der Schuldner hat während des Verzugs des Gläubigers nur Vorsatz und grobe Fahrlässigkeit zu vertreten.

(2) Wird eine nur der Gattung nach bestimmte Sache geschuldet, so geht die Gefahr mit dem Zeitpunkt auf den Gläubiger über, in welchem er dadurch in Verzug kommt, dass er die angebotene Sache nicht annimmt.

§ 304 BGB Ersatz von Mehraufwendungen
Der Schuldner kann im Falle des Verzugs des Gläubigers Ersatz der Mehraufwendungen verlangen, die er für das erfolglose Angebot sowie für die Aufbewahrung und Erhaltung des geschuldeten Gegenstands machen musste.

12.6.9 Gestaltung rechtsgeschäftlicher Schuldverhältnisse durch Allgemeine Geschäftsbedingungen

§ 305 BGB Einbeziehung Allgemeiner Geschäftsbedingungen in den Vertrag
(1) Allgemeine Geschäftsbedingungen sind alle für eine Vielzahl von Verträgen vorformulierten Vertragsbedingungen, die eine Vertragspartei (Verwender) der anderen Vertragspartei bei Abschluss eines Vertrags stellt. Gleichgültig ist, ob die Bestimmungen einen äußerlich gesonderten Bestandteil des Vertrags bilden oder in die Vertragsurkunde selbst aufgenommen werden, welchen Umfang sie haben, in welcher Schriftart sie verfasst sind und welche Form der Vertrag hat. Allgemeine Geschäftsbedingungen liegen nicht vor, soweit die Vertragsbedingungen zwischen den Vertragsparteien im Einzelnen ausgehandelt sind.

(2) Allgemeine Geschäftsbedingungen werden nur dann Bestandteil eines Vertrags, wenn der Verwender bei Vertragsschluss

1. die andere Vertragspartei ausdrücklich oder, wenn ein ausdrücklicher Hinweis wegen der Art des Vertragsschlusses nur unter unverhältnismäßigen Schwierigkeiten möglich ist, durch deutlich sichtbaren Aushang am Orte des Vertragsschlusses auf sie hinweist und

2. der anderen Vertragspartei die Möglichkeit verschafft, in zumutbarer Weise, die auch eine für den Verwender erkennbare körperliche Behinderung der anderen Vertragspartei angemessen berücksichtigt, von ihrem Inhalt Kenntnis zu nehmen,

und wenn die andere Vertragspartei mit ihrer Geltung einverstanden ist.

(3) Die Vertragsparteien können für eine bestimmte Art von Rechtsgeschäften die Geltung bestimmter Allgemeiner Geschäftsbedingungen unter Beachtung der in Absatz 2 bezeichneten Erfordernisse im Voraus vereinbaren.

§ 305a BGB Einbeziehung in besonderen Fällen

Auch ohne Einhaltung der in § 305 Abs. 2 Nr. 1 und 2 bezeichneten Erfordernisse werden einbezogen, wenn die andere Vertragspartei mit ihrer Geltung einverstanden ist,

1. die mit Genehmigung der zuständigen Verkehrsbehörde oder auf Grund von internationalen Übereinkommen erlassenen Tarife und Ausführungsbestimmungen der Eisenbahnen und die nach Maßgabe des Personenbeförderungsgesetzes genehmigten Beförderungsbedingungen der Straßenbahnen, Obusse und Kraftfahrzeuge im Linienverkehr in den Beförderungsvertrag,

2. die im Amtsblatt der Regulierungsbehörde für Telekommunikation und Post veröffentlichten und in den Geschäftsstellen des Verwenders bereitgehaltenen Allgemeinen Geschäftsbedingungen

a) in Beförderungsverträge, die außerhalb von Geschäftsräumen durch den Einwurf von Postsendungen in Briefkästen abgeschlossen werden,

b) in Verträge über Telekommunikations-, Informations- und andere Dienstleistungen, die unmittelbar durch Einsatz von Fernkommunikationsmitteln und während der Erbringung einer Telekommunikationsdienstleistung in einem Mal erbracht werden, wenn die Allgemeinen Geschäftsbedingungen der anderen Vertragspartei nur unter unverhältnismäßigen Schwierigkeiten vor dem Vertragsschluss zugänglich gemacht werden können.

§ 305b BGB Vorrang der Individualabrede

Individuelle Vertragsabreden haben Vorrang vor Allgemeinen Geschäftsbedingungen.

§ 305c BGB Überraschende und mehrdeutige Klauseln

(1) Bestimmungen in Allgemeinen Geschäftsbedingungen, die nach den Umständen, insbesondere nach dem äußeren Erscheinungsbild des Vertrags, so ungewöhnlich sind, dass der Vertragspartner des Verwenders mit ihnen nicht zu rechnen braucht, werden nicht Vertragsbestandteil.

(2) Zweifel bei der Auslegung Allgemeiner Geschäftsbedingungen gehen zu Lasten des Verwenders.

§ 306 BGB Rechtsfolgen bei Nichteinbeziehung und Unwirksamkeit

(1) Sind Allgemeine Geschäftsbedingungen ganz oder teilweise nicht Vertragsbestandteil geworden oder unwirksam, so bleibt der Vertrag im Übrigen wirksam.

(2) Soweit die Bestimmungen nicht Vertragsbestandteil geworden oder unwirksam sind, richtet sich der Inhalt des Vertrags nach den gesetzlichen Vorschriften.

(3) Der Vertrag ist unwirksam, wenn das Festhalten an ihm auch unter Berücksichtigung der nach Absatz 2 vorgesehenen Änderung eine unzumutbare Härte für eine Vertragspartei darstellen würde.

§ 306a BGB Umgehungsverbot

Die Vorschriften dieses Abschnitts finden auch Anwendung, wenn sie durch anderweitige Gestaltungen umgangen werden.

§ 307 BGB Inhaltskontrolle

(1) Bestimmungen in Allgemeinen Geschäftsbedingungen sind unwirksam, wenn sie den Vertragspartner des Verwenders entgegen den Geboten von Treu und Glauben unangemessen benachteiligen. Eine unangemessene Benachteiligung kann sich auch daraus ergeben, dass die Bestimmung nicht klar und verständlich ist.

(2) Eine unangemessene Benachteiligung ist im Zweifel anzunehmen, wenn eine Bestimmung

1. mit wesentlichen Grundgedanken der gesetzlichen Regelung, von der abgewichen wird, nicht zu vereinbaren ist oder

2. wesentliche Rechte oder Pflichten, die sich aus der Natur des Vertrags ergeben, so einschränkt, dass die Erreichung des Vertragszwecks gefährdet ist.

(3) Die Absätze 1 und 2 sowie die §§ 308 und 309 gelten nur für Bestimmungen in Allgemeinen Geschäftsbedingungen, durch die von Rechtsvorschriften abweichende oder diese ergänzende Regelungen vereinbart werden. Andere Bestimmungen können nach Absatz 1 Satz 2 in Verbindung mit Absatz 1 Satz 1 unwirksam sein.

§ 308 BGB Klauselverbote mit Wertungsmöglichkeit

In Allgemeinen Geschäftsbedingungen ist insbesondere unwirksam

1. (Annahme- und Leistungsfrist)

eine Bestimmung, durch die sich der Verwender unangemessen lange oder nicht hinreichend bestimmte Fristen für die Annahme oder Ablehnung eines Angebots oder die Erbringung einer Leistung vorbehält; ausgenommen hiervon ist der Vorbehalt, erst nach Ablauf der Widerrufsfrist nach § 355 Absatz 1 und 2 zu leisten;

1a. (Zahlungsfrist)

eine Bestimmung, durch die sich der Verwender eine unangemessen lange Zeit für die Erfüllung einer Entgeltforderung des Vertragspartners vorbehält; ist der Verwender kein Verbraucher, ist im Zweifel anzunehmen, dass eine Zeit von mehr als 30 Tagen nach Empfang der Gegenleistung oder, wenn dem Schuldner nach Empfang der Gegenleistung eine Rechnung oder gleichwertige Zahlungsaufstellung zugeht, von mehr als 30 Tagen nach Zugang dieser Rechnung oder Zahlungsaufstellung unangemessen lang ist;

1b. (Überprüfungs- und Abnahmefrist)

eine Bestimmung, durch die sich der Verwender vorbehält, eine Entgeltforderung des Vertragspartners erst nach unangemessen langer Zeit für die Überprüfung oder Abnahme der Gegenleistung zu erfüllen; ist der Verwender kein Verbraucher, ist im Zweifel anzunehmen, dass eine Zeit von mehr als 15 Tagen nach Empfang der Gegenleistung unangemessen lang ist;

2. (Nachfrist)

eine Bestimmung, durch die sich der Verwender für die von ihm zu bewirkende Leistung abweichend von Rechtsvorschriften eine unangemessen lange oder nicht hinreichend bestimmte Nachfrist vorbehält;

3. (Rücktrittsvorbehalt)

die Vereinbarung eines Rechts des Verwenders, sich ohne sachlich gerechtfertigten und im Vertrag angegebenen Grund von seiner Leistungspflicht zu lösen; dies gilt nicht für Dauerschuldverhältnisse;

4. (Änderungsvorbehalt)

die Vereinbarung eines Rechts des Verwenders, die versprochene Leistung zu ändern oder von ihr abzuweichen, wenn nicht die Vereinbarung der Änderung oder Abweichung unter Berücksichtigung der Interessen des Verwenders für den anderen Vertragsteil zumutbar ist;

5. (Fingierte Erklärungen)

eine Bestimmung, wonach eine Erklärung des Vertragspartners des Verwenders bei Vornahme oder Unterlassung einer bestimmten Handlung als von ihm abgegeben oder nicht abgegeben gilt, es sei denn, dass

a) dem Vertragspartner eine angemessene Frist zur Abgabe einer ausdrücklichen Erklärung eingeräumt ist und

b) der Verwender sich verpflichtet, den Vertragspartner bei Beginn der Frist auf die vorgesehene Bedeutung seines Verhaltens besonders hinzuweisen;

6. (Fiktion des Zugangs)

eine Bestimmung, die vorsieht, dass eine Erklärung des Verwenders von besonderer Bedeutung dem anderen Vertragsteil als zugegangen gilt;

7. (Abwicklung von Verträgen)

eine Bestimmung, nach der der Verwender für den Fall, dass eine Vertragspartei vom Vertrag zurücktritt oder den Vertrag kündigt,

a) eine unangemessen hohe Vergütung für die Nutzung oder den Gebrauch einer Sache oder eines Rechts oder für erbrachte Leistungen oder

b) einen unangemessen hohen Ersatz von Aufwendungen verlangen kann;

8. (Nichtverfügbarkeit der Leistung)

die nach Nummer 3 zulässige Vereinbarung eines Vorbehalts des Verwenders, sich von der Verpflichtung zur Erfüllung des Vertrags bei Nichtverfügbarkeit der Leistung zu lösen, wenn sich der Verwender nicht verpflichtet,

a) den Vertragspartner unverzüglich über die Nichtverfügbarkeit zu informieren und

b) Gegenleistungen des Vertragspartners unverzüglich zu erstatten.

9. (Abtretungsausschluss)

eine Bestimmung, durch die die Abtretbarkeit ausgeschlossen wird

a) für einen auf Geld gerichteten Anspruch des Vertragspartners gegen den Verwender oder

b) für ein anderes Recht, das der Vertragspartner gegen den Verwender hat, wenn

aa) beim Verwender ein schützenswertes Interesse an dem Abtretungsausschluss nicht besteht oder

bb) berechtigte Belange des Vertragspartners an der Abtretbarkeit des Rechts das schützenswerte Interesse des Verwenders an dem Abtretungsausschluss überwiegen;

Buchstabe a gilt nicht für Ansprüche aus Zahlungsdiensterahmenverträgen und die Buchstaben a und b gelten nicht für Ansprüche auf Versorgungsleistungen im Sinne des Betriebsrentengesetzes.

12.6 • Wichtige Paragraphen des BGB und StGB

Fußnote
(+++ § 308: Zur Anwendung vgl. § 34 BGBEG +++)

§ 309 BGB Klauselverbote ohne Wertungsmöglichkeit
Auch soweit eine Abweichung von den gesetzlichen Vorschriften zulässig ist, ist in Allgemeinen Geschäftsbedingungen unwirksam

1. (Kurzfristige Preiserhöhungen)

eine Bestimmung, welche die Erhöhung des Entgelts für Waren oder Leistungen vorsieht, die innerhalb von vier Monaten nach Vertragsschluss geliefert oder erbracht werden sollen; dies gilt nicht bei Waren oder Leistungen, die im Rahmen von Dauerschuldverhältnissen geliefert oder erbracht werden;

2. (Leistungsverweigerungsrechte)eine Bestimmung, durch die

a) das Leistungsverweigerungsrecht, das dem Vertragspartner des Verwenders nach § 320 zusteht, ausgeschlossen oder eingeschränkt wird oder

b) ein dem Vertragspartner des Verwenders zustehendes Zurückbehaltungsrecht, soweit es auf demselben Vertragsverhältnis beruht, ausgeschlossen oder eingeschränkt, insbesondere von der Anerkennung von Mängeln durch den Verwender abhängig gemacht wird;

3. (Aufrechnungsverbot)

eine Bestimmung, durch die dem Vertragspartner des Verwenders die Befugnis genommen wird, mit einer unbestrittenen oder rechtskräftig festgestellten Forderung aufzurechnen;

4. (Mahnung, Fristsetzung)

eine Bestimmung, durch die der Verwender von der gesetzlichen Obliegenheit freigestellt wird, den anderen Vertragsteil zu mahnen oder ihm eine Frist für die Leistung oder Nacherfüllung zu setzen;

5. (Pauschalierung von Schadensersatzansprüchen)die Vereinbarung eines pauschalierten Anspruchs des Verwenders auf Schadensersatz oder Ersatz einer Wertminderung, wenn

a) die Pauschale den in den geregelten Fällen nach dem gewöhnlichen Lauf der Dinge zu erwartenden Schaden oder die gewöhnlich eintretende Wertminderung übersteigt oder

b) dem anderen Vertragsteil nicht ausdrücklich der Nachweis gestattet wird, ein Schaden oder eine Wertminderung sei überhaupt nicht entstanden oder wesentlich niedriger als die Pauschale;

6. (Vertragsstrafe)

eine Bestimmung, durch die dem Verwender für den Fall der Nichtabnahme oder verspäteten Abnahme der Leistung, des Zahlungsverzugs oder für den Fall, dass der andere Vertragsteil sich vom Vertrag löst, Zahlung einer Vertragsstrafe versprochen wird;

7. (Haftungsausschluss bei Verletzung von Leben, Körper, Gesundheit und bei grobem Verschulden)

a) (Verletzung von Leben, Körper, Gesundheit)ein Ausschluss oder eine Begrenzung der Haftung für Schäden aus der Verletzung des Lebens, des Körpers oder der Gesundheit, die auf einer fahrlässigen Pflichtverletzung des Verwenders oder einer vorsätzlichen oder fahrlässigen Pflichtverletzung eines gesetzlichen Vertreters oder Erfüllungsgehilfen des Verwenders beruhen;

b) (Grobes Verschulden)

ein Ausschluss oder eine Begrenzung der Haftung für sonstige Schäden, die auf einer grob fahrlässigen Pflichtverletzung des Verwenders oder auf einer vorsätzlichen oder grob fahrlässigen Pflichtverletzung eines gesetzlichen Vertreters oder Erfüllungsgehilfen des Verwenders beruhen; die Buchstaben a und b gelten nicht für Haftungsbeschränkungen in den nach Maßgabe des Personenbeförderungsgesetzes genehmigten Beförderungsbedingungen und Tarifvorschriften der Straßenbahnen, Obusse und Kraftfahrzeuge im Linienverkehr, soweit sie nicht zum Nachteil des Fahrgasts von der Verordnung über die Allgemeinen Beförderungsbedingungen für den Straßenbahn- und Obusverkehr sowie den Linienverkehr mit Kraftfahrzeugen vom 27. Februar 1970 abweichen; Buchstabe b gilt nicht für Haftungsbeschränkungen für staatlich genehmigte Lotterie- oder Ausspielverträge;

die Buchstaben a und b gelten nicht für Haftungsbeschränkungen in den nach Maßgabe des Personenbeförderungsgesetzes genehmigten Beförderungsbedingungen und Tarifvorschriften der Straßenbahnen, Obusse und Kraftfahrzeuge im Linienverkehr, soweit sie nicht zum Nachteil des Fahrgasts von der Verordnung über die Allgemeinen Beförderungsbedingungen für den Straßenbahn- und Obusverkehr sowie den Linienverkehr mit Kraftfahrzeugen vom 27. Februar 1970 abweichen; Buchstabe b gilt nicht für Haftungsbeschränkungen für staatlich genehmigte Lotterie- oder Ausspielverträge;

8. (Sonstige Haftungsausschlüsse bei Pflichtverletzung)

a) (Ausschluss des Rechts, sich vom Vertrag zu lösen) eine Bestimmung, die bei einer vom Verwender zu vertretenden, nicht in einem Mangel der Kaufsache oder des Werkes bestehenden Pflichtverletzung das Recht des anderen Vertragsteils, sich vom Vertrag zu lösen, ausschließt oder einschränkt; dies gilt nicht für die in der Nummer 7 bezeichneten Beförderungsbedingungen und Tarifvorschriften unter den dort genannten Voraussetzungen;

b) (Mängel)eine Bestimmung, durch die bei Verträgen über Lieferungen neu hergestellter Sachen und über Werkleistungen

aa) (Ausschluss und Verweisung auf Dritte)die Ansprüche gegen den Verwender wegen eines Mangels insgesamt oder bezüglich einzelner Teile ausgeschlossen, auf die Einräumung von Ansprüchen gegen Dritte beschränkt oder von der vorherigen gerichtlichen Inanspruchnahme Dritter abhängig gemacht werden;

bb) (Beschränkung auf Nacherfüllung)die Ansprüche gegen den Verwender insgesamt oder bezüglich einzelner Teile auf ein Recht auf Nacherfüllung beschränkt werden, sofern dem anderen Vertragsteil nicht ausdrücklich das Recht vorbehalten wird, bei Fehlschlagen der Nacherfüllung zu mindern oder, wenn nicht eine Bauleistung Gegenstand der Mängelhaftung ist, nach seiner Wahl vom Vertrag zurückzutreten;

cc) (Aufwendungen bei Nacherfüllung)die Verpflichtung des Verwenders ausgeschlossen oder beschränkt wird, die zum Zwecke der Nacherfüllung erforderlichen Aufwendungen nach § 439 Absatz 2 und 3 oder § 635 Absatz 2 zu tragen oder zu ersetzen;

dd) (Vorenthalten der Nacherfüllung)der Verwender die Nacherfüllung von der vorherigen Zahlung des vollständigen Entgelts oder eines unter Berücksichtigung des Mangels unverhältnismäßig hohen Teils des Entgelts abhängig macht;

ee) (Ausschlussfrist für Mängelanzeige)der Verwender dem anderen Vertragsteil für die Anzeige nicht offensichtlicher Mängel eine Ausschlussfrist setzt, die kürzer ist als die nach dem Doppelbuchstaben ff zulässige Frist;

ff) (Erleichterung der Verjährung)die Verjährung von Ansprüchen gegen den Verwender wegen eines Mangels in den Fällen des § 438 Abs. 1 Nr. 2 und des § 634a Abs. 1 Nr. 2 erleichtert oder in den sonstigen Fällen eine weniger als ein Jahr betragende Verjährungsfrist ab dem gesetzlichen Verjährungsbeginn erreicht wird;

9. (Laufzeit bei Dauerschuldverhältnissen)bei einem Vertragsverhältnis, das die regelmäßige Lieferung von Waren oder die regelmäßige Erbringung von Dienst- oder Werkleistungen durch den Verwender zum Gegenstand hat,

a) eine den anderen Vertragsteil länger als zwei Jahre bindende Laufzeit des Vertrags,

b) eine den anderen Vertragsteil bindende stillschweigende Verlängerung des Vertragsverhältnisses, es sei denn das Vertragsverhältnis wird nur auf unbestimmte Zeit verlängert und dem anderen Vertragsteil wird das Recht eingeräumt, das verlängerte Vertragsverhältnis jederzeit mit einer Frist von höchstens einem Monat zu kündigen, oder

c) eine zu Lasten des anderen Vertragsteils längere Kündigungsfrist als einen Monat vor Ablauf der zunächst vorgesehenen Vertragsdauer; dies gilt nicht für Verträge über die Lieferung zusammengehörig verkaufter Sachen sowie für Versicherungsverträge;

10. (Wechsel des Vertragspartners)eine Bestimmung, wonach bei Kauf-, Dienst- oder Werkverträgen ein Dritter anstelle des Verwenders in die sich aus dem Vertrag ergebenden Rechte und Pflichten eintritt oder eintreten kann, es sei denn, in der Bestimmung wird

a) der Dritte namentlich bezeichnet oder

b) dem anderen Vertragsteil das Recht eingeräumt, sich vom Vertrag zu lösen;

11. (Haftung des Abschlussvertreters)eine Bestimmung, durch die der Verwender einem Vertreter, der den Vertrag für den anderen Vertragsteil abschließt,

a) ohne hierauf gerichtete ausdrückliche und gesonderte Erklärung eine eigene Haftung oder Einstandspflicht oder

b) im Falle vollmachtsloser Vertretung eine über § 179 hinausgehende Haftung auferlegt;

12. (Beweislast)eine Bestimmung, durch die der Verwender die Beweislast zum Nachteil des anderen Vertragsteils ändert, insbesondere indem er

a) diesem die Beweislast für Umstände auferlegt, die im Verantwortungsbereich des Verwenders liegen, oder

b) den anderen Vertragsteil bestimmte Tatsachen bestätigen lässt; Buchstabe b gilt nicht für Empfangsbekenntnisse, die gesondert unterschrieben oder mit einer gesonderten qualifizierten elektronischen Signatur versehen sind;

13. (Form von Anzeigen und Erklärungen)eine Bestimmung, durch die Anzeigen oder Erklärungen, die dem Verwender oder einem Dritten gegenüber abzugeben sind, gebunden werden

a) an eine strengere Form als die schriftliche Form in einem Vertrag, für den durch Gesetz notarielle Beurkundung vorgeschrieben ist oder

b) an eine strengere Form als die Textform in anderen als den in Buchstabe a genannten Verträgen oder

c) an besondere Zugangserfordernisse;

14. (Klageverzicht)

eine Bestimmung, wonach der andere Vertragsteil seine Ansprüche gegen den Verwender gerichtlich nur geltend machen darf, nachdem er eine gütliche Einigung in einem Verfahren zur außergerichtlichen Streitbeilegung versucht hat;

15. (Abschlagszahlungen und Sicherheitsleistung)eine Bestimmung, nach der der Verwender bei einem Werkvertrag

a) für Teilleistungen Abschlagszahlungen vom anderen Vertragsteil verlangen kann, die wesentlich höher sind als die nach § 632a Absatz 1 und § 650m Absatz 1 zu leistenden Abschlagszahlungen, oder

b) die Sicherheitsleistung nach § 650m Absatz 2 nicht oder nur in geringerer Höhe leisten muss.

§ 310 BGB Anwendungsbereich

(1) § 305 Absatz 2 und 3, § 308 Nummer 1, 2 bis 9 und § 309 finden keine Anwendung auf Allgemeine Geschäftsbedingungen, die gegenüber einem Unternehmer, einer juristischen Person des öffentlichen Rechts oder einem öffentlich-rechtlichen Sondervermögen verwendet werden. § 307 Abs. 1 und 2 findet in den Fällen des Satzes 1 auch insoweit Anwendung, als dies zur Unwirksamkeit von in § 308 Nummer 1, 2 bis 9 und § 309 genannten Vertragsbestimmungen führt; auf die im Handelsverkehr geltenden Gewohnheiten und Gebräuche ist angemessen Rücksicht zu nehmen. In den Fällen des Satzes 1 finden § 307 Absatz 1 und 2 sowie § 308 Nummer 1a und 1b auf Verträge, in die die Vergabe- und Vertragsordnung für Bauleistungen Teil B (VOB/B) in der jeweils zum Zeitpunkt des Vertragsschlusses geltenden Fassung ohne inhaltliche Abweichungen insgesamt einbezogen ist, in Bezug auf eine Inhaltskontrolle einzelner Bestimmungen keine Anwendung.

(1a) Die §§ 307 und 308 Nummer 1a und 1b sind nicht anzuwenden auf Verträge über Geschäfte nach Satz 2, wenn ein Unternehmer das Geschäft, das Gegenstand des Vertrages ist, rechtmäßig gewerbsmäßig tätigt und den Vertrag geschlossen hat mit

1. einem Unternehmer, der solche Geschäfte am Ort seines Sitzes oder einer Niederlassung auch als Erbringer der vertragstypischen Leistung rechtmäßig gewerbsmäßig tätigen kann,

2. einem großen Unternehmer im Sinne des Satzes 3, der Geschäfte nach Satz 2 am Ort seines Sitzes oder einer Niederlassung auch als Erbringer der vertragstypischen Leistung rechtmäßig gewerbsmäßig tätigen kann.

Geschäfte nach Satz 1 sind

1. Bankgeschäfte im Sinne des § 1 Absatz 1 Satz 2 des Kreditwesengesetzes,

2. Finanzdienstleistungen im Sinne des § 1 Absatz 1a Satz 2 des Kreditwesengesetzes,

3. Wertpapierdienstleistungen im Sinne des § 2 Absatz 2 des Wertpapierinstitutsgesetzes und Wertpapiernebendienstleistungen im Sinne des § 2 Absatz 3 des Wertpapierinstitutsgesetzes,

4. Zahlungsdienste im Sinne des § 1 Absatz 1 Satz 2 des Zahlungsdiensteaufsichtsgesetzes,

5. Geschäfte von Kapitalverwaltungsgesellschaften nach § 20 Absatz 2 und 3 des Kapitalanlagegesetzbuchs und

6. Geschäfte von Börsen und ihren Trägern nach § 2 Absatz 1 des Börsengesetzes.

Ein Unternehmer ist als großer Unternehmer nach Satz 1 Nummer 2 anzusehen, wenn er in jedem der beiden Kalenderjahre vor dem Vertragsschluss zwei der drei folgenden Merkmale erfüllt hat:

1. er hat im Jahresdurchschnitt nach § 267 Absatz 5 des Handelsgesetzbuchs jeweils mindestens 250 Arbeitnehmer beschäftigt,

2. er hat jeweils Umsatzerlöse von mehr als 50 Mio. € erzielt oder

3. seine Bilanzsumme nach § 267 Absatz 4a des Handelsgesetzbuchs hat sich jeweils auf mehr als 43 Mio. € belaufen.

Satz 1 ist auch anzuwenden, wenn die folgenden Stellen eine der beiden Vertragsparteien sind:

1. die Deutsche Bundesbank,

2. die Kreditanstalt für Wiederaufbau,

3. eine Stelle der öffentlichen Schuldenverwaltung nach § 2 Absatz 1 Nummer 3a des Kreditwesengesetzes,

4. eine auf der Grundlage der §§ 8a und 8b des Stabilisierungsfondsgesetzes errichtete Abwicklungsanstalt,

5. die Weltbank, der Internationale Währungsfonds, die Europäische Zentralbank, die nationalen Zentralbanken der Mitgliedstaaten des Europäischen Wirtschaftsraums und des Vereinigten Königreichs Großbritannien und Nordirland, die Europäische Investitionsbank oder eine vergleichbare internationale Finanzorganisation.

(2) Die §§ 308 und 309 finden keine Anwendung auf Verträge der Elektrizitäts-, Gas-, Fernwärme- und Wasserversorgungsunternehmen über die Versorgung von Sonderabnehmern mit elektrischer Energie, Gas, Fernwärme und Wasser aus dem Versorgungsnetz, soweit die Versorgungsbedingungen nicht zum Nachteil der Abnehmer von Verordnungen über Allgemeine Bedingungen für die Versorgung von Tarifkunden mit elektrischer Energie, Gas, Fernwärme und Wasser abweichen. Satz 1 gilt entsprechend für Verträge über die Entsorgung von Abwasser.

(3) Bei Verträgen zwischen einem Unternehmer und einem Verbraucher (Verbraucherverträge) finden die Vorschriften dieses Abschnitts mit folgenden Maßgaben Anwendung:

1. Allgemeine Geschäftsbedingungen gelten als vom Unternehmer gestellt, es sei denn, dass sie durch den Verbraucher in den Vertrag eingeführt wurden;

2. § 305c Abs. 2 und die §§ 306 und 307 bis 309 dieses Gesetzes sowie Artikel 46b des Einführungsgesetzes zum Bürgerlichen Gesetzbuche finden auf vorformulierte Vertragsbedingungen auch dann Anwendung, wenn diese nur zur einmaligen Verwendung bestimmt sind und soweit der Verbraucher auf Grund der Vorformulierung auf ihren Inhalt keinen Einfluss nehmen konnte;

3. bei der Beurteilung der unangemessenen Benachteiligung nach § 307 Abs. 1 und 2 sind auch die den Vertragsschluss begleitenden Umstände zu berücksichtigen.

(4) Dieser Abschnitt findet keine Anwendung bei Verträgen auf dem Gebiet des Erb-, Familien- und Gesellschaftsrechts sowie auf Tarifverträge, Betriebs- und Dienstvereinbarungen. Bei der Anwendung auf Arbeitsverträge sind die im Arbeitsrecht geltenden Besonderheiten angemessen zu berücksichtigen; § 305 Abs. 2 und 3 ist nicht anzuwenden. Tarifverträge, Betriebs- und Dienstvereinbarungen stehen Rechtsvorschriften im Sinne von § 307 Abs. 3 gleich.

Fußnote
(+++ § 310: Zur Anwendung vgl. § 34 BGBEG +++)

§ 313 BGB Störung der Geschäftsgrundlage

(1) Haben sich Umstände, die zur Grundlage des Vertrags geworden sind, nach Vertragsschluss schwerwiegend verändert und hätten die Parteien den Vertrag nicht oder mit anderem Inhalt geschlossen, wenn sie diese Veränderung vorausgesehen hätten, so kann Anpassung des Vertrags verlangt werden, soweit einem Teil unter Berücksichtigung aller Umstände des Einzelfalls, insbesondere der vertraglichen oder gesetzlichen Risikoverteilung, das Festhalten am unveränderten Vertrag nicht zugemutet werden kann.

(2) Einer Veränderung der Umstände steht es gleich, wenn wesentliche Vorstellungen, die zur Grundlage des Vertrags geworden sind, sich als falsch herausstellen.

(3) Ist eine Anpassung des Vertrags nicht möglich oder einem Teil nicht zumutbar, so kann der benachteiligte Teil vom Vertrag zurücktreten. An die Stelle des Rücktrittsrechts tritt für Dauerschuldverhältnisse das Recht zur Kündigung.

§ 314 BGB Kündigung von Dauerschuldverhältnissen aus wichtigem Grund

(1) Dauerschuldverhältnisse kann jeder Vertragsteil aus wichtigem Grund ohne Einhaltung einer Kündigungsfrist kündigen. Ein wichtiger Grund liegt vor, wenn dem kündigenden Teil unter Berück-

sichtigung aller Umstände des Einzelfalls und unter Abwägung der beiderseitigen Interessen die Fortsetzung des Vertragsverhältnisses bis zur vereinbarten Beendigung oder bis zum Ablauf einer Kündigungsfrist nicht zugemutet werden kann.

(2) Besteht der wichtige Grund in der Verletzung einer Pflicht aus dem Vertrag, ist die Kündigung erst nach erfolglosem Ablauf einer zur Abhilfe bestimmten Frist oder nach erfolgloser Abmahnung zulässig. Für die Entbehrlichkeit der Bestimmung einer Frist zur Abhilfe und für die Entbehrlichkeit einer Abmahnung findet § 323 Absatz 2 Nummer 1 und 2 entsprechende Anwendung. Die Bestimmung einer Frist zur Abhilfe und eine Abmahnung sind auch entbehrlich, wenn besondere Umstände vorliegen, die unter Abwägung der beiderseitigen Interessen die sofortige Kündigung rechtfertigen.

(3) Der Berechtigte kann nur innerhalb einer angemessenen Frist kündigen, nachdem er vom Kündigungsgrund Kenntnis erlangt hat.

(4) Die Berechtigung, Schadensersatz zu verlangen, wird durch die Kündigung nicht ausgeschlossen.

12.6.10 Vertragsstrafe

§ 339 BGB Verwirkung der Vertragsstrafe
Verspricht der Schuldner dem Gläubiger für den Fall, dass er seine Verbindlichkeit nicht oder nicht in gehöriger Weise erfüllt, die Zahlung einer Geldsumme als Strafe, so ist die Strafe verwirkt, wenn er in Verzug kommt. Besteht die geschuldete Leistung in einem Unterlassen, so tritt die Verwirkung mit der Zuwiderhandlung ein.

§ 340 BGB Strafversprechen für Nichterfüllung
(1) Hat der Schuldner die Strafe für den Fall versprochen, dass er seine Verbindlichkeit nicht erfüllt, so kann der Gläubiger die verwirkte Strafe statt der Erfüllung verlangen. Erklärt der Gläubiger dem Schuldner, dass er die Strafe verlange, so ist der Anspruch auf Erfüllung ausgeschlossen.

(2) Steht dem Gläubiger ein Anspruch auf Schadensersatz wegen Nichterfüllung zu, so kann er die verwirkte Strafe als Mindestbetrag des Schadens verlangen. Die Geltendmachung eines weiteren Schadens ist nicht ausgeschlossen.

§ 341 BGB Strafversprechen für nicht gehörige Erfüllung
(1) Hat der Schuldner die Strafe für den Fall versprochen, dass er seine Verbindlichkeit nicht in gehöriger Weise, insbesondere nicht zu der bestimmten Zeit, erfüllt, so kann der Gläubiger die verwirkte Strafe neben der Erfüllung verlangen.

(2) Steht dem Gläubiger ein Anspruch auf Schadensersatz wegen der nicht gehörigen Erfüllung zu, so finden die Vorschriften des § 340 Abs. 2 Anwendung.

(3) Nimmt der Gläubiger die Erfüllung an, so kann er die Strafe nur verlangen, wenn er sich das Recht dazu bei der Annahme vorbehält.

§ 342 BGB Andere als Geldstrafe
Wird als Strafe eine andere Leistung als die Zahlung einer Geldsumme versprochen, so finden die Vorschriften der §§ 339 bis 341 Anwendung; der Anspruch auf Schadensersatz ist ausgeschlossen, wenn der Gläubiger die Strafe verlangt.

§ 343 BGB Herabsetzung der Strafe
(1) Ist eine verwirkte Strafe unverhältnismäßig hoch, so kann sie auf Antrag des Schuldners durch Urteil auf den angemessenen Betrag herabgesetzt werden. Bei der Beurteilung der Angemessenheit ist jedes berechtigte Interesse des Gläubigers, nicht bloß das Vermögensinteresse, in Betracht zu ziehen. Nach der Entrichtung der Strafe ist die Herabsetzung ausgeschlossen.

(2) Das Gleiche gilt auch außer in den Fällen der §§ 339, 342, wenn jemand eine Strafe für den Fall verspricht, dass er eine Handlung vornimmt oder unterlässt.

§ 344 BGB Unwirksames Strafversprechen
Erklärt das Gesetz das Versprechen einer Leistung für unwirksam, so ist auch die für den Fall der Nichterfüllung des Versprechens getroffene Vereinbarung einer Strafe unwirksam, selbst wenn die Parteien die Unwirksamkeit des Versprechens gekannt haben.

§ 345 BGB Beweislast
Bestreitet der Schuldner die Verwirkung der Strafe, weil er seine Verbindlichkeit erfüllt habe, so hat er die Erfüllung zu beweisen, sofern nicht die geschuldete Leistung in einem Unterlassen besteht.

12.6.11 Gesamtschuldner

§ 420 BGB Teilbare Leistung
Schulden mehrere eine teilbare Leistung oder haben mehrere eine teilbare Leistung zu fordern, so ist im Zweifel jeder Schuldner nur zu einem gleichen Anteil verpflichtet, jeder Gläubiger nur zu einem gleichen Anteil berechtigt.

§ 421 BGB Gesamtschuldner
Schulden mehrere eine Leistung in der Weise, dass jeder die ganze Leistung zu bewirken verpflichtet, der Gläubiger aber die Leistung nur einmal zu fordern berechtigt ist (Gesamtschuldner), so kann der Gläubiger die Leistung nach seinem Belieben von jedem der Schuldner ganz oder zu einem Teil fordern. Bis zur Bewirkung der ganzen Leistung bleiben sämtliche Schuldner verpflichtet.

§ 422 BGB Wirkung der Erfüllung
(1) Die Erfüllung durch einen Gesamtschuldner wirkt auch für die Übrigen Schuldner. Das Gleiche gilt von der Leistung an Erfüllungs statt, der Hinterlegung und der Aufrechnung.

(2) Eine Forderung, die einem Gesamtschuldner zusteht, kann nicht von den übrigen Schuldnern aufgerechnet werden.

§ 423 BGB Wirkung des Erlasses
Ein zwischen dem Gläubiger und einem Gesamtschuldner vereinbarter Erlass wirkt auch für die übrigen Schuldner, wenn die Vertragschließenden das ganze Schuldverhältnis aufheben wollten.

§ 424 BGB Wirkung des Gläubigerverzugs
Der Verzug des Gläubigers gegenüber einem Gesamtschuldner wirkt auch für die übrigen Schuldner.

§ 427 BGB Gemeinschaftliche vertragliche Verpflichtung
Verpflichten sich mehrere durch Vertrag gemeinschaftlich zu einer teilbaren Leistung, so haften sie im Zweifel als Gesamtschuldner.

§ 428 BGB Gesamtgläubiger
Sind mehrere eine Leistung in der Weise zu fordern berechtigt, dass jeder die ganze Leistung fordern kann, der Schuldner aber die Leistung nur einmal zu bewirken verpflichtet ist (Gesamtgläubiger), so kann der Schuldner nach seinem Belieben an jeden der Gläubiger leisten. Dies gilt auch dann, wenn einer der Gläubiger bereits Klage auf die Leistung erhoben hat.

12.6.12 Dienstvertrag

§ BGB 611 Vertragstypische Pflichten beim Dienstvertrag
(1) Durch den Dienstvertrag wird derjenige, welcher Dienste zusagt, zur Leistung der versprochenen Dienste, der andere Teil zur Gewährung der vereinbarten Vergütung verpflichtet.

(2) Gegenstand des Dienstvertrags können Dienste jeder Art sein.

§ 612 BGB Vergütung
(1) Eine Vergütung gilt als stillschweigend vereinbart, wenn die Dienstleistung den Umständen nach nur gegen eine Vergütung zu erwarten ist.

(2) Ist die Höhe der Vergütung nicht bestimmt, so ist bei dem Bestehen einer Taxe die taxmäßige Vergütung, in Ermangelung einer Taxe die übliche Vergütung als vereinbart anzusehen.

§ 612a BGB Maßregelungsverbot
Der Arbeitgeber darf einen Arbeitnehmer bei einer Vereinbarung oder einer Maßnahme nicht benachteiligen, weil der Arbeitnehmer in zulässiger Weise seine Rechte ausübt.

§ 613 BGB Unübertragbarkeit
Der zur Dienstleistung Verpflichtete hat die Dienste im Zweifel in Person zu leisten. Der Anspruch auf die Dienste ist im Zweifel nicht übertragbar.

12.6.13 Werkvertrag

§ 631 BGB Vertragstypische Pflichten beim Werkvertrag
(1) Durch den Werkvertrag wird der Unternehmer zur Herstellung des versprochenen Werkes, der Besteller zur Entrichtung der vereinbarten Vergütung verpflichtet.

(2) Gegenstand des Werkvertrags kann sowohl die Herstellung oder Veränderung einer Sache als auch ein anderer durch Arbeit oder Dienstleistung herbeizuführender Erfolg sein.

§ 632 BGB Vergütung
(1) Eine Vergütung gilt als stillschweigend vereinbart, wenn die Herstellung des Werkes den Umständen nach nur gegen eine Vergütung zu erwarten ist.

(2) Ist die Höhe der Vergütung nicht bestimmt, so ist bei dem Bestehen einer Taxe die taxmäßige Vergütung, in Ermangelung einer Taxe die übliche Vergütung als vereinbart anzusehen.

(3) Ein Kostenanschlag ist im Zweifel nicht zu vergüten.

§ 632a BGB Abschlagszahlungen
(1) Der Unternehmer kann von dem Besteller eine Abschlagszahlung in Höhe des Wertes der von ihm erbrachten und nach dem

Vertrag geschuldeten Leistungen verlangen. Sind die erbrachten Leistungen nicht vertragsgemäß, kann der Besteller die Zahlung eines angemessenen Teils des Abschlags verweigern. Die Beweislast für die vertragsgemäße Leistung verbleibt bis zur Abnahme beim Unternehmer. § 641 Abs. 3 gilt entsprechend. Die Leistungen sind durch eine Aufstellung nachzuweisen, die eine rasche und sichere Beurteilung der Leistungen ermöglichen muss. Die Sätze 1 bis 5 gelten auch für erforderliche Stoffe oder Bauteile, die angeliefert oder eigens angefertigt und bereitgestellt sind, wenn dem Besteller nach seiner Wahl Eigentum an den Stoffen oder Bauteilen übertragen oder entsprechende Sicherheit hierfür geleistet wird.

(2) Die Sicherheit nach Absatz 1 Satz 6 kann auch durch eine Garantie oder ein sonstiges Zahlungsversprechen eines im Geltungsbereich dieses Gesetzes zum Geschäftsbetrieb befugten Kreditinstituts oder Kreditversicherers geleistet werden.

§ 633 BGB Sach- und Rechtsmangel

(1) Der Unternehmer hat dem Besteller das Werk frei von Sach- und Rechtsmängeln zu verschaffen.

(2) Das Werk ist frei von Sachmängeln, wenn es die vereinbarte Beschaffenheit hat. Soweit die Beschaffenheit nicht vereinbart ist, ist das Werk frei von Sachmängeln,

1. wenn es sich für die nach dem Vertrag vorausgesetzte, sonst

2. für die gewöhnliche Verwendung eignet und eine Beschaffenheit aufweist, die bei Werken der gleichen Art üblich ist und die der Besteller nach der Art des Werks erwarten kann.

Einem Sachmangel steht es gleich, wenn der Unternehmer ein anderes als das bestellte Werk oder das Werk in zu geringer Menge herstellt.

(3) Das Werk ist frei von Rechtsmängeln, wenn Dritte in Bezug auf das Werk keine oder nur die im Vertrag übernommenen Rechte gegen den Besteller geltend machen können.

§ 634 BGB Rechte des Bestellers bei Mängeln

Ist das Werk mangelhaft, kann der Besteller, wenn die Voraussetzungen der folgenden Vorschriften vorliegen und soweit nicht ein anderes bestimmt ist,

1. nach § 635 Nacherfüllung verlangen,

2. nach § 637 den Mangel selbst beseitigen und Ersatz der erforderlichen Aufwendungen verlangen,

3. nach den §§ 636, 323 und 326 Abs. 5 von dem Vertrag zurücktreten oder nach §638 die Vergütung mindern und

4. nach den §§ 636, 280, 281, 283 und 311a Schadensersatz oder nach § 284 Ersatz vergeblicher Aufwendungen verlangen.

§ 634a BGB Verjährung der Mängelansprüche

(1) Die in § 634 Nr. 1, 2 und 4 bezeichneten Ansprüche verjähren

1. vorbehaltlich der Nummer 2 in zwei Jahren bei einem Werk, dessen Erfolg in der Herstellung, Wartung oder Veränderung einer Sache oder in der Erbringung von Planungs- oder Überwachungsleistungen hierfür besteht,

2. in fünf Jahren bei einem Bauwerk und einem Werk, dessen Erfolg in der Erbringung von Planungs- oder Überwachungsleistungen hierfür besteht, und

3. im Übrigen in der regelmäßigen Verjährungsfrist.

(2) Die Verjährung beginnt in den Fällen des Absatzes 1 Nr. 1 und 2 mit der Abnahme.

(3) Abweichend von Absatz 1 Nr. 1 und 2 und Absatz 2 verjähren die Ansprüche in der regelmäßigen Verjährungsfrist, wenn der Unternehmer den Mangel arglistig verschwiegen hat. Im Fall des Absatzes 1 Nr. 2 tritt die Verjährung jedoch nicht vor Ablauf der dort bestimmten Frist ein.

(4) Für das in § 634 bezeichnete Rücktrittsrecht gilt § 218. Der Besteller kann trotz einer Unwirksamkeit des Rücktritts nach § 218 Abs. 1 die Zahlung der Vergütung insoweit verweigern, als er auf Grund des Rücktritts dazu berechtigt sein würde. Macht er von diesem Recht Gebrauch, kann der Unternehmer vom Vertrag zurücktreten.

(5) Auf das in § 634 bezeichnete Minderungsrecht finden § 218 und Absatz 4 Satz 2 entsprechende Anwendung.

§ 635 BGB Nacherfüllung

(1) Verlangt der Besteller Nacherfüllung, so kann der Unternehmer nach seiner Wahl den Mangel beseitigen oder ein neues Werk herstellen.

(2) Der Unternehmer hat die zum Zwecke der Nacherfüllung erforderlichen Aufwendungen, insbesondere Transport-, Wege-, Arbeits- und Materialkosten zu tragen.

(3) Der Unternehmer kann die Nacherfüllung unbeschadet des § 275 Abs. 2 und 3 verweigern, wenn sie nur mit unverhältnismäßigen Kosten möglich ist.

(4) Stellt der Unternehmer ein neues Werk her, so kann er vom Besteller Rückgewähr des mangelhaften Werks nach Maßgabe der §§ 346 bis 348 verlangen.

§ 636 BGB Besondere Bestimmungen für Rücktritt und Schadenersatz

Außer in den Fällen des § 281 Abs. 2 und des § 323 Abs. 2 bedarf es der Fristsetzung auch dann nicht, wenn der Unternehmer die Nacherfüllung gemäß § 635 Abs. 3 verweigert oder wenn die Nacherfüllung fehlgeschlagen oder dem Besteller unzumutbar ist.

§ 637 BGB Selbstvornahme

(1) Der Besteller kann wegen eines Mangels des Werkes nach erfolglosem Ablauf einer von ihm zur Nacherfüllung bestimmten angemessenen Frist den Mangel selbst beseitigen und Ersatz der erforderlichen Aufwendungen verlangen, wenn nicht der Unternehmer die Nacherfüllung zu Recht verweigert.

(2) § 323 Abs. 2 findet entsprechende Anwendung. Der Bestimmung einer Frist bedarf es auch dann nicht, wenn die Nacherfüllung fehlgeschlagen oder dem Besteller unzumutbar ist.

(3) Der Besteller kann von dem Unternehmer für die zur Beseitigung des Mangels erforderlichen Aufwendungen Vorschuss verlangen.

§ 638 BGB Minderung

(1) Statt zurückzutreten, kann der Besteller die Vergütung durch Erklärung gegenüber dem Unternehmer mindern. Der Ausschlussgrund des § 323 Abs. 5 Satz 2 findet keine Anwendung.

(2) Sind auf der Seite des Bestellers oder auf der Seite des Unternehmers mehrere beteiligt, so kann die Minderung nur von allen oder gegen alle erklärt werden.

(3) Bei der Minderung ist die Vergütung in dem Verhältnis herabzusetzen, in welchem zur Zeit des Vertragsschlusses der Wert des Werkes in mangelfreiem Zustand zu dem wirklichen Wert gestanden haben würde. Die Minderung ist, soweit erforderlich, durch Schätzung zu ermitteln.

(4) Hat der Besteller mehr als die geminderte Vergütung gezahlt, so ist der Mehrbetrag vom Unternehmer zu erstatten. § 346 Abs. 1 und § 347 Abs. 1 finden entsprechende Anwendung.

§ 639 BGB Haftungsausschluss

Auf eine Vereinbarung, durch welche die Rechte des Bestellers wegen eines Mangels ausgeschlossen oder beschränkt werden, kann sich der Unternehmer nicht berufen, wenn er den Mangel arglistig verschwiegen oder eine Garantie für die Beschaffenheit des Werkes übernommen hat.

§ 640 BGB Abnahme

(1) Der Besteller ist verpflichtet, das vertragsmäßig hergestellte Werk abzunehmen, sofern nicht nach der Beschaffenheit des Werkes die Abnahme ausgeschlossen ist. Wegen unwesentlicher Mängel kann die Abnahme nicht verweigert werden.

(2) Als abgenommen gilt ein Werk auch, wenn der Unternehmer dem Besteller nach Fertigstellung des Werks eine angemessene Frist zur Abnahme gesetzt hat und der Besteller die Abnahme nicht innerhalb dieser Frist unter Angabe mindestens eines Mangels verweigert hat. Ist der Besteller ein Verbraucher, so treten die Rechtsfolgen des Satzes 1 nur dann ein, wenn der Unternehmer den Besteller zusammen mit der Aufforderung zur Abnahme auf die Folgen einer nicht erklärten oder ohne Angabe von Mängeln verweigerten Abnahme hingewiesen hat; der Hinweis muss in Textform erfolgen.

(3) Nimmt der Besteller ein mangelhaftes Werk gemäß Absatz 1 Satz 1 ab, obschon er den Mangel kennt, so stehen ihm die in § 634 Nr. 1 bis 3 bezeichneten Rechte nur zu, wenn er sich seine Rechte wegen des Mangels bei der Abnahme vorbehält.

§ 641 BGB Fälligkeit der Vergütung

(1) Die Vergütung ist bei der Abnahme des Werkes zu entrichten. Ist das Werk in Teilen abzunehmen und die Vergütung für die einzelnen Teile bestimmt, so ist die Vergütung für jeden Teil bei dessen Abnahme zu entrichten.

(2) Die Vergütung des Unternehmers für ein Werk, dessen Herstellung der Besteller einem Dritten versprochen hat, wird spätestens fällig,

1. soweit der Besteller von dem Dritten für das versprochene Werk wegen dessen Herstellung seine Vergütung oder Teile davon erhalten hat,

2. soweit das Werk des Bestellers von dem Dritten abgenommen worden ist oder als abgenommen gilt oder

3. wenn der Unternehmer dem Besteller erfolglos eine angemessene Frist zur Auskunft über die in den Nummern 1 und 2 bezeichneten Umstände bestimmt hat.

Hat der Besteller dem Dritten wegen möglicher Mängel des Werks Sicherheit geleistet, gilt Satz 1 nur, wenn der Unternehmer dem Besteller entsprechende Sicherheit leistet.

(3) Kann der Besteller die Beseitigung eines Mangels verlangen, so kann er nach der Fälligkeit die Zahlung eines angemessenen Teils der Vergütung verweigern; angemessen ist in der Regel das Doppelte der für die Beseitigung des Mangels erforderlichen Kosten.

(4) Eine in Geld festgesetzte Vergütung hat der Besteller von der Abnahme des Werkes an zu verzinsen, sofern nicht die Vergütung gestundet ist.

§ 642 BGB Mitwirkung des Bestellers

(1) Ist bei der Herstellung des Werkes eine Handlung des Bestellers erforderlich, so kann der Unternehmer, wenn der Besteller durch das Unterlassen der Handlung in Verzug der Annahme kommt, eine angemessene Entschädigung verlangen.

(2) Die Höhe der Entschädigung bestimmt sich einerseits nach der Dauer des Verzugs und der Höhe der vereinbarten Vergütung, andererseits nach demjenigen, was der Unternehmer infolge des Verzugs an Aufwendungen erspart oder durch anderweitige Verwendung seiner Arbeitskraft erwerben kann.

§ 643 BGB Kündigung bei unterlassener Mitwirkung

Der Unternehmer ist im Falle des § 642 berechtigt, dem Besteller zur Nachholung der Handlung eine angemessene Frist mit der Erklärung zu bestimmen, dass er den Vertrag kündige, wenn die Handlung nicht bis zum Ablauf der Frist vorgenommen werde. Der Vertrag gilt als aufgehoben, wenn nicht die Nachholung bis zum Ablauf der Frist erfolgt.

§ 644 BGB Gefahrtragung

(1) Der Unternehmer trägt die Gefahr bis zur Abnahme des Werkes. Kommt der Besteller in Verzug der Annahme, so geht die Gefahr auf ihn über. Für den zufälligen Untergang und eine zufällige Verschlechterung des von dem Besteller gelieferten Stoffes ist der Unternehmer nicht verantwortlich.

(2) Versendet der Unternehmer das Werk auf Verlangen des Bestellers nach einem anderen Ort als dem Erfüllungsort, so finden die für den Kauf geltenden Vorschriften des § 447 entsprechende Anwendung.

§ 645 BGB Verantwortlichkeit des Bestellers

(1) Ist das Werk vor der Abnahme infolge eines Mangels des von dem Besteller gelieferten Stoffes oder infolge einer von dem Besteller für die Ausführung erteilten Anweisung untergegangen, verschlechtert oder unausführbar geworden, ohne dass ein Umstand mitgewirkt hat, den der Unternehmer zu vertreten hat, so kann der Unternehmer einen der geleisteten Arbeit entsprechenden Teil der Vergütung und Ersatz der in der Vergütung nicht inbegriffenen Auslagen verlangen. Das Gleiche gilt, wenn der Vertrag in Gemäßheit des § 643 aufgehoben wird.

(2) Eine weitergehende Haftung des Bestellers wegen Verschuldens bleibt unberührt.

§ 646 BGB Vollendung statt Abnahme
Ist nach der Beschaffenheit des Werkes die Abnahme ausgeschlossen, so tritt in den Fällen des § 634a Abs. 2 und der §§ 641, 644 und 645 an die Stelle der Abnahme die Vollendung des Werkes.

§ 647 BGB Unternehmerpfandrecht
Der Unternehmer hat für seine Forderungen aus dem Vertrag ein Pfandrecht an den von ihm hergestellten oder ausgebesserten beweglichen Sachen des Bestellers, wenn sie bei der Herstellung oder zum Zwecke der Ausbesserung in seinen Besitz gelangt sind.

§ 648 BGB Kündigungsrecht des Bestellers
Der Besteller kann bis zur Vollendung des Werkes jederzeit den Vertrag kündigen. Kündigt der Besteller, so ist der Unternehmer berechtigt, die vereinbarte Vergütung zu verlangen; er muss sich jedoch dasjenige anrechnen lassen, was er infolge der Aufhebung des Vertrags an Aufwendungen erspart oder durch anderweitige Verwendung seiner Arbeitskraft erwirbt oder zu erwerben böswillig unterlässt. Es wird vermutet, dass danach dem Unternehmer 5 vom Hundert der auf den noch nicht erbrachten Teil der Werkleistung entfallenden vereinbarten Vergütung zustehen.

§ 649 BGB Kostenanschlag
(1) Ist dem Vertrag ein Kostenanschlag zugrunde gelegt worden, ohne dass der Unternehmer die Gewähr für die Richtigkeit des Anschlags übernommen hat, und ergibt sich, dass das Werk nicht ohne eine wesentliche Überschreitung des Anschlags ausführbar ist, so steht dem Unternehmer, wenn der Besteller den Vertrag aus diesem Grund kündigt, nur der im § 645 Abs. 1 bestimmte Anspruch zu.

(2) Ist eine solche Überschreitung des Anschlags zu erwarten, so hat der Unternehmer dem Besteller unverzüglich Anzeige zu machen.

§ 650 BGB Werklieferungsvertrag; Verbrauchervertrag über die Herstellung digitaler Produkte
(1) Auf einen Vertrag, der die Lieferung herzustellender oder zu erzeugender beweglicher Sachen zum Gegenstand hat, finden die Vorschriften über den Kauf Anwendung. § 442 Abs. 1 Satz 1 findet bei diesen Verträgen auch Anwendung, wenn der Mangel auf den vom Besteller gelieferten Stoff zurückzuführen ist. Soweit es sich bei den herzustellenden oder zu erzeugenden beweglichen Sachen um nicht vertretbare Sachen handelt, sind auch die §§ 642, 643, 645, 648 und 649 mit der Maßgabe anzuwenden, dass an die Stelle der Abnahme der nach den §§ 446 und 447 maßgebliche Zeitpunkt tritt.

(2) Auf einen Verbrauchervertrag, bei dem der Unternehmer sich verpflichtet,

1. digitale Inhalte herzustellen,

2. einen Erfolg durch eine digitale Dienstleistung herbeizuführen oder

3. einen körperlichen Datenträger herzustellen, der ausschließlich als Träger digitaler Inhalte dient,

sind die §§ 633 bis 639 über die Rechte bei Mängeln sowie § 640 über die Abnahme nicht anzuwenden. An die Stelle der nach Satz 1 nicht anzuwendenden Vorschriften treten die Vorschriften des Abschnitts 3 Titel 2a. Die §§ 641, 644 und 645 sind mit der Maßgabe anzuwenden, dass an die Stelle der Abnahme die Bereitstellung des digitalen Produkts (§ 327b Absatz 3 bis 5) tritt.

(3) Auf einen Verbrauchervertrag, bei dem der Unternehmer sich verpflichtet, einen herzustellenden körperlichen Datenträger zu liefern, der ausschließlich als Träger digitaler Inhalte dient, sind abweichend von Absatz 1 Satz 1 und 2 § 433 Absatz 1 Satz 2, die §§ 434 bis 442, 475 Absatz 3 Satz 1, Absatz 4 bis 6 und die §§ 476 und 477 über die Rechte bei Mängeln nicht anzuwenden. An die Stelle der nach Satz 1 nicht anzuwendenden Vorschriften treten die Vorschriften des Abschnitts 3 Titel 2a.

(4) Für einen Verbrauchervertrag, bei dem der Unternehmer sich verpflichtet, eine Sache herzustellen, die ein digitales Produkt enthält oder mit digitalen Produkten verbunden ist, gilt der Anwendungsausschluss nach Absatz 2 entsprechend für diejenigen Bestandteile des Vertrags, welche die digitalen Produkte betreffen. Für einen Verbrauchervertrag, bei dem der Unternehmer sich verpflichtet, eine herzustellende Sache zu liefern, die ein digitales Produkt enthält oder mit digitalen Produkten verbunden ist, gilt der Anwendungsausschluss nach Absatz 3 entsprechend für diejenigen Bestandteile des Vertrags, welche die digitalen Produkte betreffen.

§ 650e BGB Sicherungshypothek des Bauunternehmers
Der Unternehmer kann für seine Forderungen aus dem Vertrag die Einräumung einer Sicherungshypothek an dem Baugrundstück des Bestellers verlangen. Ist das Werk noch nicht vollendet, so kann er die Einräumung der Sicherungshypothek für einen der geleisteten Arbeit entsprechenden Teil der Vergütung und für die in der Vergütung nicht inbegriffenen Auslagen verlangen.

§ 650f BGB Bauhandwerkersicherung
(1) Der Unternehmer kann vom Besteller Sicherheit für die auch in Zusatzaufträgen vereinbarte und noch nicht gezahlte Vergütung einschließlich dazugehöriger Nebenforderungen, die mit 10 % des

zu sichernden Vergütungsanspruchs anzusetzen sind, verlangen. Satz 1 gilt in demselben Umfang auch für Ansprüche, die an die Stelle der Vergütung treten. Der Anspruch des Unternehmers auf Sicherheit wird nicht dadurch ausgeschlossen, dass der Besteller Erfüllung verlangen kann oder das Werk abgenommen hat. Ansprüche, mit denen der Besteller gegen den Anspruch des Unternehmers auf Vergütung aufrechnen kann, bleiben bei der Berechnung der Vergütung unberücksichtigt, es sei denn, sie sind unstreitig oder rechtskräftig festgestellt. Die Sicherheit ist auch dann als ausreichend anzusehen, wenn sich der Sicherungsgeber das Recht vorbehält, sein Versprechen im Falle einer wesentlichen Verschlechterung der Vermögensverhältnisse des Bestellers mit Wirkung für Vergütungsansprüche aus Bauleistungen zu widerrufen, die der Unternehmer bei Zugang der Widerrufserklärung noch nicht erbracht hat.

(2) Die Sicherheit kann auch durch eine Garantie oder ein sonstiges Zahlungsversprechen eines im Geltungsbereich dieses Gesetzes zum Geschäftsbetrieb befugten Kreditinstituts oder Kreditversicherers geleistet werden. Das Kreditinstitut oder der Kreditversicherer darf Zahlungen an den Unternehmer nur leisten, soweit der Besteller den Vergütungsanspruch des Unternehmers anerkennt oder durch vorläufig vollstreckbares Urteil zur Zahlung der Vergütung verurteilt worden ist und die Voraussetzungen vorliegen, unter denen die Zwangsvollstreckung begonnen werden darf.

(3) Der Unternehmer hat dem Besteller die üblichen Kosten der Sicherheitsleistung bis zu einem Höchstsatz von 2 % für das Jahr zu erstatten. Dies gilt nicht, soweit eine Sicherheit wegen Einwendungen des Bestellers gegen den Vergütungsanspruch des Unternehmers aufrechterhalten werden muss und die Einwendungen sich als unbegründet erweisen.

(4) Soweit der Unternehmer für seinen Vergütungsanspruch eine Sicherheit nach Absatz 1 oder 2 erlangt hat, ist der Anspruch auf Einräumung einer Sicherungshypothek nach § 650e ausgeschlossen.

(5) Hat der Unternehmer dem Besteller erfolglos eine angemessene Frist zur Leistung der Sicherheit nach Absatz 1 bestimmt, so kann der Unternehmer die Leistung verweigern oder den Vertrag kündigen. Kündigt er den Vertrag, ist der Unternehmer berechtigt, die vereinbarte Vergütung zu verlangen; er muss sich jedoch dasjenige anrechnen lassen, was er infolge der Aufhebung des Vertrages an Aufwendungen erspart oder durch anderweitige Verwendung seiner Arbeitskraft erwirbt oder böswillig zu erwerben unterlässt. Es wird vermutet, dass danach dem Unternehmer 5 % der auf den noch nicht erbrachten Teil der Werkleistung entfallenden vereinbarten Vergütung zustehen.

(6) Die Absätze 1 bis 5 finden keine Anwendung, wenn der Besteller

1. eine juristische Person des öffentlichen Rechts oder ein öffentlich-rechtliches Sondervermögen ist, über deren Vermögen ein Insolvenzverfahren unzulässig ist, oder

2. Verbraucher ist und es sich um einen Verbraucherbauvertrag nach § 650i oder um einen Bauträgervertrag nach § 650u handelt.

Satz 1 Nummer 2 gilt nicht bei Betreuung des Bauvorhabens durch einen zur Verfügung über die Finanzierungsmittel des Bestellers ermächtigten Baubetreuer.

(7) Eine von den Absätzen 1 bis 5 abweichende Vereinbarung ist unwirksam.

12.6.14 Bürgschaft

§ 765 BGB Vertragstypische Pflichten bei der Bürgschaft
(1) Durch den Bürgschaftsvertrag verpflichtet sich der Bürge gegenüber dem Gläubiger eines Dritten, für die Erfüllung der Verbindlichkeit des Dritten einzustehen.

(2) Die Bürgschaft kann auch für eine künftige oder eine bedingte Verbindlichkeit übernommen werden.

§ 766 BGB Schriftform der Bürgschaftserklärung
Zur Gültigkeit des Bürgschaftsvertrags ist schriftliche Erteilung der Bürgschaftserklärung erforderlich. Die Erteilung der Bürgschaftserklärung in elektronischer Form ist ausgeschlossen. Soweit der Bürge die Hauptverbindlichkeit erfüllt, wird der Mangel der Form geheilt.

§ 770 BGB Einreden der Anfechtbarkeit und der Aufrechenbarkeit
(1) Der Bürge kann die Befriedigung des Gläubigers verweigern, solange dem Hauptschuldner das Recht zusteht, das seiner Verbindlichkeit zugrunde liegende Rechtsgeschäft anzufechten.

(2) Die gleiche Befugnis hat der Bürge, solange sich der Gläubiger durch Aufrechnung gegen eine fällige Forderung des Hauptschuldners befriedigen kann.

§ 771 BGB Einrede der Vorausklage
Der Bürge kann die Befriedigung des Gläubigers verweigern, solange nicht der Gläubiger eine Zwangsvollstreckung gegen den Hauptschuldner ohne Erfolg versucht hat (Einrede der Vorausklage). Erhebt der Bürge die Einrede der Vorausklage, ist die Verjährung des

Anspruchs des Gläubigers gegen den Bürgen gehemmt, bis der Gläubiger eine Zwangsvollstreckung gegen den Hauptschuldner ohne Erfolg versucht hat.

12.6.15 Unerlaubte Handlungen

§ 823 BGB Schadensersatzpflicht
(1) Wer vorsätzlich oder fahrlässig das Leben, den Körper, die Gesundheit, die Freiheit, das Eigentum oder ein sonstiges Recht eines anderen widerrechtlich verletzt, ist dem anderen zum Ersatz des daraus entstehenden Schadens verpflichtet.

(2) Die gleiche Verpflichtung trifft denjenigen, welcher gegen ein den Schutz eines anderen bezweckendes Gesetz verstößt. Ist nach dem Inhalt des Gesetzes ein Verstoß gegen dieses auch ohne Verschulden möglich, so tritt die Ersatzpflicht nur im Falle des Verschuldens ein.

§ 826 BGB Sittenwidrige vorsätzliche Schädigung
Wer in einer gegen die guten Sitten verstoßenden Weise einem anderen vorsätzlich Schaden zufügt, ist dem anderen zum Ersatz des Schadens verpflichtet.

§ 836 BGB Haftung des Grundstücksbesitzers
(1) Wird durch den Einsturz eines Gebäudes oder eines anderen mit einem Grundstück verbundenen Werkes oder durch die Ablösung von Teilen des Gebäudes oder des Werkes ein Mensch getötet, der Körper oder die Gesundheit eines Menschen verletzt oder eine Sache beschädigt, so ist der Besitzer des Grundstücks, sofern der Einsturz oder die Ablösung die Folge fehlerhafter Errichtung oder mangelhafter Unterhaltung ist, verpflichtet, dem Verletzten den daraus entstehenden Schaden zu ersetzen. Die Ersatzpflicht tritt nicht ein, wenn der Besitzer zum Zwecke der Abwendung der Gefahr die im Verkehr erforderliche Sorgfalt beobachtet hat.

(2) Ein früherer Besitzer des Grundstücks ist für den Schaden verantwortlich, wenn der Einsturz oder die Ablösung innerhalb eines Jahres nach der Beendigung seines Besitzes eintritt, es sei denn, dass er während seines Besitzes die im Verkehr erforderliche Sorgfalt beobachtet hat oder ein späterer Besitzer durch Beobachtung dieser Sorgfalt die Gefahr hätte abwenden können.

(3) Besitzer im Sinne dieser Vorschriften ist der Eigenbesitzer.

12.6.16 StGB

§ 319 StGB Baugefährdung
(1) Wer bei der Planung, Leitung oder Ausführung eines Baues oder des Abbruchs eines Bauwerks gegen die allgemein anerkannten Regeln der Technik verstößt und dadurch Leib oder Leben eines anderen Menschen gefährdet, wird mit Freiheitsstrafe bis zu fünf Jahren oder mit Geldstrafe bestraft.

(2) Ebenso wird bestraft, wer in Ausübung eines Berufs oder Gewerbes bei der Planung, Leitung oder Ausführung eines Vorhabens, technische Einrichtungen in ein Bauwerk einzubauen oder eingebaute Einrichtungen dieser Art zu ändern, gegen die allgemein anerkannten Regeln der Technik verstößt und dadurch Leib oder Leben eines anderen Menschen gefährdet.

(3) Wer die Gefahr fahrlässig verursacht, wird mit Freiheitsstrafe bis zu drei Jahren oder mit Geldstrafe bestraft.

(4) Wer in den Fällen der Absätze 1 und 2 fahrlässig handelt und die Gefahr fahrlässig verursacht, wird mit Freiheitsstrafe bis zu zwei Jahren oder mit Geldstrafe bestraft.

Serviceteil

Glossar – 294

Literaturverzeichnis – 299

Stichwortverzeichnis – 301

© Der/die Herausgeber bzw. der/die Autor(en), exklusiv lizenziert an Springer Fachmedien
Wiesbaden GmbH, ein Teil von Springer Nature 2025
B. Rode, W. Weller, *AVA-Handbuch,* https://doi.org/10.1007/978-3-658-48052-3

Glossar

- **Aufmaß**

Als Aufmaß bezeichnet man das Vermessen und Aufzeichnen eines bestehenden ▶ Gebäudes, ▶ Bauwerks oder Bauteils. Dazu misst man das tatsächliche Objekt, (d. h. auf der Baustelle) auf oder der Leistungsumfang wird aus ▶ Ausführungsplänen ermittelt. Ein Aufmaß kann für ein ▶ Leistungsverzeichnis oder zur Erstellung einer prüfbaren Abrechnung genutzt werden. Im Rahmen eines Einheitspreisvertrages dient der so ermittelte Umfang der erbrachten Leistungen als Grundlage zur Rechnungserstellung.

Nach § 2 (2) ▶ VOB/B ist das Aufmaß Basis der Vergütung und soll nach § 14 (2) VOB/B möglichst gemeinsam von ▶ Auftragnehmer und ▶ Auftraggeber vorgenommen werden und ist in einer Messurkunde zu dokumentieren.

Aufbauend auf dem Aufmaß wird die Mengenermittlung (umgangssprachlich Massenermittlung) durchgeführt. Abrechnungsbestimmungen finden sich für die verschiedenen Gewerke in den jeweiligen Abschnitten 5 der der VOB, Teil C (▶ DIN 18299 ff). Danach werden zum Beispiel bei Beton- und Stahlbetonarbeiten „Bei Abrechnung nach Flächenmaß (m^2) Öffnungen, Durchdringungen und Einbindungen über 2,5 m^2 Einzelgröße abgezogen." (▶ Abschn. 5.1.2.2 DIN 18331). Das bedeutet, dass bei einer Betonwand eine normale Türöffnung übermessen wird.

- **Bauleitung**

Die Bauleitung (BL) leitet eine Baustelle oder Teile einer Baustelle. Sie ist für die ordnungsgemäße Ausführung der Bauarbeiten verantwortlich.

- **Auftraggeberbauleitung (Objektüberwachung)**

Sie wird vom Auftraggeber, meist vom Bauherrn, eingesetzt. Als „Sachwalter des Bauherrn" übernimmt sie vorrangig die Überwachung und Überprüfung der zu erbringenden Leistung (Bausoll) und koordiniert die Gewerke und sonstige Beteiligte (evtl. Planer, Behörden etc.) und steht in direktem Kontakt mit dem Bauherrn zur Klärung technischer Fragen.

Auf die Objektüberwachung entfallen die Koordination der Bauausführung auf Übereinstimmung mit der Baugenehmigung, den Ausführungsplänen und den Leistungsbeschreibungen sowie mit den anerkannten Regeln der Technik und Vorschriften.

Glossar

- **Auftragnehmer- oder Unternehmensbauleitung (Bauleitung)**

Die Bauleitung der auftragnehmenden Unternehmen sorgt für die termingerechte, qualitätsgerechte und wirtschaftliche Ausführung der Arbeiten. Daneben sind Sicherheit und Gesundheitsschutz sowie der Umweltschutz sicherzustellen. Die Unternehmensbauleitung vertritt den Firmeninhaber und ist damit in der Regel für die Erfüllung der gesetzlichen, behördlichen und berufsgenossenschaftlichen Verpflichtungen verantwortlich.

Auf allen Kleinbaustellen ist der Unternehmensbauleiter nicht ständig anwesend.

Die ständige Vertretung ist dann dem Vorarbeiter oder Polier bzw. Schachtmeister vorbehalten. Bei Großbaustellen ist die Bauleitung hierarchisch organisiert:
- Oberbauleiter
- Bauleiter
- Abschnittsbauleiter
- Bauführer

- **Öffentlich-rechtlicher Bauleiter**

Mehrere Landesbauordnungen verlangen die Bestellung eines Bauleiters nach Bauordnungsrecht. Diese Aufgabe wird zumeist vom Bauleiter des Auftraggebers mit übernommen. Der Bauleiter nach Bauordnungsrecht ist verantwortlich für die Einhaltung der Vorschriften des öffentlichen Baurechts.

- **Baustellen-Ordnungsplan/Baustellen-Einrichtungsplan**

Die Planung der Bauproduktionseinrichtungen auf der Baustelle ist für die technologiegerechte, ablaufoptimierte und zeitorientierte Organisation aller Bauarbeiten die wesentliche Voraussetzung. Die Verantwortung des Auftraggebers für den koordinierten Einsatz aller Unternehmer kann im Gegensatz zu den jeweils eigenen Interessen der Auftragnehmer stehen.

Die Baustellen-Ordnungs- und Einrichtungspläne bilden die Grundlage für ein geordnetes Zusammenwirken auf der Baustelle. Sie tragen dazu bei, Unfallgefahren abzuwenden, gegenseitige Behinderungen zu vermeiden, Ordnung und Sicherheit aufrecht zu erhalten und angemessene Ausführungsqualität zu erreichen.

Bei Großbaustellen sind erstrangige Baustellen-Ordnungspläne und nachrangige Baustellen-Einrichtungspläne sinnvoll. Bei kleineren Baustellen können beide Aufgaben in einen Plan zusammengefasst dargestellt werden.

- *Baustellen-Ordnungsplan*

    Der Baustellen-Ordnungsplan ist von der Auftraggeberseite aufzustellen und mit den Vertretern öffentlicher Belange, den Nachbarn, den Ver- und Entsorgungsunternehmern, den Planungsbeteiligten und den sonstigen evtl. Betroffenen abzustimmen. Er ist als Übersichtsplan mit Geländehöhen über N.N. aufzustellen und informiert über z. B.: Bauwerke und Nebenanlagen, Beschaffenheit des Baugeländes, Verkehrsverhältnisse, Zufahrten auf das Baufeld, Baufeldumschließung, Baufeldeinrichtungen, Ver- und Entsorgungseinrichtungen, Kanäle, Leitungen, Kabel, Lagerflächen, Betriebsflächen der Baustelle.

Er dient als Anlage für das Ausschreibungsverfahren und als Grundlage für die Baustelleneinrichtungsplanung des Unternehmers.

— *Baustellen-Einrichtungsplan*

Der Baustellen-Einrichtungsplan berücksichtigt die baubetrieblichen Gegebenheiten der ausführenden Unternehmer. Er ist ein Übersichtsplan der baubetrieblichen Einrichtungen und Erfordernisse. Dies können u. a. sein: Maschinelle Einrichtungen, Unterkünfte, Magazine, Lagerflächen, Ver- und Entsorgungseinrichtungen, Baugruben, Böschungen, Verbau, Arbeitsräume, Gerüste usw.

- **Dynamische Baudaten (StLB-Bau)**

Dynamische Baudaten (StLB-Bau = Standardleistungsbuch-Bau) ist ein datenbankorientiertes Textsystem zur standardisierten Beschreibung von Bauleistungen. Für die Zusammenstellung der Texte und die Übertragung an das Anwenderprogramm werden ein Dialogprogramm und eine XML-Schnittstelle zur Verfügung gestellt.

Dynamische Baudaten ist das System für die Leistungsbeschreibung im Bauwesen. Es wird aufgestellt von GEAB (Gemeinsamer Ausschuss Elektronik im Bauwesen), datentechnisch umgesetzt von Dr. Schiller und Partner und herausgegeben von DIN.

Im Gegensatz zu herkömmlichen Textsammlungen besteht StLB-Bau Dynamische Baudaten nicht aus einer endlichen Anzahl vorgefertigter und statischer Texte, sondern aus einem dynamischen Textgenerator, der Texte auf Anforderung nach Vorgaben des Benutzers und auf Basis eingebauter Regeln erzeugt.

- **Mengenermittlung/Mengenberechnung**

Sie ist erforderlich
a) für die Kalkulation der Angebotspreise und
b) für die Abrechung der ausgeführten Leistungen, wie § 14 VOB/B festlegt. Die dabei zu beachtenden Berechungsvorschriften sind jeweils unter Nr. 5 der betreffenden DIN-Normen der VOB/C aufgeführt.

Glossar

- **Messurkunde**
Die Messurkunde ist die Grundlage für das Aufmaß. Sie wird von mind. zwei Parteien, z. B. Auftragnehmer und Auftraggeber unterzeichnet und wird somit „beurkundet".

- **Preisspiegel**
Als Preisspiegel wird die Gegenüberstellung der Auswertung der Angebote einzelner Bieter bezeichnet indem die Einheits- und Gesamtpreise miteinander verglichen werden. Er wird aufgestellt für eine Vergabeeinheit oder ein Gewerk und enthält in der Regel folgende Angaben:
— Ordnungs- oder Positionsnummer
— Beschreibung der Leistungen
— Einheitspreise
— Gesamtpreise
— Prozentuale Abweichungen
— Rang (günstigster Bieter/teuerster Bieter)

Leistungsfähige AVA-Systeme bieten weitere Funktionen zur Auswertung, wie z. B. grafische Darstellungen an.

- **Raumbuch**
Ein Raumbuch kann nach Leistungsphase 6 der entsprechenden Paragraphen der HOAI im Rahmen einer Leistungsbeschreibung mit Leistungsprogramm der Objektbeschreibung dienen. Das Raumbuch enthält dann für jeden Raum Angaben über z. B.:
— Die allgemeinen Raummerkmale wie Raumart, Lage, Abmessung, Nutzung etc.
— Die Ausbau- und Ausstattungselemente wie bauphysikalische Anforderungen, bautechnische Ausstattungen, Einbauten, Geräte etc.

- **Vertragsmodell**
— *Einheitspreisvertrag*
Die Vergütung berechnet sich aus dem Einheitspreis für die jeweilige Teilleistung (z. B. 1 m^2 Mauerwerk) multipliziert mit der ausgeführten Menge (z. B. 5000 m^2). Die tatsächlich ausgeführte Leistung wird ermittelt durch Aufmaß aus den Bauplänen oder hilfsweise am Objekt.
— *Detailpauschalvertrag*
Die zu erbringenden Leistungen werden erschöpfend beschrieben und dafür eine Pauschale vereinbart.
— *Globalpauschalvertrag*
Die zu erbringenden Leistungen werden ergebnisorientiert (funktional) beschrieben und dafür eine Pauschale vereinbart. Bei Pauschalverträgen trägt der Unternehmer das Mengenrisiko, soweit zumutbar.

- *Regievertrag (Stundenlohnvertrag)*
  Die Vergütung erfolgt aufgrund vereinbarter Sätze für den tatsächlichen Aufwand an Personal- und Maschinenstunden sowie Material. (Ein Vertrag kann sowohl ausschließlich Regiearbeiten umfassen, wie auch Regiearbeiten (angehängte) in Kombination mit anderen Vergütungssystemen.)
- *GMP-Vertrag (Garantierter Maximalpreis)*
  Durch eine gemeinsam zu optimierende Planung und Ausführung soll in kooperativer Form dieser GMP unterschritten werden. Die eingesparten Kosten werden entsprechend zwischen den Partnern (Auftraggeber und Auftragnehmer) aufgeteilt.
- *PPP-Vertrag (Public Private Partnership)*
  Ein öffentlicher Auftraggeber beauftragt eine Gesellschaft mit der Planung, Finanzierung, dem Bau und dem Betreiben der baulichen Anlage über eine längere Laufzeit (typisch 15 bis 25 Jahre). Die Vergütung erfolgt in monatlichen oder jährlichen Raten.
- *BOT (Build Operate Transfer)*
  Als BOT werden im Englischen Betreibermodelle bezeichnet. Sie kennzeichnen die drei Phasen eines Projektes/Objektes aus dem das Betreibermodell besteht. Realisieren, Betreiben und Übertragen auf den Kunden.

Literaturverzeichnis

Acker, Wendelin; Moufang, Oliver: *Bauvertrag nach VOB/B und BGB.* Köln: RWS, 2003

Balser, Heinrich; Bokelmann, Gunther; Piorreck, Karl Fr.: *Die GmbH.* 13. Aufl. Freiburg: Haufe, 2008

Basty, Gregor: *Der Bauträgervertrag.* 11. Aufl. München: Carl Heymanns Verlag 2023

Beuth, Ansgar; Beuth, Martin: *Lexikon Bauwesen – Fachbegriffe für Eigentümer, Bauherren, Investoren und Versicherungen.* München: DVA, 2001

Bolz, Stephan; Jurgeleit, Andreas: *ibr-online-Kommentar VOB/B.* Mannheim und Bochum: IBR, 2023

Damerau, Hans; von der Tauterat, August: *Tiefbau- und Erdarbeiten – Abrechnung nach der VOB 2012 mit Ergänzungsband 2015.* Köln: Verlagsges. Müller, 2015

Damerau, Hans; von der Tauterat, August: *Hochbau- und Ausbauarbeiten/ VOB im Bild – Abrechnung nach der VOB 2019 mit Ergänzungsband 2023.* 24. Aufl. Köln: Verlagsges. Müller, 2024

DIN Deutsches Institut für Normung E.V. (Hrsg.): *VOB Gesamtausgabe 2019: Vergabe- und Vertragsordnung für Bauleistungen Teil A (DIN 1960), Teil B (DIN 1961), Teil C (ATV) und Egänzungsband 2023.* Berlin: Beuth, 2023

Diehr, Uwe; Knipper, Michael (Hrsg.): *Wirksame und unwirksame Klauseln im VOB-Vertrag – Nachschlagewerk zum Aufstellen und Prüfen von Vertragsbedingungen.* Wiesbaden: Vieweg 2011

Ditten, Dietrich. *Der Bauleiter und seine Rechtsstellung – Aufgaben, Ansprüche, Vollmacht, Haftung.* 3. Aufl. Renningen: Expert, 2002

Fischer, Thomas: *Kommentar zum Strafgesetzbuch.* 72. Aufl. Starnberg: Beck, 2024.

Gallas, Wilhelm: *Die strafrechtliche Verantwortlichkeit der am Bau Beteiligten.* Recht und Wirtschaft, 1963.

Grüneberg, Christian: *Kommentar zum Bürgerlichen Gesetzbuch.* 84. Aufl. Berlin, Frankfurt a.M., Hamburg, Karlsruhe, München, Roth: Beck, 2024.

Heiermann, Wolfgang; RIEDL, Richard; RUSAM, Martin: *Handkommentar zur VOB – VOB Teile A und B, VSVgV, Rechtsschutz im Vergabeverfahren.* 14. Aufl. München: Springer Verlag 2017

Ingenstau, Heinz; Korbion, Hermann: *Kommentar zur VOB – Teile A und B.* 22. Aufl. Düsseldorf: Werner Verlag 2023

Kimmich, Bernd; Bach, Hendrik: *VOB für Bauleiter.* 7. Aufl. Berlin: Reguvis 2021

Kniffka, Rolf; Jurgeleit, Andreas: *Ibr-online-Kommentar Bauvertragsrecht.* 4. Aufl. Bochum: IBR/Beck 2022

Kuffer, Johann; Wirth, Axel: *Handbuch Bau- und Architektenrecht.* 7. Aufl. Mainz und Stammham: Werner Verlag 2023

Kulartz, Hans-Peter; Prieß, Hans-Joachim; Portz, Norbert; Marx, Friedhelm: *Kommentar zur VOL/A – Vergaberecht, Rechtsschutz.* 3. Aufl. Düsseldorf: Werner, 2014

Leinemann, Ralf; Maibaum, Thomas: *Die VOB, das BGB-Bauvertragsrecht und das neue Vergaberecht 2019, Die wichtigsten Vorschriften für Baupraxis und Auftragsvergabe mit Erläuterungen der Neuregelungen 2019,* 11. Aktualisierte Aufl., Köln: Bundesanzeiger, 2019

Leipziger Kommentar: StGB. 13. Aufl.: De Gruyter 2021.

Löffelmann, Peter; Keldungs, Karl Heinz, Baldringer, Sebastian: *Architektenrecht – Praxishandbuch zu Honorar und Haftung,* 8. Aufl. Düsseldorf: Werner Verlag, 2024

Markus, Jochen; Kapellmann, Susanne, Pioch, Christian: *AGB-Handbuch Bauvertragsklauseln.* 5. Aufl. Düsseldorf: Werner Verlag, 2018

Sangenstedt, Hans. R.: *Rechtshandbuch für Ingenieure und Architekten.* München: Beck, 1999

Seyfferth, Günter: *Praktisches Baustellen-Controlling – Handbuch für Bau- und Generalunternehmen.* Wiesbaden: Vieweg+Teubner, 2011

Stahr, Michael: *Bausanierung – Erkennen und Beheben von Bauschäden.* 7. Aufl. Wiesbaden: Springer Vieweg, Wiesbaden 2022

Sturmberg, Georg: Die Beweissicherung in der baurechtlichen Praxis. Köln: Beck, 2024

Vygen, Klaus; Joussen, Edgar: *Bauvertragsrecht nach VOB und BG.* 6. Aufl. Berlin: Werner Verlag, 2024.

Werner, Ulrich; Pastor, Walter: *Der Bauprozess – Prozessuale und materielle Probleme des zivilen Bauprozesses.* 18. Aufl. Düsseldorf: Werner Verlag, 2023

Wirth, Axel; Würfele, Falk; Brooks, Stefan: *Rechtsgrundlagen des Architekten und Ingenieurs – Vertragsrecht, Haftungsrecht, Vergütungsrecht.* 2. vollständig überarbeitete und aktualisierte Aufl. Wiesbaden: Vieweg, 2012

Ziekow, Jan; Völlink, Uwe-Carsten: *Vergaberecht.* 5. Aufl. München und Speyer: Beck, 2023

Stichwortverzeichnis

A

Abnahme 55, 78
– förmliche 55
Abrechnung 56, 84, 87, 90
Abschlagszahlung 16, 93
Abzüge 99
AG 164
Aktiengesellschaft 164
Allgemein anerkannte Regeln der Technik 24
Allgemeine Technische Vertragsbedingungen für Bauleistungen, siehe ATV 24
Alternativ-Position 46
Angebot 60, 66
– Öffnung 60
– und Vertrag 60
– Wertung 63
Angebotsfrist 60
Angebotsinhalt 62
Angebotsprüfung 61
Angebotsverfahren 32
Annahme 67
Annahmefrist 255
Arbeitsgemeinschaft 170
Arbeitsteilung 177
Architekt 8
Architektenleistung 172
Architektenvertrag 14
Aufmaß 84, 86, 294
Auftraggeber 168
Auftragnehmer 168
Auftragsabwicklung 74
Auftragsbestätigung 71
Auftragsschreiben 69
Ausführung 53, 75
– Behinderung und Unterbrechung 54
Ausführungsfrist 54, 75
Ausführungsunterlagen 53, 74
Ausschreibung 32
Ausschreibungsteilnehmer 37

B

Bauabwicklung 177
Baugefährdung 24, 292
Bauherr 7
Bauherren-Haftpflichtversicherung 152
Bauleistungen 10
Bauleistungsversicherung 151, 158
Bauleitung 294
Bauplanung 177
Baustellen-Einrichtungsplan 295, 296
Baustellen-Ordnungsplan 295
Bauträgerhaftpflicht 158
Bauüberwachung 78, 175
Bauvertrag 10
Bedarfsposition 46
Behinderung 77
– und Unterbrechung 54
Behinderungen
– und Unterbrechung 77
Besondere Leistungen 172
Betriebshaftpflichtversicherung 157
Betriebskalender 75
Beurkundung 253
Beweislast 274
BGB 252
Bindefrist 67
Bürgschaft 57, 290

D

Detailpauschalvertrag 84
Dienstvertrag 9
DIN-Norm 25
Durchführungsverordnung 27
DVA 48
Dynamische Baudaten 296

E

Einbehalte 99
Einheitspreisvertrag 84
Einzelunternehmen 162
Einzelvergabe 38
Erfolgsdelikte 107
Erlass 26
Eröffnungstermin 60
Europaweite Vergabe 34
Eventualposition 46

F

Fälligkeit 97
– der Vergütung 285
Feiertag 258
Festpreis 85
Firmenzusammenbruch 79
Freistellungsbescheinigung 96
Frist 257
Fristbeginn 257
Fristende 257
Fristverlängerung 257

G

GAEB 48
GbR 162
Gebäude-Feuerversicherung 153
Gefahr
– Verteilung der 54
Gefährdungsdelikte 103
Gefahrtragung 286
Gemeinsamer Ausschuss Elektronik im Bauwesen 48
Generalübernehmer 38
Generalunternehmer 38
Gesamtschuldner 279
Gesamtschuldnerausgleich 136
Geschäftsfähigkeit 252
Gesellschaft bürgerlichen Rechts 162
Gesellschaft mit beschränkter Haftung 164
Gesellschaft mit beschränkter Haftung und Companie, Kommanditgesellschaft 164
Gesetze 3
Gewährleistungsansprüche 122
Gewinn
– entgangener 263
Globalpauschalvertrag 84
GmbH 164
GmbH & Co. KG 164
GMK-Vertrag 85
Grundgesetz 2
Grundlagen
– rechtliche 2
– technische 24
Grundleistung 172
Gütezeichen 26

H

Haftpflichtversicherung 154, 157
Haftung 102, 110
– der Vertragsparteien 54
– gesamtschuldnerische 134
Haftungsbegrenzung 140
Handlungen
– unerlaubte 291
Haus- und Grundbesitzer-Haftpflichtversicherung 154
Hemmung 260

I

Individualabrede 267

K

Kapitalgesellschaft 164
KG 163
KGaA 165
Klausel
– überraschende 267

Klauselverbot
– mit Wertungsmöglichkeit 268
– ohne Wertungsmöglichkeit 271
Kommanditgesellschaft 163
– auf Aktie 165
Kostenanschlag 281, 287
Kündigung 78
– durch den Auftraggeber 54
– durch den Auftragnehmer 54

L

Leistungsbeschreibung 43, 176
– mit Leistungsprogramm 43
– mit Leistungsverzeichnis 43
Leistungsbild 172
Leistungsprogramm 46
Leistungsverzeichnis 43, 48
Lohn-Erhöhung 98

M

Mahnung
– wegen Baufristen 77
Mängelanspruch 55, 102, 113
Mängelansprüche 113, 130
Mängelrechte 113, 127
Materialpreis-Erhöhung 98
Mengenberechnung 296
Mengenermittlung 296
Messurkunde 297
Mindestlohn 141

N

Nachtrag 70
Nationale Vergabe 33

O

Objektbetreuung 176
Objektüberwachung 175
Offene Handelsgesellschaft 163
Öffentliches Recht 3
Öffentlich-rechtliche Vorschiften 21
OHG 163

P

Partnerschaftsgesellschaft 166
Personengesellschaft 162
Planungsvertrag 35
Position 46
Prämie 78
Preisspiegel 64, 297
Projektsteuerer 8
Projektsteuerungsvertrag 15
Protokoll
– der Angebotsprüfung 61

Stichwortverzeichnis

R

Raumbuch 297
Rechtsgeschäft
- sittenwidriges 254
Risiko 156

S

Schaden 156
Schadensersatz
- Art und Umfang 263
- Pflicht 291
Schiedsgericht 57
Schiedsgutachten 81
Schlussrechnung 80
Schlusszahlung 17, 95, 96
Schriftform 253
Schuldverhältnis 262
Schwarzarbeit 141
Schwellenwerte 32
Selbstkostenerstattungsvertrag 56, 85
Sicherheitseinbehalt 98
Sicherheitsleistung 57, 98
Sicherungshypothek
- des Bauunternehmers 288
SiGeKo 15
Standardbeschreibung 48
Standardleistungsbeschreibung 48
Standardleistungsbuch 43
Standardleistungsbuch-Bau (StLB-Bau) 43
- Dynamische Baudaten 47
Strafrecht 4
Streitigkeiten 57, 81
Stundenlohnarbeit 56
Stundenlohnvertrag 56, 85

T

Technische Bestimmungen 26
Treu und Glauben 256, 263

U

Umgehungsverbot 268
Umsatz-(Mehrwert-)Steuer 96
Umsatzsteuer 96
Unterbrechung 77
- der Ausführung 54
Unternehmensform 162
Unternehmereinsatzformen 167
Unternehmerpfandrecht 287

V

Verantwortlichkeit 102
Verbrauchervertrag 12

Vergabe
- Mitwirkung bei der 174
- Vorbereitung 173
Vergabekonzept 37
Vergabe- und Vertragsunterlagen 42
Vergabeunterlagen 74
Vergabeverfahren 32, 36
Vergleich 79
- gerichtlicher 254
Vergütung , 16, 78
Vergütungsanspruch 16
Vergütungsformen 84
Verjährung 107, 133
- regelmäßige 258
Verjährungsfrist 129
Verordnung 26
Versicherung 150, 154
Vertrag 60, 65
- Ausführung 256
Vertragsabschluss 32
Vertragsbedingung 51
Vertragsmodell 297
Vertragspartner 7
Vertragsstrafe 55
- verwirkte 80
Vertragsstrafe/Prämie 78
Vertragsurkunde 266
Verzug 77
- des Schuldners 265
Vergabe- und Vertragsordnung für Bauleistungen, siehe VOB 17
Vorausklage
- Einrede der 290
Vorauszahlung 92
Vorbemerkung 44

W

Werkvertrag 9, 11
Willenserklärung 252, 253
Wirksamkeitsvoraussetzung 67
Witterungseinfluss 54, 78
Wucher 254

Z

Zahlung 56, 84, 92
Zahlungsplan 95
Zahlungsunfähigkeit
- des Auftraggebers 80
Zivilrecht 4
Zulage 46
Zulassung 26
Zusätzliche Technische Vertragsbedingungen 57

MIX
Papier aus verantwortungsvollen Quellen
Paper from responsible sources
FSC® C105338

If you have any concerns about our products,
you can contact us on
ProductSafety@springernature.com

In case Publisher is established outside the EU,
the EU authorized representative is:
**Springer Nature Customer Service Center GmbH
Europaplatz 3, 69115 Heidelberg, Germany**

Printed by Libri Plureos GmbH
in Hamburg, Germany